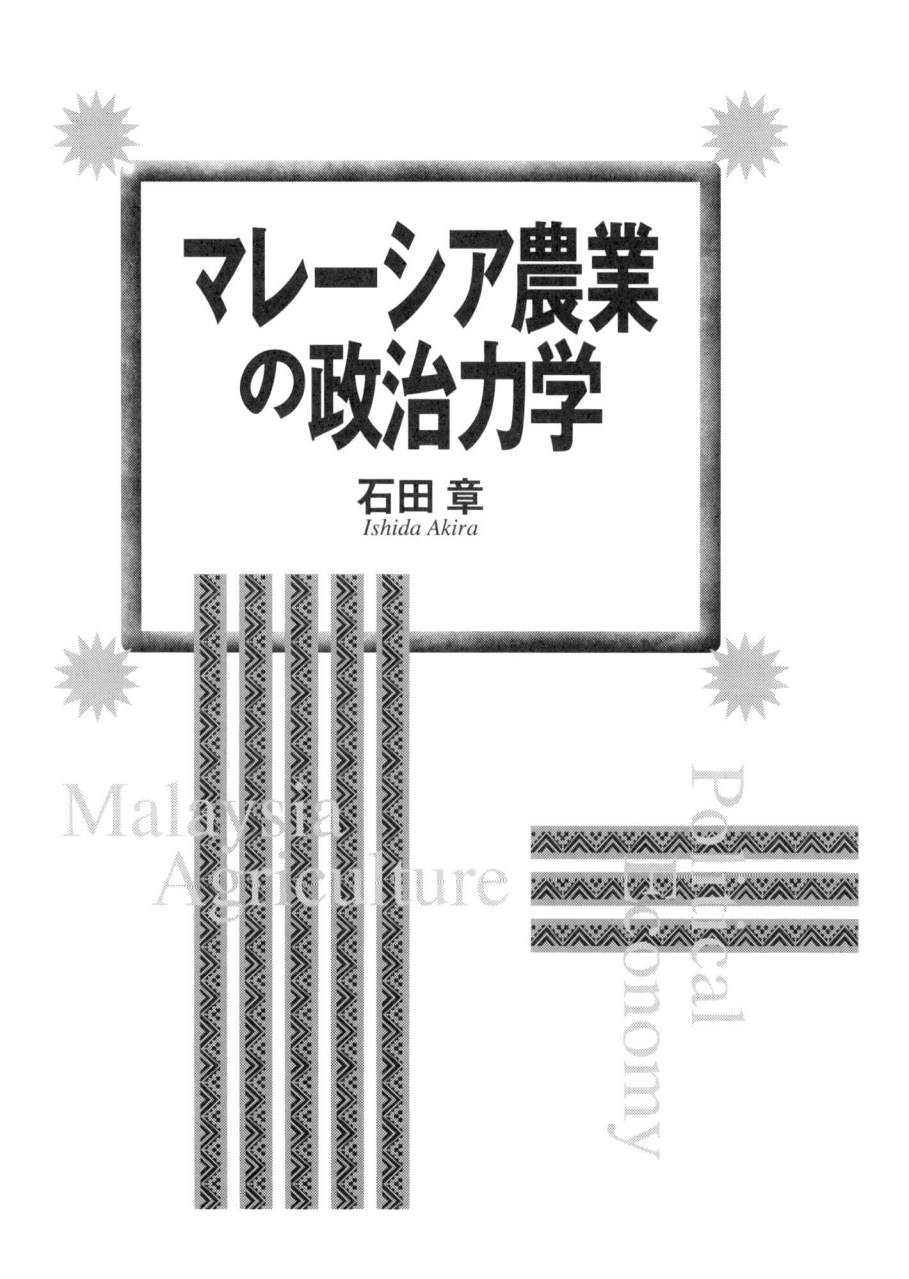

マレーシア農業の政治力学

石田 章
Ishida Akira

日本経済評論社

はしがき

　経済発展に伴って，農業政策の課題が食料問題から農業調整問題へと移行するにつれて，農業保護水準が上昇基調に推移することが指摘されている．経済発展の初期段階においては，概して食料不足が深刻でありながら，農業（農民）搾取的な農業政策が採用される傾向にある．しかし，経済発展につれて食料不足が解消されていくにもかかわらず，より農業（農民）保護的な農政が展開されていくことになる．食料を最も必要としている途上国において農民・農業が保護されず，食料供給が過剰気味な先進国において農民・農業が保護される，というパラドックスが生じている．

　しかし，こうした経済発展に伴う農政転換の原因は未だ十分に解明されていない．とくに政治経済学的視点から，農民利益団体と政権与党との関係や，農民の政治行動が農政の展開に及ぼす影響について詳細に検討した研究は極めて少ない．そこで本書では，マレーシアの稲作政策を事例として取り上げ，農政展開のメカニズムを政治経済学的に分析することを目的とする．

　ところで本書において，マレーシアを具体的事例として取り上げることに疑問を感じる読者は多いだろう．しかし実は，わが国とマレーシアの稲作部門には，社会経済的・政治的な意味において共通点が多い．それ故に，暗黙的ではあれ，わが国のケースと対比しつつ，マレーシア稲作について議論を展開していくことができるのは大きなメリットである．ここで具体的に，両国の稲作部門の共通点を示すと次のとおりである．

　①国内総生産（GDP）に占める稲作部門の割合は非常に小さい——両国とも，その割合は0.4％程度である．

　②しかし，米は日本人，マレーシア人の主食である——1人当たり年間米消

費量は，日本人が60kg台，マレーシア人が80kg台である．

③さらに，稲作農民は意外と大きな政治力を保持している——西マレーシアでは，総世帯の約7%が稲作農家（日本では，4〜5%）であり，「稲作選挙区」が総選挙区に占める割合は約16%である．つまり，稲作地域に有利な議席配分が行われている．

④また両国において，政権与党が農民に補助金を支給する見返りに，農民が政権与党を支持するという，ある種の相互依存関係が観察される．

なお本書では，諸般の事情から，わが国のことを比較事例として明示的に議論に取り込むことはできなかった．次の課題としたい．いずれにせよ，本書が東南アジア研究の発展とマレーシア農業の理解のための一助となれば幸いである．

2001年8月1日

石田　章

目　次

はしがき
序　章　マレーシア稲作の分析視点 …………………………………… 1
　第1節　本書の課題 ……………………………………………………… 1
　第2節　自然環境と社会・経済構造 …………………………………… 3
　第3節　マレーシア政治の概要と稲作農民の政治力 ………………… 7
　第4節　稲作政策の課題 ………………………………………………… 13
　第5節　本書の構成 ……………………………………………………… 16

第Ⅰ部　農業構造の特徴と食料消費の動向

第1章　農業部門と製造業部門間の比較生産性
　　　　──日本, 韓国, タイ, マレーシアの比較 …………………… 23
　第1節　はじめに ………………………………………………………… 23
　第2節　比較生産性の決定要因 ………………………………………… 24
　第3節　データ …………………………………………………………… 26
　第4節　計算結果 ………………………………………………………… 28
　第5節　比較生産性と農業生産構造との関連 ………………………… 32
　第6節　むすび …………………………………………………………… 35
第2章　食料消費の変化──家計調査データを用いて ……………… 39
　第1節　はじめに ………………………………………………………… 39
　第2節　分析モデル ……………………………………………………… 40
　第3節　データ──家計消費支出の概要 ……………………………… 46
　第4節　計測結果 ………………………………………………………… 49

第5節　むすび ……………………………………………………… 53

第Ⅱ部　稲作政策の変遷——政治経済学的分析

第3章　稲作政策の変遷とその要因——農政転換の政治力学 ………… 59
　　第1節　はじめに ……………………………………………………… 59
　　第2節　農政転換の時期 ……………………………………………… 60
　　第3節　稲作政策転換の政治的背景 ………………………………… 63
　　第4節　稲作政策の転換と与党支持率の変化 ……………………… 71
　　第5節　むすび ………………………………………………………… 74

第4章　稲作政策の方向性と課題
　　　　　　——第7次マレーシア5ヵ年計画を中心に ………………… 77
　　第1節　はじめに ……………………………………………………… 77
　　第2節　米生産の展望 ………………………………………………… 78
　　第3節　補助金政策の見直し ………………………………………… 85
　　第4節　農民組織化と稲エステートの奨励 ………………………… 90
　　第5節　むすび ………………………………………………………… 96

第5章　米流通管理制度の改革と公的部門の市場介入 ……………… 101
　　第1節　はじめに ……………………………………………………… 101
　　第2節　第2次世界大戦後〜1960年代の米流通管理制度 ………… 102
　　第3節　1970年代の米流通管理制度 ………………………………… 107
　　第4節　1980年代の米流通管理制度 ………………………………… 112
　　第5節　1990年代の米流通管理制度 ………………………………… 114
　　第6節　むすび ………………………………………………………… 125

第Ⅲ部　利益集団および農民の政治行動

第6章　農村政治における構造変化と農民の政治行動 ……………… 131
　　第1節　はじめに ……………………………………………………… 131
　　第2節　先行研究の指摘 ……………………………………………… 132

第3節	農民の支持政党と政権与党への要求経路	135
第4節	農村政治の構造変化と農政への影響	144
第5節	むすび	149

第7章　アジア経済危機と農業保護　151

第1節	はじめに	151
第2節	アジア経済危機とマレーシア通貨の動向	152
第3節	食料価格の上昇と食料増産への取り組み	155
第4節	農業経営の悪化と農民の政治的需要行動	160
第5節	農業保護強化の公共選択論的解釈	162
第6節	むすび――アジア経済危機の教訓	164

第8章　農民票と稲作補助金――1999年総選挙を事例として　171

第1節	はじめに	171
第2節	1999年総選挙の結果	172
第3節	稲作地域における選挙結果	175
第4節	選挙結果と稲作政策への影響	187
第5節	むすび	190

第Ⅳ部　稲作地域における貧困問題

第9章　マレー人稲作村における貧困撲滅と所得分配　197

第1節	はじめに	197
第2節	調査対象農家の概要	199
第3節	稲作技術変化と稲作所得	202
第4節	農村労働市場の変容と農外所得	209
第5節	貧困撲滅と所得分配	216
第6節	むすび	222

第10章　グラミン銀行方式による参加型貧困撲滅プログラムの成果と課題　227

第1節	はじめに	227

第2節　グラミン銀行方式による参加型貧困撲滅プログラム・AIMの概要
　　　………………………………………………………………………… 228
　第3節　プログラムの成果検討 ………………………………………… 234
　第4節　むすび——AIMプログラムの課題 …………………………… 237
終　章　農政転換をめぐる政治力学 ……………………………………… 241
あとがき ……………………………………………………………………… 245
参考文献 ……………………………………………………………………… 249

序　章　マレーシア稲作の分析視点

第1節　本書の課題

　時系列および横断面データを用いた国際比較や特定国の事例研究から，経済発展に伴って農業保護水準が高まっていく（あるいは，ある一時点において経済水準の高い国ほど農業保護水準が高い）ことが指摘されている（Bastelaer [1998], David and Huang [1996], Honma and Hayami [1986], 本間 [1994], Krueger et al. [1991], Peterson [1979], Yang [1995]）．こうした経済発展と農業保護水準との関係を示すと，図序-1のようになる．それでは，経済発展に伴って，どうして農業保護水準は高まっていくのであろうか．工業化などに関連した経済政策・為替政策あるいは政治体制・政党制などの視点からさまざまな分析が行われているが，多くの先行研究に共通して指摘されている原因として，次の2点がある（本間 [1994]）．

　まず第1に，経済発展に伴う農業労働力人口（あるいは人口比）の減少によって農民の結束力が強まり，その結果として農民からの農業保護要求が強まるからである．なぜならば，集団の規模が小さくなるにつれて，フリーライダーの問題および集団内の調整費用が逓減していくことから，集団としての統一要求が行いやすくなるからである．こうした考え方がOlson [1965] 流の集合行為（collective action）の概念を論拠としていることは明白であろう．

　第2に，経済成長に伴う所得向上によって，家計費に占める食料費の割合が減少する（食料の賃金財としての性格が弱まる）ことから，食料価格の上昇に対する消費者および資本家の反発が弱まるからである．経済発展の初期段階においては，家計費に占める食料費の割合は高い．したがって，食料価格の上昇

図序-1 経済発展と農業保護水準の関係

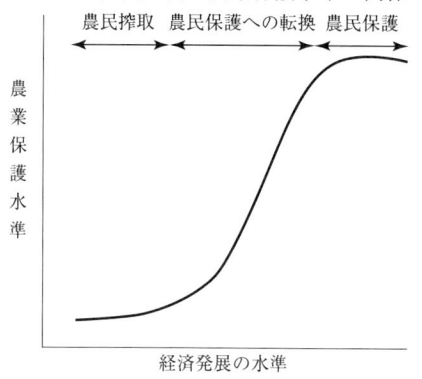

資料：著者作成．

は一般家計に大きな負担を強いるばかりでなく，それに伴う労賃の高騰によって非農業部門の発展が阻害される可能性がある．しかし，エンゲルの法則が示唆するとおり，経済発展による所得向上に伴って非食料への支出割合が増加することから，家計費に占める食料費の割合は減少基調をたどるのが一般的である．このことによって，食料価格の上昇が家計に及ぼす影響が小さくなると同時に，非農業部門の賃金水準に及ぼす影響も小さくなる．さらに所得水準の上昇に伴って，食料の安定的供給と食の安全性への関心が高まり，結果的に国内農業保護に対する消費者の反対は弱まることになる．

　しかし，このように経済発展と農政転換の関係が指摘されていながら，政治学的視点から農民利益団体と政権与党との関係や，農民の政治行動が農政の展開に及ぼす影響について詳細に検討した研究は皆無に等しい．こうした背景には，政府統計を用いた計量分析では，数量化しにくい政治的要因を分析に取り込むことが難しいことがあろう．しかし具体的に，経済発展に伴う農政転換のメカニズムを解明するためには，農政の転換を促したさまざまな政治的要因を明らかにしていく必要がある．そこで本書では，マレーシアの稲作政策を具体的事例として，政治経済学的枠組みの中で，経済発展に伴って農業搾取から農業保護へと政策転換を図る契機となった政治的要因を解明していくことを目的とする．

　なお，はしがきに前述したが，本書において，マレーシアを研究対象とした理由は次のとおりである．①マレーシアは日本，韓国，台湾（シンガポールなどの都市国家は除く）に次ぐ経済水準にあることから，アジア開発途上国における農業政策の展開を考察するに当たり，マレーシアのケースが先験的事例となる．②製造業部門を主導力とした急速な経済成長を遂げたことから，比較的

短期間の時系列データからでも,経済発展と農業保護との関係を抽出しやすい.
③マレーシアとわが国の農業部門が直面している政策課題[1]には共通点が多く,わが国の事例を念頭に置きつつマレーシア農業を論じることができる.④多くのアジア途上国と同様に複雑な民族問題を抱えるマレーシアでは,稲作政策が持つ政治的意味合いが強く,それ故に政治的要因が政策展開に及ぼす影響が大きい.⑤高度経済成長に伴って地方行政組織の整備が積極的に推進され,かつ利益集団の組織化が急速に進んだことから,農民・利益団体の政治行動や政府・農民間の政治的関係が農政に及ぼした影響を考察することが可能である.このことから上記①と同様に,アジア開発途上国における農業政策の政治経済分析を行う際に,マレーシアのケースが先験的事例となる.

ここで本章の構成を示せば次のとおりである.第2節において,マレーシアの自然環境と社会・経済構造に関する説明を行う.第3節では,マレーシア稲作を政治経済学的枠組みの中で分析することの意義を明確にするために,マレーシア政治の分析視点と稲作部門の政治的重要性について解説する.第4節では,第2次世界大戦後,稲作政策の課題がどのように変化してきたかを素描する.そして最後の第5節において,本書の構成を示す.

第2節 自然環境と社会・経済構造

1. 自然環境

天然ゴムやパーム油の主要生産国として有名なマレーシアは,北緯1～7度の熱帯モンスーン地域に位置している.同国の国土はマレーシア半島部の西マレーシアとボルネオ島北部の東マレーシアから構成されている.それぞれの面積は13万haと20万haであり,両者合わせて約33万ha(日本の約90%)である.

10～2月の北東モンスーンと5～9月の南西モンスーンが年間平均約2,500mm程度の降雨量をもたらす.しかし1960年代半ば以降,大規模な熱帯雨林

の伐採や地球温暖化の影響もあり，降水量は確実に減少基調にある．例えば，マレーシア最大の稲作地域を抱えるクダー州では，年間平均降雨量は年率約0.6％の割合で減少傾向にある[2]．

このような事情に加えて，急速な成長を遂げている工業部門の水消費量が急増していることから，とくに1990年代に入り稲作部門と工業部門との間で水資源をめぐる競合が激化している．つまり，米国カリフォルニア州の稲作地域と同じく，マレーシアにおいても米増産の制約条件の1つとして水不足をあげることができる．

ところで，かつてマレーシアが木材の主要輸出国であったことからも容易に推察できるとおり，同国の総面積の60％程度が熱帯雨林に覆われており，水稲作に適した平野部は少ない．事実，マレーシア最大の稲作地域であるムダ地域（Muda）ですら，総水田面積は20万ha程度に過ぎない．しかし，こうした可耕地の希少性にもかかわらず，総人口が約2,000万人（1995年時点）と少なく，かつ隣国タイからの米輸入が容易であったことなどから，可耕地フロンティアの消滅，あるいは人口稠密地域においてしばしば観察される耕地細分化や土地なし層の滞留などが社会問題化したことはない[3]．それ故に，人口：土地比率が高いジャワや北ベトナムでは土地を基盤とした強固な村落共同体が発達したのに対し，マレーシアではかなりルース（loose）な共同体しか発達しなかった[4]．

また西マレーシアの場合，中央部に山脈が走っており，半島西側と半島東側とを結ぶ交通網はそれほど発達していない．天然の良港が多く錫鉱脈が集中していた半島西側は，イギリス植民地時代から開発が進み交通網・港湾施設やその他インフラが充実している．このため，大半の工業団地が同地域に集中している．

これに対して，半島東側は遠浅のために天然の良港が少なく，かつ錫資源も少ない．加えて，雨期には洪水によって交通網が寸断されるなどの原因で，概して経済的に立ち後れてきた．海底油田の開発や農村開発の推進につれて，徐々に半島東側のインフラ整備が進められているが，未だに半島西側と東側の

経済格差は大きい．

　一方，東マレーシアは西マレーシアよりも概して降水量が多く，未開の熱帯雨林や山脈，河川によって主要都市間の交通網が分断されているケースが多い．サバ州西岸のいくつかの主要都市は整備された国道で結ばれているが，現在でも場所によっては航空機やボートが輸送の主力を担っている．

2. 社会構造

　マレーシアの政治経済を理解するうえで最も重要な事柄は，同国がマレー人，華人（中国系マレーシア人），インド人，その他少数のエスニック集団から構成された多民族国家であるということである．ここでは，とくに稲作が盛んな西マレーシアに絞って，多民族国家マレーシアの社会構造を素描することにしよう．

　マレー半島部の先住民は，現在主に山間部に居住している少数部族のオラン・アスリ（orang asli；先住民の意）と同地域の総人口の半数近くを占める最大多数派のマレー人から構成されている．彼ら先住民はブミプトラ（Bumiputera；土地っ子の意）と呼称され，政策上さまざまな優遇措置を享受している．

　一方，現在マレーシアに在住している華人とインド人のほとんどは，イギリス植民地時代（19世紀後半～20世紀前半）におのおの中国大陸南部とインドから主に錫鉱山労働者やプランテーション労働者として来住した移民たちの子孫である[5]．中国大陸およびインドからの移民の多く——とくに中国人——が本国に帰ることなくマラヤに定住したために，民族対立による政治的不安定化を懸念したイギリス植民地政府は，第2次世界大戦直前に移民の流入を禁止した．それ以降大規模な移民の流入と定住化，そしてそれに伴う民族構成の大幅な変化は起こっていない．この結果，イギリス植民地時代に現在の非常に微妙な人口バランス——マレー人55％，華人35％，インド人9％（半島マレーシア）——が形成されることとなった．

　このイギリス植民地政府が遺したマラヤの多民族社会が，現在もマレーシア

の社会経済に及ぼし続ける影響は未だ無視しえない．これは，民族間の混血が進まないという単純な社会問題にとどまらない．植民地政府による分離統括政策の影響が現在も残存し，居住地域と経済的役割（職業）が特定民族に固定化されている場合が多い．鳥瞰的には，マレーシア社会は現在でも，都市部に居住し工業，サービス業に従事する華人，農村部に居住し農業に従事するマレー人，主にプランテーション労働に従事しているインド人という単純な構図によって把握できる．この構図が示唆するのは，①生産性の低い農業部門に従事しているマレー人とインド人の所得水準が低く，生産性の高い第2次・第3次産業従事者の多い華人のそれが高いという，垂直的な民族間所得格差，そして②都市と農村間の経済格差，という2つの所得格差の存在である．ここで留意すべきことは，マレーシアでは，地域間所得格差と民族間所得格差がほぼ同義であるという事実である．

3. 高成長下における経済構造の変化

次に，高成長下における経済構造の変化に話題を移そう．

経済発展に伴い産業構造が第1次産業から第2次・第3次産業へと高度化していく過程——いわゆるペティ・クラークの法則——が，マレーシアにおいても観察される．高度経済成長の中心的担い手となっている工業部門が経済に占める重要性を高める一方で，農業部門のそれは低下基調にある．例えば，農林水産業の就業人口は，1980年の270万人から90年には174万人，95年には143万人と大幅に減少している（Malaysia [1996]）．さらに，2000年には119万人，10年には93万人にまで減少すると予測されている（Ministry of Agriculture [1999]）．

また就業人口と同じく，国内総生産（GDP）と総輸出額に占める農林水産業の比率も低下基調にある．それら比率は，1985〜95年の10年間におのおの20.3%から13.6%，36.7%から19.2%に低下している．1999年に公表された第3次国家農業政策では，農林水産業は1998〜2010年間に年率2.4%の成長を遂げるものの，GDPへの貢献度は7.1%まで減少すると見込まれている

(同上 [1999]).

しかし,こうしたマクロ経済への相対的重要性の低下にもかかわらず,米の主食としての重要性を看過することはできない.米は,マレーシア人の総カロリー摂取量の約30%,穀物摂取量の70%以上を占めている(資料は国際食糧農業機関FAOの*Food Balance Sheet*).このことから,米の安定的供給の成否がマレーシア国民の栄養状態に無視しえない影響を及ぼすと容易に理解できる.事実,第3次国家農業政策においても,食料安全保障の観点から国内食料生産の拡大が基本方針の1つとして示されており,主要稲作地域における単収向上などによって国内米生産の維持が明示されている(同上 [1999]).

第3節　マレーシア政治の概要と稲作農民の政治力

1. 政党制

多民族国家マレーシアにおける政党制の特徴は,各民族集団をベースとして与党と野党が形成されており,おのおのの民族を代表する複数の政党が与党連合を形成しているところにある[6].各政党は支持基盤とする特定の民族集団の利益代表として与党連合に加盟している.現在,与党連合の国民戦線(BN ; Barisan Nasional)は14の政党から構成されている.

ところが,このことから,マレーシア型政党制をサルトーリ(Sartori [1976])のいうように原子化政党制に分類するのはやや問題がある[7].これと同様に,マレーシアの政治体制をエリートの協調的行動を特徴とするLijphart [1968, 1977] の多極共存型民主主義(consociational democracy)と形容するのも,必ずしも適切ではない.というのは,与党連合の中核をなすのは最大多数派のマレー人を支持基盤とする統一マレー人国民組織(UMNO ; United Malays National Organization)であり,首相を含む主要閣僚ポストはUMNOが独占しているからである.

しかし少数派民族であっても,政権に参画する機会を与えられており,また

図序-2 2大政党制のダウンズ・モデルと
　　　マレーシアへの適用
(1) 一般的な2大政党制に関するダウンズ・モデル

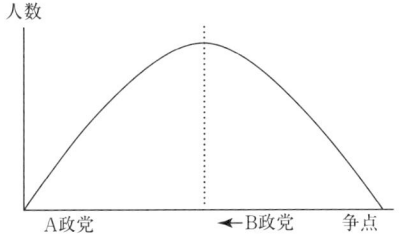

(2) マレーシアに適応した場合

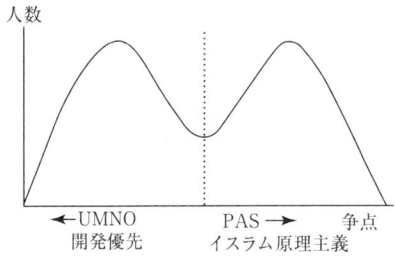

資料：著者作成.

その民族を支持基盤とする政党を通じて，利益誘導のために連立政権に働きかけることは可能である（実際，そういう働きかけが頻繁に行われている）．したがって，マレーシア型政党制には，マレー人優位の原理の下に，少数派民族の政治的諸要求が社会・経済政策の展開に何らかの形で反映される装置が備わっているといえよう．

ただし，マレーシア社会における経済格差の問題として，民族間格差のみならず民族内における階層間格差も指摘されている（例えば Ozay [1988]）．このことを考慮すると，マレーシア型政党制では与野党間の対立が階層間の対立に転化される可能性が残される．しかし実際には，与野党間の対立が民族横断的な階層間対立へと転化された事実はない．この理由を明らかにするために，Downs [1957] が提示した有権者の政策選好に関する仮説を援用することにしよう（図序-2）.

マレーシアでは，マレー人政党である UMNO とイスラム党（PAS；Parti Islam Se-Malaysia）間の争点は，単純化すればトレード・オフの関係にあるイスラムと開発の問題に収斂する．与党 UMNO は，開発重視の観点から，イスラムに関しては非マレー人にも許容しうる穏健な主張を行っている．これに対して，イスラム国家の樹立を標榜している野党 PAS は，UMNO に比べて開発よりも規範を重視したイスラム原理主義的な主張を行っている．

こうしたマレー系与野党間の主張の大きな隔たりが政治的安定に与える影響はいかなるものであろうか．ダウンズ流に考えれば，両政党の主張が一点に収

斂した方が政治システムとしては安定している．しかし逆説的にマレーシアでは，両者の主張が収斂しないからこそ階層間対立が激化せず，政治的に安定していると考えられる[8]．非マレー人の有権者や非マレー系野党にとって，イスラム原理主義的な PAS の主張は受け入れがたい．事実，この PAS の主張が華人系野党と PAS の連合を困難にしてきた経緯がある．要するに，各野党は中・下層を支持基盤としつつも，民族と宗教の壁に阻まれて野党連合を形成することが困難であったが故に，与野党間の対立が階層間対立に転化されることがなかったと考察される．

2. 選挙制度

マレーシアの選挙制度は，旧宗主国のイギリスと同様に単純小選挙区制である．このため死票が多く，その結果として，得票率に比べて政権与党にかなり有利な議席配分が行われている．例えば，95 年下院議員選挙の場合，与党連合の得票率は 65％ であったのに対して，その獲得議席数が総議席数に占める比率は 84％（192 議席中 162 議席）であった（Ishida [1996]）．このことから，国民戦線の獲得議席数がその得票率に比べてかなり多いことが確認できる．

次に，多民族社会であることを念頭に置きつつ，各小選挙区における候補者の選定について素描しよう．マレーシアでは各民族集団をベースとして政党が形成されていることから，与党と野党ともに，ある特定の民族が多数を占める選挙区では，その民族を支持基盤とする政党が候補者を擁立するのが一般的である．例えば，マレー人有権者が量的に優位な選挙区では，与党 UMNO と野党 PAS あるいは PAS と協力関係にあるマレー系野党の候補者の一騎討ちとなる場合が多い．同様に，華人有権者が最大多数派の選挙区では，概して与党連合の華人系政党であるマレーシア華人協会（MCA；Malaysian Chinese Association）あるいはマレーシア人民運動（GRM；Parti Gerakan Rakyat Malaysia）のどちらかの候補者と華人系野党・民主行動党（DAP；Democratic Action Party）の候補者が議席を争うことになる．

それでは，こうしたマレーシアの政治システムにおいて，稲作選挙区はどう

いう重要性を持っているのであろうか．次に述べていくことにしよう．

3. 稲作農民の政治力

　稲作農民あるいは稲作農家世帯の具体的な数は1970年代以降公表されていない．そこで本書では，90年に実施された農業センサスの集計データ（Jabatan Pertanian［1994］）および農業省発行の稲作統計（*Perangkaan Padi*）やムダ農業開発公団（MADA；Muda Agricultural Development Authority）の調査資料（Wong［1995］）などを用いて，州別に稲作に従事している農家の戸数を推定した（表序-1）．

　西マレーシア全体では，稲作農家戸数は約21万3,600戸であり，全世帯数の約7.4％を占めるに過ぎない．しかし，西マレーシアにおいて，稲作農民の95％以上が最大多数派のマレー人によって占められている事実を看過することはできない．仮に，稲作農家の95％がマレー人世帯であったとすると，マレー人稲作農家がマレー人総世帯数（166万8,300戸）に占める割合は約12.2％となる．

表序-1　西マレーシアにおける稲作農家世帯数

	総世帯数 (1,000戸)	マレー人世帯数 (1,000戸)	農家世帯数 (1,000戸)	平均稲作経営面積 (ha)
プルリス州	39.9	33.2	18.3	1.99(MADA), 1.08
クダー州	270.3	200.8	75.1	1.99(MADA), 0.93
クランタン州	230.5	216.9	40.9	0.88
トレンガヌ州	143.6	137.3	19.0	0.69
パハン州	208.6	153.3	3.1	1.40
ペナン州	211.7	81.3	7.3	1.60
ペラ州	397.5	190.0	29.7	1.44
スランゴール州	464.1	213.0	11.8	1.61
マラッカ州	101.8	58.8	4.1	0.74
ヌグリ・スンビラン州	143.6	75.5	2.1	0.63
ジョホール州	421.1	212.7	2.2	0.78
連邦直轄区	242.4	95.5	0.0	—
合計	2,875.1	1,668.3	213.6	—

　　注：農家世帯数は，作付面積を平均経営面積で除することによって推定した．なお，クダー州とプルリス州の農家世帯数に関しては，MADA地域内の平均経営面積が1.99haと大きいことから，MADA地域内と地域外にわけて計算した．

　　資料：Jabatan Perangkaan. *Laporan Am Banci Penduduk 1990*；Jabatan Pertanian（1994）；Wong（1995）．

序　章　マレーシア稲作の分析視点　11

　さらにここで留意すべきことは，マレーシアでは，多くのマレー人有権者が居住する農村部に有利な議席配分が行われていることである．このことは，都市部よりも農村部の方が1票の価値が重いことを意味する．もちろん，稲作地域は農村部に位置することから，稲作地域の選挙区の代表性は相対的に高い．実際に，99年下院議員選挙を事例として，この1票の格差について確認してみよう．便宜的に，主要稲作地域（マレー半島部に8ヵ所ある．図序-3参照）とその周辺の稲作地域に位置する選挙区を稲作選挙区と定義しよう[9]．すると，西マレーシアに配分された144議席中23議席が稲作選挙区となる．この稲作選挙区に居住する有権者数は1選挙区当たり平均約4万6,000人である．これに対して，例えば都市部の代表格である連邦直轄区（首都のクアラルンプール周辺地域）には，1選挙区当たり平均約6万3,000人の有権者が居住している．さらに，連邦直轄区の衛星都市部には有権者数の最多上位4選挙区（いずれも有権者数は9万人以上）[10]が位置している．この比較から，稲作選挙区における1票の価値が相対的に高いことが容易に確認できる．

　この事実に加えて，非マレー人有権者の比率が高い州や都市部の選挙区では，与野党ともに非マレー系政党が候補者を立てる確率が高い．このため，これら地域に居住するマレー人有権者が投票に際して選択しうるのは，概して非マレー系政党の候補者（非マレー人）のみである．つまり，非マレー人有権者が量的に優位な地域に居住するマレー人有権者の投票行動は，マレー系与野党の選挙結果には直接影響を及ぼさないといえる．それ故にこそ，稲作選挙区のマレー人農民票はマレー系与野党にとってより重要な意味を持つことになる．

　さらに注意すべきことは，稲作地域では野党PASへの根強い支持があり，マレー系与野党間の得票率格差が稲作地域以外の選挙区と比較して相対的に小さいことである．このことを確認するために，95年下院議員選挙を事例として，稲作選挙区とそれ以外の選挙区に分けて，マレー系与野党の得票率を比較してみよう．

　西マレーシアにおいて，マレー系与野党の候補が議席を争ったのは90選挙区であった．このうち，稲作選挙区（合計23選挙区）の約4分の1に相当す

図序-3 マレーシアの主要稲作地域

資料：石田・アズィザン (1996).

る6選挙区では，与野党間の得票率格差は±10％未満[11]であった．これに対して，稲作選挙区以外では，与野党間の得票率格差が±10％未満であったのは67選挙区中7選挙区のみであった．このことから，稲作選挙区において，とくにマレー系与野党間の競合が激しいことが確認できる．と同時に，稲作選挙区と非稲作選挙区において，マレー系与野党間の勢力が比較的拮抗している選挙区数はほぼ同数であり，稲作地域は選挙区数こそ少ないが，マレー系与野

党の獲得議席数の変化に及ぼす影響は大きいと推察される．事実，99年総選挙において，UMNOが失った半数程度の下院議席は稲作地域の選挙区においてであった．

以上の議論を総じてみると，稲作農民票はその総数としての重要性以上に，マレー系与野党間の勢力バランスに与える影響は大きいと結論できる．

最後に，州別の稲作世帯数を比較すると，総世帯数に占める稲作農家世帯の比率は，マレー人の人口比率が相対的に高い北部諸州（プルリス州，クダー州，クランタン州，トレンガヌ州）において高い．これら北部諸州の稲作農家戸数は15万3,300戸であり，西マレーシアの稲作農家の約70％が同地域に居住していることになる．まさに，これら諸州において，マレー系与党UMNOと野党PASの勢力争いが最も熾烈であり，そこでの選挙結果が与党連合の中核であるUMNOの選挙結果に大きな影響を及ぼしてきた．このことからも，稲作選挙区の重要性が確認できよう．

それでは，一定の政治力を保持している稲作部門に対して，いかなる施策が講じられてきたのであろうか．次節において，稲作政策の課題と政策的対応がどのように変化してきたかを素描しよう．

第4節　稲作政策の課題

1.　第2次世界大戦後〜1960年代——米の国内自給化

第2次世界大戦終了直後に深刻な食糧飢饉に見舞われたイギリス植民地政府は，米の国内完全自給を目指して，灌漑施設の整備による一期作田の二期作化を積極的に推進した（表序-2）．このことは，独立以降の各5ヵ年計画期において，政府の灌漑投資額が絶対額のみならず農業予算に占める比率においても急上昇したことから理解できる．こうした政府による多額の灌漑投資の成果もあって，とくにムダとクムブ両地域の大規模灌漑計画が相次いで完成した1970年代初頭に，西マレーシアの水田作付面積は雨期作約38万haと乾期作

表序-2 政策基本方針と稲作政策の展開

	1960年代	1970, 80年代	1990年代
政策基本方針	自由放任	マレー人優遇	(マレー人優遇を前提とした) 自由化・規制緩和
稲作政策の課題	米増産	農家の貧困撲滅	競争力・効率性の向上
具体的施策	灌漑投資	補助金制度の拡充	農民の集団化・連邦米穀公団の民営化・補助金制度の見直し等
農政の方向性	農民搾取	農民保護への転換	農民保護の一部見直し

資料：著者作成．

約23万haの合計約60万haに達した．さらに高収量品種の導入や肥培管理などの栽培技術の改善に伴う単収の向上も相まって，米の国内自給率は1970年代半ばには90％の水準を上回った．この時点において米の国内自給化の目的はほぼ達成された（ただし70年代半ば以降，米の国内自給率は減少基調にある）[12]．

2. 1970～80年代――農家の貧困対策

米の国内自給に一定の目途がついた1970年代において，次に政策課題となったのは稲作農家の貧困撲滅である．例えば1970年当時，稲作農家の88％が貧困状態にあった（Malaysia [1981]）．それでは，なぜ1960年代に稲作農家の貧困対策が十分に講じられなかったのであろうか．確かに，1960年代にも稲作農家の貧困問題がクローズアップされることはあったが，生産者米価の大幅引き上げや投入財の無償配布のような直接的所得補償は実施されなかった．つまり，1960年代当時の稲作政策は「農民搾取的」であったといえる．この背景には，二期作の導入による稲作農家の所得向上が期待できたこと以外に，当時のラーマン政権が民族融和の観点から，「結果の平等」ではなく「機会の平等」を重視した自由放任的な経済政策を採用していたことがある．

しかし，1969年5月に勃発したマレー人・華人間の大規模な抗争事件（5・13事件）を契機として，政府の基本方針が自由放任からマレー人優遇に180度方向転換された．これに伴い，マレー人にほぼ独占された稲作部門の貧困問題がにわかに政策課題の1つとして注目を集めることになった．こうした時代背景もあって，農家の経済水準を向上すべく，第2次世界大戦後から1960年

代まで低く抑えられていた生産者米価は，農工間の所得格差が社会問題化した70年代以降物価上昇を上回るペースで引き上げられた．

この政策転換が持つ意味合いは，経済発展と農政転換の関係を論ずるうえで極めて重要である．篠浦［1993］がインドネシア，韓国，タイ，そして台湾における米政策の展開過程の分析から結論付けた歴史的方向性——経済発展に伴って消費者価格低位安定のための「低米価政策」から農民の所得向上のための「高米価政策」ないし価格支持政策への転換——が，マレーシアでは1970年代に起こったのである．つまり農政の基本方針は，1960年代の農民搾取から70年代に農業保護へと転換されたといえる．

3. 1990年代以降——補助金制度の見直し

しかし当然の帰結として，高米価政策に代表される農業保護政策の導入がマレーシア経済に与えた負の影響は無視しえないほど大きかった．農業保護政策は，財政負担の増加のみならず，輸入米に対する国産米の価格競争力の低下につながった．こうした状況に加えて，1990年代に入り，GATT・WTO体制下において，農産物を含む貿易自由化交渉が活発化しており，WTO加盟国はより一層の貿易自由化・規制緩和・補助金削減に向けた努力が求められている．このため1990年代に入り，政府は，財政依存型の農業開発政策を抜本的に見直し，市場原理の導入を図っていくとしている（Malaysia［1996］）．

当然のことながら，政府からの莫大な補助金に大きく依存してきた稲作部門も，それに依存することなく他産業と競合しつつ自立していくことが求められており，稲作部門に対する補助金制度の見直しが検討されている（同上［1996］）．しかし現実的には，補助金制度を抜本的に見直すことは政治的理由から困難である．なぜならば，稲作補助金は政治財として，政権与党の選挙対策として利用されてきたからである．貿易自由化・補助金削減という世界的趨勢の中で，政権与党は，「稲作農民票の獲得」と「補助金制度の見直し」のバランスを取りつつ農政改革を実行するという難問に直面しているといえよう．

第5節　本書の構成

最後に，本書の構成を示すことにしよう．議論の流れを簡明にすることを目的として，中核をなす10章を4部に分けた．各部，各章における大雑把な内容は次のとおりである．

第Ⅰ部「農業構造の特徴と食料消費の動向」においては，予備知識として，研究対象国であるマレーシアの農業構造と食料消費構造について説明を行う．より具体的には第1章「農業部門と製造業部門間の比較生産性——日本，韓国，タイ，マレーシアの比較」では，日本，韓国，タイ，マレーシアにおける比較生産性の動向を比較分析することによって，マレーシアの農業構造の特徴を明らかにする．第2章「食料消費の変化——家計調査データを用いて」においては，とくに経済成長に伴って食料消費の多様化が進展した1970年代以降を対象として，マレーシアにおける食料消費構造がどのように変化したかを分析する．

第Ⅱ部「稲作政策の変遷——政治経済学的分析」では，稲作政策の展開方向を規定してきたさまざまな政治的要因を検討すると同時に，今後の政策展開に関する展望も行う．そのために，第3章「稲作政策の変遷とその要因——農政転換の政治力学」において，経済発展に伴って農民搾取から農民保護へと政策転換を図る契機となった政治的要因を解明していく．第4章「稲作政策の方向性と課題——第7次マレーシア5ヵ年計画を中心に」では，1996～2000年間に実施されている第7次マレーシア5ヵ年計画期における稲作政策に焦点を絞ることによって，すでに農民保護へと政策転換を図ったマレーシアにおいて，どのような稲作政策の展開方向が模索されているのかを明らかにする．そして第5章「米流通管理制度の改革と公的部門の市場介入」では，新古典派市場経済論が捨象してきた市場の取引主体（民族）や彼らの交渉力・政治力の非均一性というファクターに焦点を当てることによって，米流通における公的部門の市場介入について検討する．この章では，農政の世界的趨勢と国内における農民搾取から農業保護への政策転換という条件変化の下で，米流通における公的

部門の市場介入がどのように変化してきたのかを明らかにする．

　第Ⅲ部「利益集団および農民の政治行動」においては，農民の利益集団と政党・政府との関係や地方行政組織の整備などに着目することによって，農村政治における構造変化と稲作政策への影響を明らかにする．第6章「農村政治における構造変化と農民の政治行動」においては，政権与党と農民・彼らの利益集団との関係がどのように変化してきたのかを解明するために，稲作補助金が政治財としてどのように用いられるようになったかを地方行政組織の整備との関連において明らかにする．第7章「アジア経済危機と農業保護」では，アジア経済危機が国内食料価格の動向や農業経営に及ぼした影響や農民（利益集団）の政治行動を解明すると同時に，公共選択アプローチの概念を援用することによって，同国における食料安全保障を意識した食料増産への取り組みと農業保護政策の強化について分析を行う．第8章「農民票と稲作補助金──1999年総選挙を事例として」においては，稲作政策の展開が99年総選挙の結果に及ぼした影響にも留意しつつ，稲作選挙区におけるマレー系与野間の勢力バランスの変化を明らかにすることによって，今後の稲作政策の展開方向について考察を加える．

　第Ⅳ部「稲作地域における貧困問題」では，第Ⅱ部および第Ⅲ部における議論を踏まえつつ，稲作農民の貧困問題がどの程度解消されたのかを明らかにする．そのために，第9章「マレー人稲作村における貧困撲滅と所得分配」において，補助金制度の展開に加えて，農業近代化の進展，それに伴う労働慣行の変化，農村労働市場の変化が貧困撲滅と所得分配に及ぼした影響についても考慮しつつ，稲作農家の貧困問題と所得分配について考察する．第10章「グラミン銀行方式による参加型貧困撲滅プログラムの成果と課題」では，稲作部門などにおける貧困問題を解消することを目的として導入された，グラミン銀行方式（小口融資制度）による参加型貧困撲滅プログラムの成果と課題について検討する．

　そして最後の終章において，本書の取りまとめを行うと同時に，残された課題について整理する．

注
1) 例えば共通する問題点として，農業担い手不足，農業保護の削減，条件不利地域における耕作放棄などがある．また，マレーシアはわが国と同様に食料の純輸入国であり，穀物の国内自給率はわが国と同程度（1997年時点において，わが国は24.6％，マレーシアは24.2％）である．
2) log（年間降水量）＝a＋b（time），time：1960＝1, 1961＝2, ……, 1993＝34を計測し，係数bの値を年間降水量の平均変化率とみなした．なお統計データは，マレーシア統計局が毎月出版している *Siaran Perangkaan Bulanan Semenanjung Malaysia* と *Siaran Perangkaan Bulanan Malaysia* から収集した．
3) 例えば，英領マラヤの総督（Governor）を務めたSwettenham［1948］は，イギリスが本格的なマラヤ植民地化を開始した1874年において，土地は何ら価値を持たなかったと述べている．また，田村［1988］は，イギリス植民地時代以前においても，支配者と臣民の関係は，土地を媒介として成立していたというよりは，河川交易にかかわる支配者の保護と被支配者の労働と軍事的協力という，いわゆるパトロン＝クライアント関係によって成り立っていた，と指摘している．
4) Scott［1972］は，パトロン＝クライアント関係が，ジャワや北ベトナムを除く東南アジア地域で存続した理由の1つとして，未熟な村落共同体組織と親族関係の脆弱性を指摘している．
5) 当初清朝によって，中国人労働者のマラヤへの移住は厳しく取り締まられていたが，1866年に清，英，仏の3ヵ国間に英国―清朝協定（Anglo-Chinese Convention）が締結されて以降，年季奉公制度（indentured system）による中国人移民の数が急増した．また，中国人労働者にやや遅れて，インド人労働者の本格的な流入が始まった．彼らの多くは，当初はサトウキビ農園労働者として，その後はコーヒーやゴムのプランテーション労働者として移住してきた（Ramachandran［1994］）．
6) マレー人，華人，インド人の3大民族を基盤とする各政党（UMNO，華人協会〈MCA〉，インド人会議〈MIC〉）が初めて連合を組んだのは，独立前の1955年に実施された連邦評議員選挙の時であった．
7) サルトーリの定義に従うと，原子化政党制とは，特定の政党が優位に立つことなく無数の政党が乱立している政党制のことである（Sartori［1976］）．サルトーリの政党分類をあえて適用すると，マレーシアの政党制は，原子化政党制と一党優位政党制の混合型と解釈できるかもしれない．なお，サルトーリの政党論については，岡沢［1988］に簡明にまとめられている．
8) 多民族国家のスリランカでは，多数派のシンハラ人を支持基盤とする与野党の主張は，シンハラ急進主義に収斂した．しかし，そのことが少数派のタミル人を刺激し，シンハラ人とタミル人の関係を急速に悪化させた．こうしたスリランカやマレーシアの事例を総じてみれば，ダウンズの仮説——政党間の主張が収斂し

た方が政治的に安定する——は必ずしも常に成立するわけではないといえる．マレーシアやスリランカと同様に，わが国の戦前期においても，ダウンズの仮説は成立しないという指摘がなされている（小林［1993］）．
9) 主要稲作地域に隣接していない稲作後進地域の選挙区は，「稲作選挙区」に分類しなかった．というのは，これら地域では稲作は副業である場合が多く，稲作が農家家計の主たる収入源となっていないと推察されるからである．
10) Ampang Jaya, Serdang, Subang, Shah Alam の各選挙区である．
11) 与野党間の得票率格差が選挙ごとに 20% 以上も変動することは希である．したがって，ある選挙におけるマレー系与野党間の勢力バランスは，前回選挙で得票率格差が小さかった——とくに 10% 未満であった——選挙区において，各政党がどれだけの議席数を確保できるかによって大方決定される．
12) 米生産の動向は，大雑把に次のように時代区分しうる（石田［1999］）．すなわち，①第 2 次世界大戦前：微増・停滞期，②第 2 次世界大戦後〜1970 年代半ば：拡大期，③1970 年代半ば以降：停滞期．

第Ⅰ部
農業構造の特徴と食料消費の動向

第1章　農業部門と製造業部門間の比較生産性
　　　──日本，韓国，タイ，マレーシアの比較──

第1節　はじめに

　経済発展に伴って産業構造が第1次産業から第2次・第3次産業へと高度化していく過程──いわゆるペティ・クラークの法則──が，アジア諸国においても観察されている．それら諸国では，高度経済成長の中心的担い手となっている製造業部門が経済に占める重要性を高める一方で，農業部門のそれは低下基調にある[1]．

　それでは，こうした経済発展に伴う産業構造の変化の過程において，農業部門と製造業部門間の比較生産性はどのように変化してきたのであろうか．ここでいう比較生産性とは，農業部門と製造業部門の就業者1人当たり付加価値の比率のことである．本章では，日本，韓国，タイ，マレーシアの4ヵ国を取り上げ，各国の比較生産性の動向を分析することによって，とくにマレーシアの農業生産構造の特徴を明らかにすることを目的とする．

　なお本章において，日本，韓国，タイ，マレーシアを取り上げた理由は次のとおりである．第1に，日本と韓国はアジア先進国であり，アジア地域における経済発展と比較生産性の動向を考察するに当たり，これら諸国のケースが先験的事例となる．第2に，途上国のケースとして取り上げたタイとマレーシアは，製造業部門を主導力とした急速な経済発展を遂げてきた．このため，比較的短期間の時系列データからでも，経済発展と比較生産性との関係を分析することが可能である．第3に，タイとマレーシアは，それぞれ米とパーム油・天然ゴムの主要輸出国であり[2]，両国のマクロ経済における農業部門の重要性は高い．しかしながら，農業生産構造を比較すると，タイ農業の主たる生産者は

零細小農，マレーシア農業のそれは民間の大規模農園企業と非常に対照的である．それ故に，両国の比較によって，こうした生産構造の違いが比較生産性の動向に及ぼした影響を考察することが可能となる．

ここで本章の構成を示せば次のとおりである．第2節において，比較生産性がどのような変数によって規定されるのかを説明する．第3節では，比較生産性の計算に用いた統計データの出所を示す．第4節では，第2節において提示した計算方法に従って，比較生産性とその説明変数の値を算出する．この計算結果を踏まえて，第5節において，農業生産構造と比較生産性の動向について考察を加える．そして最後の第6節において，本章の取りまとめを行う．

第2節　比較生産性の決定要因

最初に，比較生産性がどのような要因によって決定されるのかを明らかにしよう．就業者1人当たり付加価値（名目ベース）で定義された生産性（V）は，生産物価格（P），物的労働生産性（M）および付加価値率（R）の積に等しい．したがって，農業部門と製造業部門間の名目ベースでの比較生産性（以下，名目比較生産性と略す）は，両部門間の相対価格，物的労働生産性の相対値（相対生産性），そして相対付加価値率の積で表すことができる（本間［1994］）．

ここで，ごく簡単な数式を使って，上の関係を表すと次のとおりとなる．

$$\frac{V_a}{V_m} = \frac{P_a}{P_m} \cdot \frac{M_a}{M_m} \cdot \frac{R_a}{R_m} \tag{1}$$

なお添字の a と m はそれぞれ農業部門と製造業部門を表す．

一般的に，農業部門と製造業部門間の名目比較生産性は，途上国では低下基調（農業に不利）に，先進国では上昇基調（農業に有利）に推移することが指摘されている（速水［1986］，本間［1994］）．この関係は横断面データからも確認されている．例えば高木［1992］は，先進国，韓国，ASEAN 4ヵ国，最貧国のグループごとに農工間の労働生産性（＝産出額／就業者数）を比較した結果，より経済発展を遂げている地域の方がその格差は小さいと指摘している．

第1章 農業部門と製造業部門間の比較生産性

このように途上国と先進国における名目比較生産性の動向に違いが生じるのは，農業部門と製造業部門の生産物価格の相対値（相対価格）が両国においてまったく正反対に推移するからである，と説明されている[3]（速水［1986］，本間［1994］）．農産物価格と経済発展との関係をみた場合に，途上国では農業搾取的な低位安定的な価格政策がとられるのに対して，先進国では農業保護的な高位安定的な価格政策がとられる場合が多い（David and Huang［1996］，速水［1986, 1995］，本間［1994］，篠浦［1993］，Yang［1995］）．なぜならば，①途上国では，非農業部門——とくに工業部門——の労賃上昇を抑制するために，賃金財である農産物価格を低く抑える必要がある，②途上国農民の政治力は低く先進国農民のそれは高い，つまり経済発展に伴い農民の政治力は高まる傾向がある[4]，③家計支出に占める食料費の比率（エンゲル係数）が低下するに伴い，消費者からの農産物価格の上昇に対する反発が小さくなる，④工業発展につれて規模の経済や技術革新によるコストダウンが進み，その結果として工業製品の価格上昇が抑制される傾向がある．

それでは，相対価格の影響を取り除いた場合に，比較生産性はどのように決定されるのであろうか．相対価格の影響を除去するには，生産物価格と投入財価格をある基準年の値で固定してしまえばよい．このように基準年の固定価格を用いて算出した比較生産性は，価格の影響を除去していることから実質ベースの比較生産性，あるいは略して実質比較生産性と呼ぶことができる．上述の説明からも明白なとおり，この実質比較生産性は，相対生産性と相対付加価値率によって決定される．この関係を数式によって表せば次のとおりとなる．

$$\frac{V'_a}{V'_m} = \frac{\overline{P_a}}{\overline{P_m}} \cdot \frac{M_a}{M_m} \cdot \frac{R'_a}{R'_m} \qquad (2)$$

ただし，V'は実質ベースでの就業者1人当たり付加価値で定義された生産性，$\overline{P}$はある基準年の生産物価格の固定値，R'は実質ベースでの相対付加価値率である．

第3節 データ

 日本を除く他の3ヵ国については,就業者1人当たり付加価値で定義された生産性 (V) は,部門別の国内総生産 (GDP) を就業者数で割ることによって算出した.物的労働生産性 (M) については入手可能な指数化されたデータで代用した.最後に,本章で対象とした4ヵ国のうち,韓国,タイ,マレーシアの3ヵ国については,相対価格と相対付加価値率のデータは直接入手できなかったことから,上述した (1) と (2) の関係式を用いて算出した[5].

 各国データの出所は次のとおりである.

1. 日本

 農業部門と製造業部門間の名目ベースでの比較生産性,相対価格,物的労働生産性の相対値(相対生産性)に関しては,農林水産省の『農業白書附属統計表』から直接入手可能である.上述のとおり,同書に記載されていなかった相対付加価値率は第2節で説明した (1) の関係式を用いて算出した.また,実質ベースでの比較生産性は,$R_a/R_m = R'_a/R'_m$ が成立すると仮定して (1) 式と (2) 式を用いて算出した[6].なお,わが国が高度経済成長の軌道を順調にたどっていた1960年以降を分析の対象期間とした.

2. 韓国

 農業部門と製造業部門の名目・実質 GDP に関しては,韓国中央統計局が毎年出版している *Korea Statistical Yearbook* および韓国中央銀行がインターネット上で公開している数値データ集を用いて収集した.各部門の就業者数については,中央統計局の雇用調査報告書である *Annual Report on the Economically Active Population Survey* と韓国統計情報システム (Korean Statistical Information System) を用いて入手した.また,農業部門と製造業部門の生産性指数のデータは,おのおの *FAOSTAT* (国際食糧農業協会 FAO のデータベース) と *Korea Statistical Yearbook* から入手した.分析の対象期間は,

韓国経済が製造業を主導部門とした急速な経済成長を遂げていた 1971 年から，その高成長から一転して経済危機に陥った 97 年までである[7]．

3. タイ

農業部門と製造業部門の名目・実質 GDP は経済社会開発局の *National Income of Thailand* およびタイ中央銀行の *Annual Economic Report* から入手した．産業部門別の就業者数については，タイ中央統計局の雇用調査報告書である *Report of the Labor Force Survey* に加えて，アジア開発銀行の統計資料集である *Key Indicators of Developing Asian and Pacific Countries* を補完的に利用しつつ収集した．また，製造業部門の生産性指数はタイ中央銀行の *Annual Economic Report*，農業部門のそれは *FAOSTAT* を用いて収集した．分析対象期間は 1980～94 年である．

4. マレーシア

マレーシアの場合，産業部門別の名目 GDP に関しては，1987 年分以降しか公表されていない．このようなデータ入手の限界から，マレーシアに限って，名目比較生産性は計算せずに実質比較生産性の値のみを分析対象とした．

農業部門と製造業部門の実質 GDP（1978 年固定価格），両部門の就業者数，製造業部門の生産性指数に関するデータは，マレーシア大蔵省が毎年発表している *Economic Report* の付表から入手した．また，農業部門の生産性指数については，マレーシア農業省の統計書においても FAO のデータが引用されていたことから，直接 *FAOSTAT* から入手した．なお，最新年の一部データに関しては，マレーシア中央銀行（Bank Negara Malaysia）がインターネット上で公開しているデータベースを利用して入手した．マレーシア経済が高成長の軌道に乗ったのは 1970 年代初頭頃であるが，入手できる統計データの限界から 1978 年以降 97 年までを分析の対象期間とした．

第4節　計算結果

1. 名目比較生産性

　第2節において説明した(1)式を用いて，名目比較生産性とその決定要因である3変数の値を算出し，それらの値を指数化して示したのが図1-1〜1-3である（前述のとおり，マレーシアは，一部のデータが入手できなかったことから名目比較生産性は計算しなかった）．これらの図から明白なとおり，日本と韓国の場合，名目比較生産性は，多少の変動はあるものの，上昇基調にあることがわかる[8]．例えば，日本の名目比較生産性は，1960年の値を100とすると，70年には109.2，80年は127.5，90年は137.7，94年は160.4と上昇基調にあることが確認できる．一方，韓国の場合，1980年に名目比較生産性が大きく低下しているが，71年の値を100とすると96年には134.2の最高値を記録するなど，全般的に上昇基調にある．

　こうした名目比較生産性の動向とは対照的に，両国における相対生産性と相対付加価値率は低下傾向あるいは停滞傾向にある．つまり，名目比較生産性が向上した理由として，相対価格が上昇基調にあったことを指摘することができる．例えば，日本の相対価格は，1960年の値を100とすれば，70年には179.1，80年は204.8，90年は235.8，96年は243.6と上昇基調にある．同様に韓国の場合も，相対価格の値は1979〜83年に一時的に低下しているが，それ以外の期間はほぼ一貫して増加基調にある．韓国における1971年の相対価格の値を100とすると，80年には138.4，90年は181.2，97年は196.0となる．こうした相対価格の上昇という事実は，日本と韓国において，農産物価格が製造業の生産物価格に比べて相対的に上昇基調にあったことを意味している．

　これに対して，タイでは，名目比較生産性はほぼ一貫して低下基調にあり，1980〜94年の間に約半分程度の水準まで下落した．1980年の名目比較生産性の値を100とすると，90年は60.2，94年は53.1と低下している．その主たる原因として，日本や韓国とは対照的に，相対価格が下落したことが指摘でき

第1章 農業部門と製造業部門間の比較生産性　29

図 1-1　日本の比較生産性

相対価格
名目比較生産性
相対付加価値率
相対生産性
実質比較生産性

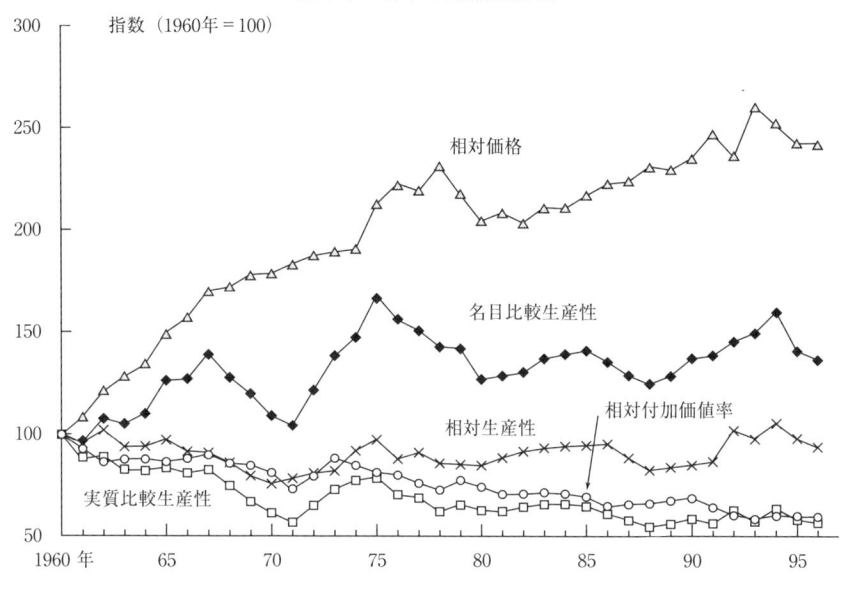

図 1-2　韓国の比較生産性

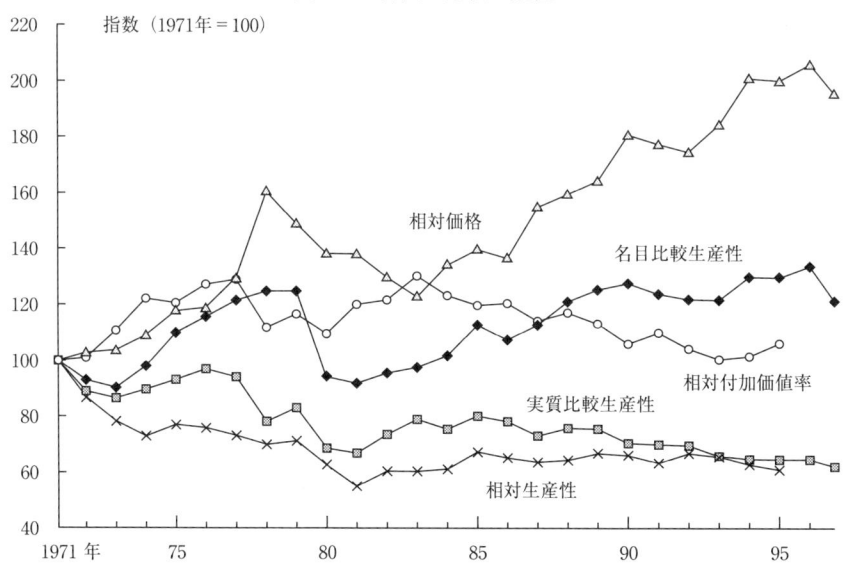

相対価格
名目比較生産性
相対付加価値率
実質比較生産性
相対生産性

図1-3 タイの比較生産性

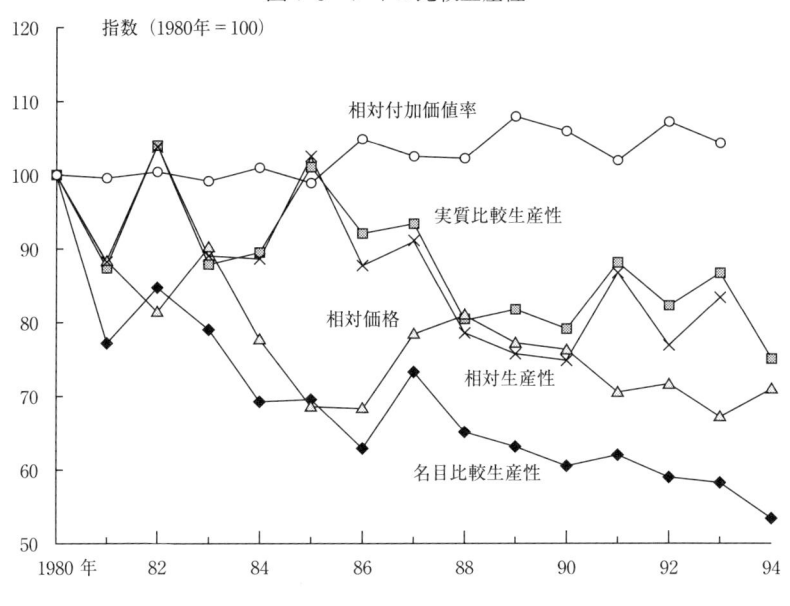

図1-4 マレーシアの比較生産性

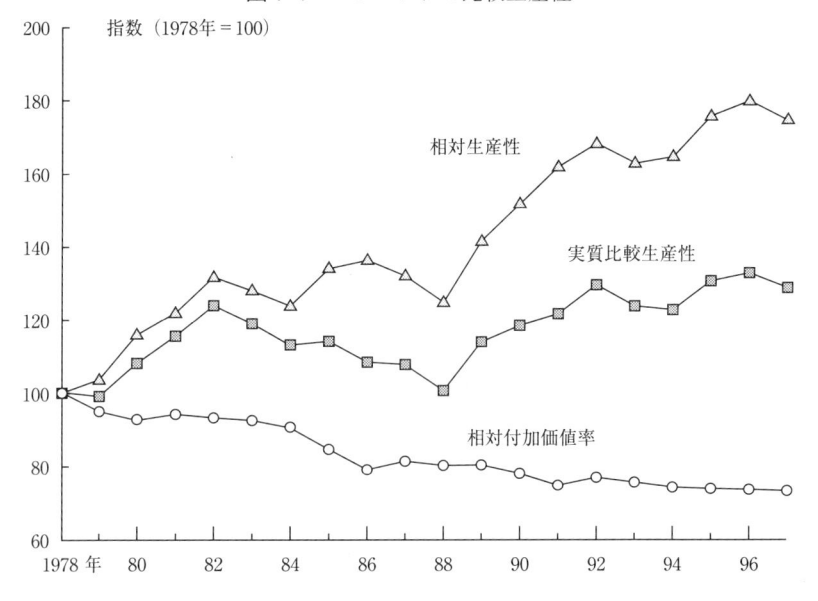

る．具体的にタイの相対価格の指数値を示すと，1980年の値を100とすると，90年は76.3，94年は71.1と下落基調にあることが確認できる．

第2節において説明したとおり，一般的に農業の名目比較生産性は，途上国では低下基調に，先進国では上昇基調にあることが指摘されている．この指摘は，アジアの経済先進国である日本や韓国の比較生産性が上昇基調にあるのに対して，中進国であるタイのそれが低下基調にあるという本章の結果と整合的である．そして，これら3ヵ国の比較によって得られた結果は，相対価格の変化が先進国と途上国における比較生産性の変化の違いに深く関係していることを示唆している．

2. 実質比較生産性

それでは次に，相対価格の影響を取り除いた場合に，農業部門と製造業部門間の（実質）比較生産性がどのように変化してきたのかをみていくことにしよう．第2節の(2)式の説明からも明らかなとおり，実質ベースでの比較生産性の変動は，相対生産性と（実質ベースでの）相対付加価値率の2変数によって決定される．

図1-1〜1-4に，各国の実質比較生産性の推移を示した．これらの図から明白なとおり，日本，韓国，タイの3ヵ国の場合，相対価格の影響を除去すれば，ある程度の変動はあるものの，実質比較生産性は低下基調あるいは停滞基調にあることがわかる．具体的にこれら3ヵ国の実質比較生産性の指数値を示すと次のとおりである．日本：1960年＝100.0，70年＝61.0，80年＝62.3，90年＝58.4，96年＝56.1．韓国：1971年＝100.0，80年＝68.3，90年＝70.7，97年＝61.9．タイ：1980年＝100.0，90年＝78.8，94年＝74.8．

これに対して，マレーシアの実質比較生産性は非常に対照的である．なぜならば，それは他の3ヵ国の場合と異なり上昇基調にあるからである．1978年の実質比較生産性の値を100とすれば，90年は119.0，97年は129.3であり，78〜97年の間にそれは約30％近く上昇したことになる．

第5節　比較生産性と農業生産構造との関連

　それでは，どうしてマレーシアの実質比較生産性は上昇したのであろうか．結論から述べると，それはマレーシアでは相対生産性が上昇した，つまり農業部門の物的労働生産性が製造業部門のそれを上回る率で上昇したからである．ここで同国の相対生産性の推移を示すと，基準年である1978年＝100とすると90年は152.3, 97年は175.3となる．つまり，20年程度の間に農業部門の物的労働生産性の方が製造業部門のそれよりも75.3%も高く上昇したことになる．

　一方，マレーシアでは相対生産性に対して，相対付加価値率はほぼ一貫して下落基調にある．具体的には，1978年の値を100とすると，90年には78.1, 97年は73.8となる．しかしここで注意すべきことは，その下落率が相対生産性の上昇率よりも小さかったことである．つまりマレーシアでは，相対付加価値率は低下したが，それを上回って相対生産性が向上したが故に，実質比較生産性は上昇したと要約できる．

　それでは，日本，韓国，タイでは，物的労働生産性の上昇率は製造業部門の方が高かったのに対して，どうしてマレーシアでは農業部門の方が高かったのであろうか．この点を解明するために，マレーシアの農業構造について詳しくみていくことにしよう[9]．

　先進国の工業技術を模倣・導入することによって急速な工業発展を遂げてきたマレーシアにあって，農業の比較生産性が向上している主な原因として，次の諸点をあげることができる．①食料生産に特化した零細小農部門よりも輸出用商品作物を栽培している効率的な大規模農園部門（通称エステート部門，民間の株式会社によって構成される）の方が，農業生産額に占める重要性が高かった[10]．②農業労働力不足に対応して，エステート部門が大型機械の導入を図っており，また高収量品種への植え替えや栽培管理の改善など積極的に新技術の導入や経営効率の改善を図っている．③労働集約的なゴムから労働生産性の高い油ヤシへの転作が進んでいる．

表1-1 日本,タイ,マレーシアにおける農業産出額の内訳
(単位:％)

日本 (1994)		タイ (1995)		マレーシア (1995)	
米	34.2	米・穀類	55.7	米	4.1
野菜	22.4	畜産物	9.2	畜産物	5.1
果実	8.0	水産物	17.9	水産物	12.2
花卉	3.8	製材	1.3	パーム油	41.5
畜産物	22.5	その他	15.9	ゴム	10.6
その他	9.1			カカオ	5.0
				製材	11.4
				その他	10.1
合計	100.0	合計	100.0	合計	100.0

注:日本は,製材と水産物を含まず.
資料:農林水産省『農業白書附属統計表』;IMFデータベース;Malaysia (1996).

念のために,上記①から③について,入手可能な統計データを用いて確認しておこう.

最初に①についてであるが,統計資料が得られた日本,タイ,マレーシアを比較すると,前二者の農業部門の特徴として,稲作部門が最も重要なサブ・セクターであることが理解できる(表1-1).そして,この稲作部門は小規模零細経営を特徴とする小農が主たる担い手であることは周知の事実である.韓国の農業構造も,日本やタイのそれとほぼ同じであると考えられる.これに対して,マレーシアでは,油ヤシや天然ゴムといった商品作物部門の重要性が高い.パーム油・パーム核油と天然ゴムが第1次産品の付加価値総額に占める割合は,それぞれ41.5％と10.6％であった(1995年時点).そして,これら商品作物部門の主たる担い手は,民間企業による大規模経営を中心とする民間のエステート部門である.

次に②のエステート部門における労働生産性の向上について検討しよう.生産量をY,労働者数をL,栽培面積をAとすると,物的労働生産性であるY/Lは次のように表すことができる.

$$\frac{Y}{L} = \left(\frac{Y}{A}\right) \cdot \left(\frac{A}{L}\right) \tag{3}$$

この式の両辺に対数をとり時間で微分することによって次式が得られる.

$$G\left(\frac{Y}{L}\right) = G\left(\frac{Y}{A}\right) + G\left(\frac{A}{L}\right) \tag{4}$$

ただし,Gは成長率を表す.つまり,物的労働生産性の上昇率は,土地生産性の上昇率と労働者1人当たり栽培面積(単位面積当たり投下労働者数の逆

数) の上昇率を足し合わせた値に近似することができる．(4) 式の関係を用いて，1980～90 年間にゴムと油ヤシのエステート部門における物的労働生産性の上昇率を計算したところ，次のような結果が得られた[11]．

$$\mathrm{G}\left(\frac{Y}{L}\right) = \mathrm{G}\left(\frac{Y}{A}\right) + \mathrm{G}\left(\frac{A}{L}\right)$$

ゴム栽培　：　23.4％＝－4.2％＋27.6％
油ヤシ栽培：187.7％＝167.8％＋19.9％

　ゴム栽培と油ヤシ栽培の物的労働生産性の上昇率は，おのおの 23.4％（年率約 2.1％）と 187.7％（年率約 11.1％）であった．この結果から，とくにエステート部門による油ヤシ栽培の物的労働生産性が大幅に向上している事実を確認することができる．

　最後の③については，1980～95 年間にゴム栽培面積が 200 万 4,000 ha から 169 万 ha に減少したのに対して，油ヤシの栽培面積は 102 万 3,000 ha から 254 万 ha に大幅に拡大したことから容易に確認できる（Ministry of Agriculture ［1999］およびマレーシア農業省の *Buku Maklumat Perangkaan Pertanian Malaysia*）．1 ha 当たり付加価値額を比較すると，1995 年時点において，ゴム作は約 1,001 リンギ，油ヤシ作は約 2,694 リンギである（1978 年固定価格，Ministry of Agriculture ［1999］のデータから算出した）．また，エステート部門における 1 ha 当たり労働投下人数は，ゴム園が 0.054 人，油ヤシ園が 0.039 人である（1990 年のデータを用いて計算した．データの出所は *Buku Maklumat Perangkaan Pertanian Malaysia*）．したがって，ゴム園と油ヤシ園の労働者 1 人当たり付加価値生産額はおのおの 1 万 8,537 リンギと 6 万 9,077 リンギとなり，油ヤシ栽培の方がゴム栽培に比べて労働生産性は高いといえる．

　以上の議論を総じてみれば，マレーシアの実質比較生産性が他の国のそれと大きく異なった動きを示した理由は，農業構造の違いにあると考えられる．つまり，マレーシアにおいて，農業の比較生産性が向上したのは，エステート部門の経営努力による物的労働生産性の向上が大きかったといえる．

第6節　むすび

　本章では，日本，韓国，タイ，マレーシアの4ヵ国を取り上げ，農業部門と製造業部門間の比較生産性の動向を分析することによって，各国の農業生産構造の違い――とくにマレーシアの農業生産構造の特徴――を明らかにした．得られた知見を要約すると次のとおりである．

①日本と韓国の場合，名目ベースの比較生産性は，多少の変動はあるものの上昇基調に推移した．両国とも，相対生産性と相対付加価値率は低下傾向あるいは停滞傾向にある．このことから，比較生産性が向上したのは，相対価格が上昇基調に推移したことにあると考察できる．

②上記①に対して，タイでは，名目ベースの比較生産性は低下基調にある．その主たる原因として，日本や韓国とは対照的に，相対価格が下落したことが指摘できる．

③上記①および②の結果は，農業の名目比較生産性が途上国では低下基調に，先進国では上昇基調に推移するという先行研究の指摘と整合的である．そして，これら3ヵ国の比較によって得られた結果は，相対価格の変化が先進国と途上国における名目比較生産性の変化の違いに深く関係していることを示唆している．

④相対価格の影響を除去した実質ベースでの比較生産性について検討を加えた結果，日本，韓国，タイの3ヵ国のそれはほぼ一貫して低下基調にあるのに対して，マレーシアのそれは上昇基調にあることを指摘した．この背景として，マレーシアでは他の3ヵ国と異なり相対生産性が上昇した，つまり農業部門の物的労働生産性が製造業部門のそれを上回る率で上昇したことがあげられる．

⑤稲作部門が日本，韓国，タイ農業の最も重要なサブ・セクターであると同時に，その主たる担い手は小規模零細経営を特徴とする小農である．これに対して，マレーシアでは，油ヤシやゴムという商品作物部門の重要性が高く，かつこれら商品作物部門の主たる担い手は，民間企業による大規模

経営を中心とするエステート部門である．マレーシアの実質比較生産性が他の国のそれと大きく異なった動きを示した理由として，このような農業構造の違いが指摘できる．

注
1) インドネシア，タイ，マレーシア，台湾，中国では，他の経済途上地域と比較して，マクロ経済に占める農業部門の重要性はより急速に低下したものの，これら諸国・地域の農業部門はよりダイナミックに成長している，という世界銀行の指摘（World Bank [1993]）は興味深い．同書は，こうした農業部門の成長の理由として，政府による充実した農業支援政策の実施と，途上国において頻繁に観察される農業搾取的な施策が少ないことを指摘している．
2) マレーシアは，1994年時点において，世界のパーム油貿易量の約66%に相当する665万4,000トンのパーム油を輸出している（Ishida et al. [1997]）．
3) 高木 [1992] は，次のような別の説明を行っている．経済発展の初期段階では，工業部門に資本投下が集中することから，工業部門の労働生産性は急上昇する．しかし，やがて農業部門で労働力不足が顕在化してくると農業労賃が上昇することとなり，この結果として農業機械化が進展し農業の労働生産性も上昇する．このために，より経済発展した国の方が農工間の労働生産性格差は小さいという．
4) これは，オルソンが提示した「集合行為」の概念を用いて説明されている．詳細は本間 [1994] が参考となろう．
5) 韓国，タイ，マレーシアの場合，農業部門と製造業部門の生産物価格に関するデータは入手できなかった．しかし，部門別の実質GDPが入手できたことから，(2) 式を用いて R'_a/R'_m の値を計算した．その後に，$R_a/R_m = R'_a/R'_m$ と仮定することによって，次のように (1) 式から相対価格の指数値を算出した．

$$\frac{P_a}{P_m} = \frac{V_a}{V_m} \cdot \frac{M_m}{M_a} \cdot \frac{R_m}{R_a} = \frac{V_a}{V_m} \cdot \frac{M_m}{M_a} \cdot \frac{R'_m}{R'_a}$$

ただし，c を生産投入財の価格，q を中間投入財の生産投入量，添え字 t を年，$\bar{c}$ と $\bar{P}$ をある基準年における投入財と生産物の固定価格とすると，

$$R_t = \frac{P_t \cdot Q_t - c_t \cdot q_t}{P_t \cdot Q_t} \quad R'_t = \frac{\bar{P} \cdot Q_t - \bar{c} \cdot q_t}{\bar{P} \cdot Q_t}$$

と表すことができる．例えば $R_a/R_m = R'_a/R'_m$ が成立する一条件である $R_a = R'_a$，$R_m = R'_m$ を満たすためには，各部門において $c_t/P_t = \bar{c}/\bar{P}$ が成立すればよい．つまり，この式は，生産物価格と投入財価格の比率が年次変動せずに一定であるということを意味する．製造業部門ではマークアップ仮説が成立していると推察され

ること，農業部門においても投入財価格と生産物価格の変化がある程度連動していると考えられることから，この仮定は誤りではないであろう．
6) 上記注5) を参照されたい．
7) 日本と韓国の比較研究において，韓国経済は日本経済の約10年遅れと仮定する場合が多い．このことから，本章において，日本の分析対象期間を1960年以降，韓国のそれを1971年以降とすることは妥当であると推察される．
8) ただし1994年以降，日本の名目比較生産性は低下していることに留意されたい．この原因として，相対価格が低下基調に転じたことがあげられる．
9) マレーシアにおいて，相対生産性が上昇した理由を完全に解明するためには，製造業部門における物的労働生産性の変化に関する詳細な検討が必要である．しかし本章は，農業部門に重点を置いた分析を行うことを主たる目的としていることから，製造業部門サイドの要因に関しては以下の説明のみにとどめる．つまり，マレーシアの製造業部門は急速な成長を遂げたが，その中心となったのは比較的安価な労働力の存在を前提とする部品組立型産業である．この産業は，比較的低品質な電気製品の組立を担っており，機械による人的労働力の代替はほとんど進んでいない．したがって，経済成長に伴い生産過程の機械化が急速に進展した日本や韓国と比較して，マレーシアの製造業部門では，その高い成長の割には物的労働生産性は増加しなかったと考えられる．
10) マレーシアでは，イギリス植民地時代に規定された農業部門内における二重構造——輸出用商品作物を栽培している大規模農園（エステート）部門と食料作物の栽培に特化した零細小農部門——が，現在も依然として存在している（石田・アズィザン［1996］）．
11) 計算に用いたデータはマレーシア農業省の *Buku Maklumat Perangkaan Pertanian Malaysia* から入手した．なお，油ヤシ栽培に関しては，エステート部門のパーム油生産量に関するデータが得られなかったことから，土地生産性の計算に当たり，小農を含む油ヤシ部門全体のデータを用いた．

第2章　食料消費の変化
—— 家計調査データを用いて ——

第1節　はじめに

　高度経済成長を経験したアジア諸国では，急速な人口増加に加えて経済成長に伴う所得増加によって，食料消費は多様化しかつ拡大基調にある（例えば，石田・会田ほか［1999］，小林ほか［2000］，Rae［1997, 1998］）．こうした食料消費の変化が最も顕著に起こったのは，工業部門を主導力とした急速な経済成長を遂げたマレーシアである[1]．それ故に，アジア開発途上国の中でもNIES諸国に次ぐ経済水準を誇るマレーシアにおいて，食料消費パターンがどのように変化してきたのかを検討することによって，他のアジア途上国における食料消費の構造変化を考察する際に貴重な知見を提供しうると考えられる．

　そこで本章では，とくに経済成長に伴って食料消費の多様化が進展した1970年代以降を対象に，マレーシアにおける食料消費構造がどのように変化したかを解明することを目的とする．マレーシアでは，食料品の項目別に信頼性の高い時系列データを入手することは困難である．事実，時系列データを用いた需要分析として，米を扱ったAhmad［1990］と食肉（＋魚介類）を対象としたAhmad［1993］，Ahmad and Zainal［1993］，Nik Mustapha［1993］があるだけである．

　そのために，主に統計資料の中では比較的信頼性が高いとされる家計調査の集計データを用いた計量分析を行った．この家計調査の集計データは横断面データであるが，家計調査が定期的に実施されていることから，計量分析の計測結果について時系列に比較することが可能となる．また，家計調査であれば，米，食肉，魚介類以外の食品項目に関するデータも容易に入手できる利点があ

なお本章では，1997年に発生したアジア経済危機が家計の食料費支出に及ぼした影響については言及しなかった．なぜならば，このことを具体的データに則して論じるには，99年に実施された家計調査の結果を検討する必要があるからである[3]．また，マレーシアの総人口の80%以上が居住している西マレーシア（マレー半島部）のみを分析対象とし，西マレーシアとは民族構成および経済構造が大きく異なる東マレーシアについては言及しなかったことをお断りしておく[4]．

ここで，本章の構成を示せば次のとおりである．まず第2節において，本章において用いるエンゲルの支出弾力性の計測方法を説明する．次に第3節では，家計調査の集計結果を概観することによって，マレーシアにおける食料消費支出の変化を素描する．そして第4節において，家計調査の集計データを用いて支出弾力性を計測し，その計測結果から，マレーシアにおける食料消費支出の変化について検討を加える．そのうえで，米消費の重要性について簡単に議論する．そして，最後の第5節において，本章の取りまとめを行う．

第2節　分析モデル

1. 先行研究の整理

ミクロ経済学の分野において，時系列データを用いた需要の所得あるいは価格弾力性の計測方法として，ワーキング・レッサー型モデルを拡張したAIDS（Almost Ideal Demand System）が考案されている（Deaton and Muellbauer [1980]）．この他にも，Nerlove型モデルを応用した方法（堤・笠原 [1998]）など，さまざまな計測方法が試みられてきた．

これに対して，横断面データを用いたエンゲルの支出弾力性の計測方法として，大別すると以下に述べる2つのアプローチが提示されている．

第1の方法は，エンゲル曲線の関数形を両対数型，片対数型，逆対数型，対

数正規分布の累積型,ワーキング・レッサー型などに特定化して支出弾力性を計測する方法である(例えば,Adeyokunnu [1979], Arief [1980], 石田ほか [2000], Leser [1963], Oczkowski and Perumal [1992], Prais and Houthakker [1955])[5].これらの計測方法は,基本的に時系列データのそれを横断面データに適用している.Prais and Houthakker [1955] はさまざまな関数形を横断面データに適用した結果,上級財には両対数型,下級財には片対数型の適合度 (goodness of fit) が良いと指摘している.

しかし,この方法には問題点が多く,主に次のような欠点が指摘されている (Podder and Binh [1994]).まず第1に,一般的に支出弾力性を制約する総和条件 (adding-up condition) を自動的に満足しない関数形が多い.第2に,適合度がよくない場合が多い.第3に支出弾力性の値が所得あるいは支出水準に対して一定であるか単調に増加・減少する.最後に,非線形のエンゲル曲線を一般化最小二乗法によって推定する時に所得・支出階級ごとの幾何平均あるいは調和平均が得られない場合が多く,それらの代替として算術平均を用いると推定結果に歪みが生じる.

このような問題点を踏まえた第2の方法は Kakwani [1977, 1978], Kakwani and Podder [1973] によって提示され,その後さまざまな改良が加えられつつ横断面データの需要分析に用いられている (Binh and Podder [1992], Datt [1988], Haque [1989], 石田・会田ほか [1999], Podder and Binh [1994]).この計測法は,総支出と消費項目ごとにローレンツ曲線あるいは集中度曲線を計測し,その計測結果を用いて支出弾力性を算出する方法である.総和条件が満たされること,さらに上級財・下級財に関係なく適合度の良い計測結果が得られること,非単調な支出弾力性の計測が可能であることなど,第1の方法に比べて優れているとされる.

マレーシアの家計調査データを用いた横断面分析は,Arief [1980],石田ほか [2000], Oczkowski and Perumal [1992] で行われているが,これらの分析手法は第1の方法に依拠しており,上述した計測上の問題点を有する.そこで本書では,第2の方法——とくに Podder and Binh [1994] の提示した手法

——を用いて，マレーシアにおける支出弾力性の計測を行うこととする．そのことによって，支出階級別の標本数の偏りに起因する計測結果のバイアスを除去することが可能となり，より信憑性の高い計測結果が得られると期待される．

2. 支出弾力性の計測方法

r をある世帯の総支出額，$f(r)$ を r の確率密度関数とすると総支出額が x 以下である世帯数の比率 $p(x)$ は，下の (1) 式のように $f(r)$ を積分することによって求めることができる．

$$p(x) = \int_0^x f(r) dr \tag{1}$$

また，ある世帯における j 財への 1 人当たり支出額を $g_j(x)$ とすると，総支出額に占める j 財への支出比率は $h_j(x) = \dfrac{g_j(x)}{x}$ となる．ここで，$h_j(x)$ と r の累積比率（cumulative proportion）を $q_j(x)$ と $q(x)$ とすると，

$$q_j(x) = \frac{1}{E[h_j(r)]} \int_0^x h_j(r) f(r) dr \tag{2}$$

$$q(x) = \frac{1}{E(r)} \int_0^x r f(r) dr \tag{3}$$

さらに，$h_j(x)$ と r のローレンツ曲線あるいは集中度曲線をそれぞれ $L_j(p)$ と $L(p)$ とすると，(1) 式～(3) 式から次の関係式が得られる．

$$L_j'(p) = \frac{g_j(x)}{\mu_j x^2 f(x)} \qquad j=1, 2, \cdots\cdots m \tag{4}$$

$$L_j''(p) = \frac{\left[\dfrac{x g_j'(x)}{g_j(x)} - 1\right] g_j(x)}{\mu_j x^2 f(x)}$$

$$= \frac{[\eta_j(x) - 1] g_j(x)}{\mu_j x^2 f(x)} \qquad j=1, 2, \cdots\cdots m \tag{5}$$

$$L'(p) = \frac{x}{\mu} \tag{6}$$

$$L''(p) = \frac{1}{\mu f(x)} \tag{7}$$

ただし，$\eta_j(x)(=\dfrac{xg_j'(x)}{g_j(x)})$ は j 財の支出弾力性，μ_j と μ は $h_j(r)$ と r の平均値（$\mathrm{E}[h_j(r)]$, $\mathrm{E}(r)$) である．さらに(4)式〜(7)式を整理すると，次の関係式がえられる．

$$\eta_j(x)=\frac{L_j''(p)L'(p)}{L_j'(p)L''(p)}+1 \qquad j=1,\ 2,\cdots\cdots m \tag{8}$$

具体的に(8)式を用いて支出弾力性を算出するためには，ローレンツ曲線の関数形を特定化する必要がある．本書では，ローレンツ曲線を Kakwani and Podder [1973] と Podder and Binh [1994] が用いた次式のように特定化した．

$$L_j(p)=p^{\alpha_j}e^{-\beta_j(1-p)} \tag{9}$$
$$L(p)=p^{\alpha}e^{-\beta(1-p)} \tag{10}$$

ここで便宜的に，$l_1=\dfrac{L_j''(p)}{L_j'(p)}$, $l_2=\dfrac{L'(p)}{L''(p)}$ と定義し，(9)式と(10)式を微分した後に整理すると，次式が得られる．

$$l_1=\frac{(\alpha_j+\beta_j p)^2-\alpha_j}{(\alpha_j+\beta_j p)}\cdot\frac{1}{p} \tag{11}$$

$$l_2=\frac{\alpha+\beta p}{(\alpha+\beta p)^2-\alpha}\cdot p \tag{12}$$

この(11)式と(12)式を(8)式に代入することによって，支出水準 x での j 財の支出弾力性を算出する次式が得られる．

$$\eta_j(x)=\frac{(\alpha_j+\beta_j p)^2-\alpha_j}{(\alpha_j+\beta_j p)}\cdot\frac{\alpha+\beta p}{(\alpha+\beta p)^2-\alpha}+1 \tag{13}$$

また，$\eta_j(x)$ の推定量の分散は Cramer [1969] に従うと次式のように展開可能である．

$$\mathrm{var}(\eta_j(x))=l_2^2\left[\left(\frac{\partial l_1}{\partial \alpha_j}\right)^2\mathrm{var}(\hat{\alpha}_j)+\left(\frac{\partial l_1}{\partial \beta_j}\right)^2\mathrm{var}(\hat{\beta}_j)\right.$$
$$\left.+2\left(\frac{\partial l_1}{\partial \alpha_j}\right)\left(\frac{\partial l_2}{\partial \beta_j}\right)\mathrm{cov}(\hat{\alpha}_j,\ \hat{\beta}_j)\right]+l_1^2\left[\left(\frac{\partial l_2}{\partial \alpha}\right)^2\mathrm{var}(\hat{\alpha})\right.$$

$$+\left(\frac{\partial l_2}{\partial \beta}\right)^2 \mathrm{var}(\hat{\beta}) + 2\left(\frac{\partial l_2}{\partial \alpha}\right)\left(\frac{\partial l_2}{\partial \beta}\right) \mathrm{cov}(\hat{\alpha},\ \hat{\beta})\bigg] \tag{14}$$

このように(13)式と(14)式からj財の支出弾力性とその分散を算出することができる．(9)式の両辺に対数をとると次式のとおりとなり，OLSによってパラメータを推計することができる（詳細な証明はPodder and Binh［1994］を参照のこと）．

$$\log\ [q_j(x_i)] = \alpha_j \log\ [p(x_i)] - \beta_j\ [1-p(x_i)] + \varepsilon_j \tag{15}$$

3. 家計費支出の分布

上記2.において説明したとおり，Podder and Binh［1994］の計測方法を用いると，支出弾力性の値はp（家計費がある水準以下である世帯の比率）によって多少変化する．本書では，品目別および異時点間の比較の際に平均値周りの支出弾力性を用いる．換言すれば，家計費が標本平均以下である世帯数の比率を$\overline{p}$として，$\overline{p}$の水準での支出弾力性を比較することになる．なぜならば，異時点間あるいは品目ごとの弾力性を比較する際に，平均値周りの値が広く用いられているからである．

ただし，$\overline{p}$の値は公表されておらず，何らかの方法を用いて推定する必要がある．一般的に所得分布は対数正規分布やガンマ分布に近似できることが知られている．例えば，Ikemoto［1985］は，マレーシアの所得分布が対数正規分布に近似できることを実証している．そこで本書では，対数正規分布とガンマ分布をマレーシアの家計支出データに当てはめ，適合度の高い分布を用いることによって，$\overline{p}$の値を推定した．

なお，家計調査から入手できるデータは，支出階級ごとの平均支出額と調査世帯数のみである[6]．個票データが入手できない以上，階級内における各世帯の詳細な家計費を知ることはできない．そこで便宜的に，同一階級に属する世帯の家計費は，その階級の平均額と同値であると仮定した．

ここで，簡単に対数正規分布とガンマ分布の計測方法について説明を加えて

おこう．前者の対数正規分布は次のような関係式によって表される．

$$f(x)=\frac{1}{\sqrt{2\pi}\sigma x}e^{\frac{-(\ln x-\mu)^2}{2\sigma^2}} \tag{16}$$

本書では，蓑谷［1997］が提示した2つの方法に従って μ と σ の推定を行った．原データ x の標本平均および標本分散を $\overline{x}$ と s_x，サンプル数を n とすると，その2つの推定法は次式のとおりである．

計算方法1:

$$\mu=\frac{1}{n}\Sigma\ln x \tag{17}$$

$$\sigma^2=\frac{1}{n-1}\Sigma(\ln x-\mu) \tag{18}$$

計算方法2:

$$\mu=\ln\left[\frac{\overline{x}^2}{(s_x^2+\overline{x}^2)^{1/2}}\right] \tag{19}$$

$$\sigma^2=\ln\left(\frac{s_x^2+\overline{x}^2}{\overline{x}^2}\right) \tag{20}$$

一方，ガンマ分布は次式のとおりに定式化される．

$$f(x)=\frac{\lambda^r}{\Gamma(\phi)}e^{-\lambda x}x^{\phi-1} \tag{21}$$

ここでガンマ関数 $\Gamma(\phi)=\int_0^\infty e^{-u}u^{\phi-1}du$ である．本書では，ガンマ分布の推定法として，Salem and Mount［1974］が提示した手法を用いた．この手法はサンプル世帯の算術平均（$\overline{x}$）と幾何平均（$\tilde{x}$）の値が既知であれば，以下の諸式を用いて最尤法あるいは代入法によって λ と ϕ の値を容易に計算することができる．

$$\hat{\lambda}=\frac{\hat{\phi}}{\overline{x}} \tag{22}$$

$$\ln\hat{\phi}-\frac{\Gamma'(\hat{\phi})}{\Gamma(\hat{\phi})}=\ln\left(\frac{\overline{x}}{\tilde{x}}\right) \tag{23}$$

上述のとおり，同一階級に属する世帯の家計費はその階級の平均値と同値であると仮定することによって，幾何平均を算出した（算術平均の値は公表され

ている).そのうえで上記 (22) 式と (23) 式を用いて λ と ϕ の値を推定した.

このようにして推定した対数正規分布とガンマ分布の推定値と実際値を比較して,より適合度の高い分布を用いて $\bar{p}$ の値を推定した.

それでは次節にて,本書において用いるデータについて簡単な説明を行うことにしよう.

第3節 データ——家計消費支出の概要

1. 家計調査の概要

マレーシアでは,消費者物価指数の計算に必要な情報を収集することを主な目的として,総務庁統計局が家計調査を実施している.この家計調査は不定期に実施されており,1957年の独立以降,西マレーシアでは計7回 (57/58年,67/68年,73年,80年,90年,93/94年,99年) 実施されている.90年と99年調査を除く他の調査結果については,統計局から支出階級別,都市・農村別,世帯人数別,職業別に,支出項目ごとの1世帯当たり平均購入額が公表されている.ただし,品目別購入数量に関する集計データは公表されていない.

ここで,マレーシアの家計調査について,日本のそれと対比しつつ簡単に紹介することにしよう.マレーシアにおける家計調査の対象者には農林漁業を営む世帯および単身世帯も含まれる (日本ではこれら世帯は調査対象外である).これは,マレーシアでは国勢調査をもとにして便宜的に設定された調査単位区から,世帯主の属性や世帯構成員の数に関係なく,世帯数に応じた確率比例抽出によって調査対象世帯が無作為に選定されているからである.

家計調査のサンプル数は約1万5,000世帯 (1993/94年調査) であり,日本の約8,000世帯を大きく上回っている.マレーシアの総人口は日本の約7分の1程度であることを勘案すると,母集団総計に占める標本数の比率はマレーシアの方がかなり多いといえる.しかし,マレーシアの調査期間は個々の調査世帯に対して1ヵ月と短い (わが国は6ヵ月).

第2章 食料消費の変化

　また,季節的な変動要因を除去するために,マレーシアの93/94年家計調査では,調査世帯を地域配分に配慮しつつ12グループに分割し,毎月1グループずつを調査する方法がとられている.これに対して,日本では,調査世帯は6ヵ月間継続して調査され,毎月6分の1ずつが新たに選定された世帯と交替する.このように調査方法は異なるものの,両国とも季節的な変動要因を除去するために調査方法に工夫が施されている[7].

　マレーシアの家計調査における品目分類は日本のそれとほぼ同様である.唯一大きな相違点をあげるとすれば,日本の家計調査では酒類は飲料に分類されているが,マレーシアではタバコと同類とされ食料品目には分類されていないことである.しかし,家庭内消費を目的としたアルコール飲料の購入額は無視しうるほど小さい.なぜならば,西マレーシアの総人口の過半数を占めるイスラム教徒(主にマレー人)は戒律上飲酒を厳禁されており,また非イスラム教徒であっても家庭内における飲酒の習慣は一般的ではないからである.したがって,本書では,家庭内消費を目的としたアルコール飲料の購入額は食料費に含めずに分析を行った[8].

　本書では,1970年代以降を分析対象として,マレーシアにおける食料消費支出の構造変化を解明することを目的としていることから,73年,80年,93/94年に実施された家計調査の支出階級別集計データを用いて計量分析を行った.各調査年の支出階級数は,1973年が11階級,80年と93/94年が10階級であった.

2. 家計調査の集計結果

　計量分析の結果を検討する前に,西マレーシアにおける食料支出構造を概

表2-1 西マレーシアにおけるエンゲル係数の変化

	1973	1980	1993/94
都市部			
エンゲル係数	41.1	32.7	33.6
うち家庭内	30.1	23.6	19.7
うち外食	11.0	9.0	13.9
世帯構成比	32.4	30.3	58.8
農村部			
エンゲル係数	48.4	37.0	39.1
うち家庭内	41.3	31.1	29.8
うち外食	7.1	5.9	9.3
世帯構成比	67.6	69.7	41.2
西マレーシア			
エンゲル係数	45.1	35.4	35.2
うち家庭内	36.2	28.4	22.7
うち外食	8.9	7.1	12.5
世帯構成比	100.0	100.0	100.0

注:一部の合計があわないのは,四捨五入に伴う誤差による.
資料:Jabatan Perangkaan(出版年不詳,1986,1995)を用いて計算した.

観することにしよう．家計調査の集計結果によると，1973年に45.1であったエンゲル係数（食料費が家計費に占める比率）は，80年には35.4まで大幅に低下している（表2-1）．しかし，93/94年のエンゲル係数は35.2であり，80〜90年代前半にかけて，家計費と食料費の伸び率はほぼ同程度であったといえる．

このように急速な経済成長下にありながら，1980年以降エンゲル係数が低下しなかった理由として，家計費に占める家庭内食料費の比率が減少した一方で，ちょうどそれを相殺する形で外食費の比率が増加したことがあげられる．具体的にデータを示すと，外食費が家計費に占める比率は，1973年から80年にかけて8.9%から7.1%に低下したものの，93/94年には12.5%に急上昇している．一方，食料費の家庭内消費分の比率は，73年には36.2%，80年は28.4%，93/94年は22.7%と一貫して低下基調にある．つまり，このデータから80〜93/94年にかけて，外食費の比率は5.4ポイント上昇し，家庭内食料費のそれは5.7ポイント減少していることが確認できる．

次に，都市部と農村部におけるエンゲル係数の変化に検討を加えることにしよう．1980年から93/94年にかけて，都市部と農村部のエンゲル係数は，おのおの32.7から33.6と37.0から39.1に増加している．家計費に占める外食費の比率は，都市部では9.0%から13.9%，農村部では5.9%から9.3%に急増している．この一方で，家庭内食料費の比率は，都市部では23.6%から19.7%，農村部では31.1%から29.8%に減少している．概して，農村部よりも都市部の方が外食費の比率上昇幅は大きく，家庭内食料費の比率はより大きく低下している．

都市部と農村部における調査世帯数の割合を比較すると，1980年調査では30.3対69.7と農村部世帯の方が多かったのに対して，93/94年調査では58.8対41.2とその比率が逆転している[9]．要するに，都市部と農村部の両方においてエンゲル係数は微増基調にあったが，エンゲル係数の値が高い農村部からその値が低い都市部に大規模な人口移動が起こったことによって，西マレーシア全体ではエンゲル係数が0.2ポイントだけ減少したといえる．このことから，

エンゲル係数の上昇が抑制された一因として，経済成長に伴う都市化の進展があったと考察できる．

最後に，経済成長に伴う家族構成の変化が食料支出構造に及ぼした影響について考察することにしよう．西マレーシアでは，構成員が5人以下の世帯比率が増加している一方で，6人以上のそれは減少している．このような傾向は，都市部と農村部の両方において観察される．一時点で比較すると，概して家族構成員が少ない世帯ほど外食費の比率が高い傾向が認められる．また1980年と93/94年の2時点を比較すると，ごく一部の例外を除いて，家計費に占める家庭内食料費の比率が低下する一方で，外食費の比率は上昇している．とくにこの傾向が顕著に観察されるのは，相対的に家族構成員の多い世帯である．

これらの事実を総じてみれば，家計費に占める外食費の比率が高い小家族の世帯比率が増加したことと，家族構成員が多い世帯において外食費の比率が上昇したことから，全体の平均として，外食費の比率が急上昇したと考察できる．

第4節　計測結果

本節では，第2節において説明した計測方法によって支出弾力性を推定し，その計測結果を詳細に検討することによって，西マレーシアにおける食料支出構造の変化をさらに明らかにしていくことにしよう．

(15)式の計測結果は紙幅の関係から割愛したが（詳細は Ishida et al. [2000] を参照されたい），すべての計測式において係数の t 値は統計学的に有意に大きかった．また，計測結果の信頼性を統計学的に確認するために，誤差項の正規性（normality）と分散均一性（homoskedasticity）について，それぞれ Jarque-Bera と White の手法に従って検定を行った．おのおのの検定統計量は自由度2と自由度4のカイ二乗分布に従う．検定の結果，33本中29本の計測式において，5％有意水準において誤差項の正規性と分散均一性の帰無仮説は棄却されなかった（つまり，誤差項は正規性と分散均一性の諸条件を満たす）[10]．このことから，(15)式を用いた計測結果は，おおむね統計学的に信頼

表 2-2 平均値周りにおける支出弾力性の計測結果

	1973		1980		1993/94	
	支出弾力性	標準誤差	支出弾力性	標準誤差	支出弾力性	標準誤差
米	0.336	0.014	0.425	0.016	0.274	0.025
パンおよび米以外の穀類	0.737	0.006	0.677	0.015	0.663	0.012
肉類	1.419	0.019	1.063	0.049	0.967	0.019
魚介類	0.669	0.008	0.530	0.029	0.491	0.020
牛乳・乳製品類	0.959	0.005	0.746	0.060	0.660	0.017
油脂類	0.785	0.006	0.669	0.022	0.638	0.033
果実・野菜	0.859	0.005	0.680	0.028	0.738	0.019
砂糖	0.215	0.017	0.293	0.018	−0.064	0.035
その他	0.879	0.003	0.747	0.005	0.947	0.001
外食	1.107	0.012	0.748	0.016	1.052	0.005
食料費	0.782	0.003	0.693	0.012	0.790	0.005

資料：著者による計測．

性が高いことが確認された．

次に，(15) 式の計測結果から得られる値を (13) 式と (14) 式に代入し，平均値周りでの支出弾力性とその標準誤差を算出しよう．そのためには，ここで $\bar{p}$ の値を推定する必要がある．そこで第2節の 3. で説明した手順に従って家計費支出の分布を推定した結果，いずれの調査結果においてもガンマ分布より対数正規分布の適合度が高いことが確認された（詳細な推定結果は紙幅の関係から割愛した）[11]．対数正規分布から得られた $\bar{p}$ の値は，1973 年 0.6629，80 年 0.6450，93/94 年 0.6383 であった[12]．

この結果と (15) 式の計測結果を (13) 式と (14) 式に代入し，平均値周りでの支出弾力性とその標準誤差を算出した．表 2-2 に示したとおり，いずれの計測結果においても支出弾力性の標準誤差は有意に小さいことから，これらの計測結果は統計学的に信頼性が高いといえる．こうした計測結果を総じてみれば，Podder and Binh［1994］の手法によって，クロスセクション分析においてしばしば問題となる分散不均一な誤差項の問題を回避しつつ，比較的信頼性の高い支出弾力性の値を得ることができたといえる．それでは具体的に，表 2-2 の計測結果を用いて，西マレーシアにおける食料消費支出の動向について詳細に検討を加えていくことにしよう．

消費項目別に支出弾力性の値を比較すると，いずれの調査年においても相対

的に米と砂糖の弾力性は小さい．主食である米の支出弾力性は，第1次・第2次石油ショックによる景気後退の影響もあって，1973年の0.336から80年には0.425と一時的に上昇した．しかし80年代以降の高成長下にあって，80年に0.425であった弾力性は，93/94年には0.274の水準まで低下している．すでに時系列データを用いた計量分析によって，米は劣等財であることが指摘されている（Ahmad［1990］, Ishida［1995］, Nik Faud［1993］）．それにもかかわらず，本書において計測した米の支出弾力性の値がプラスである原因として，次の諸点が指摘できよう．つまり，①従属変数は米消費量ではなく支出額（消費量×価格）であり，高所得層ほどより高価な良質米を購入する傾向がある．②下位所得階層ほど，中位・上位所得階層と比較して家族数が少ない．③家庭内における米購入額を分析対象としており外食による米消費量が含まれていない．いずれにせよ，このような理由によって米の支出弾力性は正の値をとっているものの，他の消費項目と比較してその値は相対的に低い．このことから，家庭内食料消費における米の地位は今後も低下し続けると推察される．

また，経済成長の初期段階において，所得向上に伴って砂糖消費が拡大することが指摘されている．しかし，すでにNIES諸国に次ぐ経済水準に達しているマレーシアでは，砂糖は劣等財であり93/94年時点において支出弾力性はすでに負の値をとっている．消費者の健康志向に伴って，糖分の摂取過剰による健康への悪影響を懸念する消費者は増加しており，米と同様に，家庭内食料消費における砂糖の地位は低下していくと考えられる．

これに対して，家庭内の食料品項目において，最も高い支出弾力性の値をとっているのは肉類である．具体的に肉類の支出弾力性の値を示すと，1973年には1.419，80年は1.063，93/94年は0.967であった．時系列データを用いた計量分析によって，肉類——とくに実質価格が低下基調にある鶏肉——の所得弾力性はかなり高い値をとることが指摘されている（Ahmad［1993］，石田［1994］）．事実，外食分を含めた1人当たり年間食肉（鶏肉）消費量[13]は，1970～72年の11.6 kg（4.3 kg）から80～82年には14.6 kg（6.7 kg）に，そして90年には34.0 kg（20.2 kg）まで急増している[14]．家庭内における肉類

の支出弾力性は低下基調にあるが,1993/94年時点においても1に近い値をとっており,今後家庭内消費における肉類の重要性はより一層高まっていくと考察される.

肉類についで支出弾力性の値が高いのは果実・野菜と牛乳・乳製品類である.1993/94年時点における果実・野菜と牛乳・乳製品類の支出弾力性はおのおの0.738と0.660であった.マレーシア農業省は,果実・野菜と牛乳・乳製品類の1人当たり消費量が1995〜2010年間に年率1.8%と1.1%で増加すると予想している(Ministry of Agriculture [1999]).これらの予測はあくまで外食と家庭内の合計消費量をベースとしているが,支出弾力性の値から判断すると,家庭内消費を目的とした食料購入額に占めるこれら品目の重要性は,米や砂糖のそれと比較すれば相対的に高まると推察される.

以上の議論を総じてみれば,西マレーシアでは米中心から肉類や野菜・果実,牛乳・乳製品類を加えた,より多様化した食料支出構造へと変化しつつあると考察される.

こうした家庭内における食料支出構造の変化を踏まえつつ,次に外食費の支出弾力性についてみていくことにしよう.その値は,第1次・第2次オイルショックによる景気後退の影響もあって,1973年から80年にかけては1.107から0.748に低下したものの,93/94年には1.052に急上昇している.表2-2から確認できるとおり,93/94年時点において,食料関連の項目の中で支出弾力性が最も高いのは外食である.

マレーシアの経済成長がとくに顕著であったのは1980年代半ば以降のことであり,その頃に外食産業が急成長を遂げた.また,第3節で指摘したとおり,80年代以降に家計費に占める外食費の比率は急上昇している.これらの事実と外食が高い支出弾力性の値をとっているという計測結果とは整合的である.今後,経済成長に伴う所得向上および都市化・小家族化の進展によって,食料費に占める外食費の比率はより一層高まると推察される[15].

最後に,こうした計測結果を念頭に置きつつ,米消費の重要性について簡単に議論することにしよう.上述した食料支出構造の多様化によって,家計費に

第2章 食料消費の変化

図2-1 総カロリー摂取量に占める米の比率

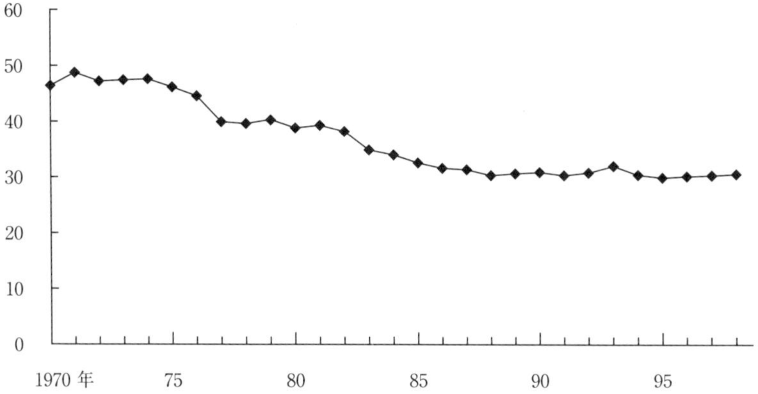

資料：FAOSTATのFood Balance Sheetを用いて作成した．

占める米の重要性は今後も低下基調をたどると予想される．それでは，このことは米の安定的供給の確保がマレーシアの農政において重要でなくなったということを意味するのであろうか．FAOの食料需給表（Food Balance Sheet）によると，米消費が総カロリー摂取量に占める比率は，1970年46.1％，80年38.8％，90年31.0％と一貫して低下基調にあった（図2-1）．しかし1990年代以降，その低下基調に歯止めがかかり30％の水準で安定的に推移している．このことから，他のアジア諸国と同様に，米の主食としての地位は今後も維持されると推察される．それ故にこそ，米政策が有する政治的要素に加えて，米の安定的供給の確保が農政の重要課題であり続けると考えられる．

第5節 むすび

本章では，急速な経済成長を遂げたマレーシアにおいて，食料消費の支出構造がどのように変化したのかを定量的に分析した．得られた結果を要約すると次のとおりである．

①家計費に占める食料費の比率（エンゲル係数）は，73〜80年にかけて急落したものの，とくに顕著な経済成長を遂げた80年代以降，35前後で安

定的に推移している．

② 家計費に占める食料費の項目別比率を計算した結果，外食費の比率上昇と家庭内食料費の比率低下が確認された．こうした外食費の比率上昇の背景として，その比率が高い都市部世帯と少人数世帯の比率が増えたこと，そして外食費率が低かった大人数家族においてもその値が急増したことがある．

③ 横断面データである家計調査の集計結果を用いて支出弾力性を計測した結果，外食費，肉類，果実・野菜，牛乳・乳製品類の値が相対的に高かったのに対し，米や砂糖類のそれは低かった．このことから，西マレーシアでは米中心から肉類や野菜・果実，牛乳・乳製品類を加えた，より多様化した食料支出構造へと変化しつつあると考察される．また今後，経済成長に伴う所得向上および都市化・小家族化の進展によって，食料費に占める外食費の比率はより一層高まると推察される．

④ こうした食料支出構造の多様化によって，家計費に占める米の重要性は低下基調をたどると推察される．しかし1990年代後半においても，米が総カロリー摂取量に占める比率は約30%であり，米の主食としての重要性は今後も維持されよう．それ故にこそ，米政策が有する政治的要素に加えて，米の安定的供給の確保が農政の重要課題であり続けると考えられる．

注
1) 高度経済成長を経験したアジア諸国では，経済成長に伴う所得増加によって，畜産物消費の拡大と飼料穀物の輸入増大がもたらされ，穀類自給率は低下傾向にある（中川 [2000]）．1980年と97年の穀類自給率を比較すると，日本では25.6%から24.6%，韓国では43.4%から31.4%に低下しているのに対して，マレーシアでは48.1%から24.2%と半分程度の水準まで急落している（FAOSTATのデータを用いて計算した）．なお，アジア諸国における畜産物の需給予測に関しては，Rutherford [1999] が参考となろう．
2) ただし，マレーシアの家計調査データを使用する最大の欠点として，個票データが入手できないことがある．最近では，マイクロデータを用いた需要分析が盛んになりつつあるが，マレーシアでは集計データのみが利用可能であることから，

次善の策として,集計データを用いた需要分析を行った.
3) 本章執筆時点(2000年5月)において,99年家計調査の結果はまだ公表されていない.
4) 東マレーシアには,イバン族やダヤク族などの少数民族やインドネシア・フィリピンからの移民,そして華人(中国系マレーシア人)が多数居住しており,マレー半島部の最大多数派であるマレー人の人口比率は低い.経済の中心は農業と鉱業であり,マレー半島部に比べて東マレーシアの世帯所得は低い.
5) 石橋[1997, 1998]は,食料購入量を従属変数に,年齢階層別の世帯構成員数を独立変数にして,わが国の家計調査データ(横断面データ)を用いた需要分析を行っている.この計測方法では,家計の年齢構成が需要に及ぼす影響は抽出できるが,所得(支出)弾力性は計測されないという欠点がある.また,会田[1984]は数量化I類を用いた横断面分析を行っているが,計測上便宜的に所得データが階層化データに変換されており,所得弾力性は算出されていない.
6) 1993/94年調査では,支出階級ごとの調査世帯数のデータは示されていない.しかし,支出階級ごとに各項目の平均支出額が示されていることから,連立方程式を解くことによって支出階級別の調査世帯数を推定した.
7) ただし,マレーシアの80年調査は,予算等の制約から季節変動の影響を最も受けない11月を調査期間として,全調査世帯に対して同月に調査を実施している.
8) ただし,外食時の飲酒に伴う支出額は外食費に含めた.これは,喫茶と飲酒にかかる支出額が合算された形でしかデータが示されていないことによる.
9) 1980年と93/94年調査において,都市部・農村部の定義が若干異なる点には注意が必要である.1980年調査では,人口1万人以上の地域を「都市部」,それ以外の地域を「農村部」と定義していた.これに対して,93/94年調査では80年の「都市部」の概念に加えて,従来は「農村部」に分類されていた都市周辺地域も「都市部」に含まれている.このような定義変更は,1980年代半ば以降の急速な住宅開発に伴って,都市部周辺地域の開発が急速に進んだことによる.
10) 誤差項の正規性あるいは分散均一性の帰無仮説が棄却されたのは,1973年の「肉類」「その他食品」「外食」と80年の「パンおよび米以外の穀類」の4項目である.なお,誤差項の正規性および分散均一性の検定方法に関してはGreen [1997]を参照した.
11) ある階級の観測度数をa,理論分布からの期待度数をbとすると,以下に示す統計量は階級数$-1-$推定パラメータ数を自由度とするカイ二乗分布に近似できることを利用して,分布の適合度を比較した(蓑谷[1997]).その統計量とは,階級数をiとすると,$\sum \frac{(a_i - b_i)^2}{b_i}$と表される.
12) この計測結果から,西マレーシアでは世帯所得が平準化した可能性が指摘でき

る．
13) 鶏肉，豚肉，牛肉の合計値であり，羊肉などの他の食肉消費量は含まれていない．
14) マレーシア農業省は，1995〜2010年間に，牛肉と鶏肉の1人当たり消費量は年率4.6%と1.4%で増加すると予想している（Ministry of Agriculture [1999]）．この結果，2010年時点における牛肉と鶏肉の1人当たり年間消費量はそれぞれ8.4 kgと36.8 kgになるという．
15) 食料費の中で最も容易に節約できるのは外食費であることから，アジア経済危機に伴う景気後退の影響によって，1997年以降外食費が伸び悩んでいる可能性はある．しかし，マレーシア経済が再び成長軌道に戻ると仮定するならば，再び外食費は急上昇を遂げると予想されよう．

第Ⅱ部
稲作政策の変遷
―― 政治経済学的分析 ――

第3章　稲作政策の変遷とその要因
──農政転換の政治力学──

第1節　はじめに

　序章において述べたとおり，経済発展につれて農業問題は食料問題から農業調整問題へと変質し，これに伴い農業保護水準が高まる傾向にあることが先行研究によって指摘されている．このように経済発展につれて農業保護水準が高まる一因として，農業労働力人口の減少によって農民の結束力が強まり，その結果として農民からの農業保護要求が強まることが指摘されている．

　それでは，農民は，どのような経済発展に伴う条件変化に反応して，農業保護を求める政治行動を起こすのであろうか．また農民からの要求に応えて，政権与党が農政の方針を転換するのは，いかなる政治情勢下においてであろうか．経済発展と農政転換の関連が指摘されていながら，こうした点について詳細に検討した研究は意外と少ない．その背景には，政府統計を用いた計量分析では，数量化しにくい政治的要因を分析に取り込むことが難しいことがあろう．しかし具体的に，経済発展に伴う農政転換メカニズムを解明するためには，政府（政権与党）が農政転換を図る契機となった政治的要因を明らかにする必要がある．そこで本章では，稲作政策が保護主義的傾向を最も急速に強めた1970年代から80年代初頭を中心に，政府が農民搾取から農民保護へと政策転換を図る契機となった政治的背景を解明していくことを目的とする．

　ここで本章の構成を示せば，次のとおりである．第2節において，生産者米価や名目保護係数の動向を分析することによって，農民搾取から農民保護へと稲作政策が転換された時期を特定する．第3節では，都市─農村間の所得格差および稲作選挙区における与野党間の勢力バランスに焦点を当てることによっ

て，農政転換の政治的要因を解明していく．第4節では，政権与党が稲作補助金を政治財として利用している実態を指摘すると同時に，稲作補助金制度の拡充と稲作選挙区における与党の支持率との関係を検討する．また，農政転換に伴う稲作補助金制度の拡充について，政治発展論の視点から概念的な議論を行う．そして最後の第5節において，本章の取りまとめを行う．

第2節　農政転換の時期

　最初に，生産者米価と名目保護係数の経年的変化を検討することによって，農民搾取から農民保護へと稲作政策の基本方針が転換された時期を特定することにしよう．なお，名目保護係数とは，ある産品がどれだけ保護されているかを示す代表的な指標値である．本書では，国産上級米の生産者価格をタイ米の輸入価格で除することによって，マレーシア産米の名目保護係数を計算した[1]．この係数の値が1を上回っていれば，タイ米の輸入価格よりも国産米の生産者価格の方が高い，つまり国産米は価格面において保護されていると考えることができる[2]．

　図3-1に，1960～86年間の生産者米価と名目保護係数の変化を示した．この図から明白なとおり，1960年代に低く抑えられていた生産者米価は，70年代半ば以降に物価上昇を大幅に上回るペースで引き上げられた．とくに生産者米価の引き上げ額が大きかったのは1980年であった．この年に米価補助金制度（Sekim Subsidi Harga Padi）が導入され，政府に売却される籾米については等級に関係なく一律1ピクル（60.48 kg）当たり10リンギの米価補助金が支給されることになった．この制度の導入によって，上級米の生産者価格（名目）は，1ピクル当たり30リンギから40リンギに引き上げられることになった．この結果，生産者米価が1970年代で最も低かった1972年と80年を比較すると，それは実質ベースで約48％も上昇したことになる．

　このことから容易に推察されるとおり，米価補助金制度の導入が農家経済に及ぼした影響は大きかった．Almahdali［1987］とChamhuri［1987］によると，

図3-1 生産者米価（実質）と名目保護係数の推移

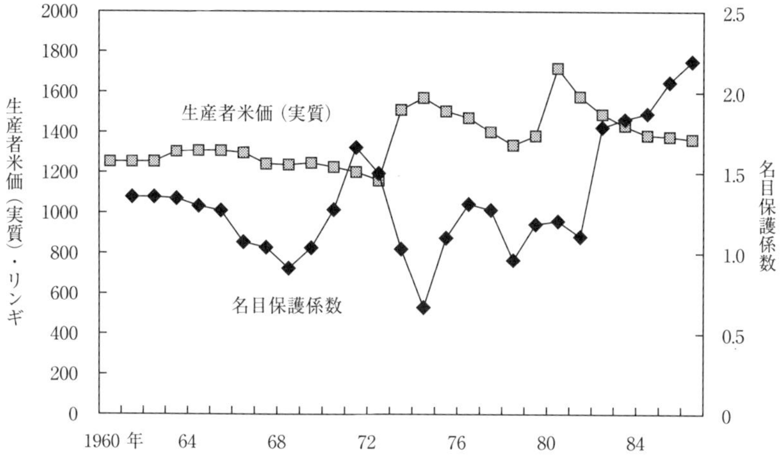

資料：IRRI（1995）および World Bank. *World Development Indicators 2000*.

1980年代半ば時点において，米価補助金制度による追加支給額は農家の稲作所得の19.4%（タンジョン・カラン地域）～40.4%（ムダ地域）を占めていたという（表3-1）．また，農外就業機会が限定されていたムダ地域（マレーシア最大の稲作地域）では，稲作所得が農家所得に占める比率が大きかったことから，米価補助金が農家所得に占める割合は約34%であった．このような研究成果から，1980年に導入された米価補助金が稲作農家の重要な所得源になったことが確認できる．

表3-1 主要穀倉地域における稲作農家の所得構成

	ブスッ	パシル・プテー	スプラン・プライ	タンジョン・カラン	ムダ
1. 籾米生産量(kg)	6,718.9	6,059.9	5,909.2	9,538.0	n.a.
2. 稲作粗所得(リンギ)	2,778.3	2,505.8	2,443.5	3,944.0	n.a.
3. 米価補助金(10リンギ/ピクル)	636.3	706.8	655.6	676.6	1,036
4. 化学肥料補助(リンギ)	510.3	495.2	238.1	403.6	513
5. 稲作経営費(リンギ)	1,944.5	1,605.7	784.4	1,141.7	n.a.
6. 稲作所得(リンギ, 2+3-5)	1,470.1	1,606.9	2,314.7	3,478.9	2,564
7. 農外所得(リンギ)	3,589.3	2,695.4	4,000.2	1,881.1	490
8. 農家所得（リンギ, 6+7)	5,059.4	4,302.3	6,314.9	5,360.0	3,054

資料：Almahdali（1987）および Chamhuri（1987）．

しかし，こうした大幅な生産者米価の導入に伴う弊害は決して小さいものではなかった．例えばラザレイ蔵相（当時）は，1980年10月に行った81年予算演説の中で，米価補助金制度による歳出額が80年は1億2,800万リンギ，81年は3億2,800万リンギに達する見込みであると述べている（アジア経済研究所［1981]）[3]．1980年の農業予算額が約12億リンギであったことと比較すると，米価補助金制度の導入に伴う中央政府の財政負担は決して小さいものではなかったといえる（第4章を参照）．

このように稲作農民の所得向上のために多額の財政支出が行われた結果，マレーシア産米の保護水準は大幅に上昇することとなった．このことは，図3-1に示した米の名目保護係数が1970年代半ば以前は1.0付近を変動していたのに対して，70年代末から80年代初頭以降に急速に上昇していることから確認できる．念のために名目保護係数の平均値を示すと，1961〜70年は1.20，71〜75年と76〜80年は1.19，81〜85年は1.73であった．この事実に加えて，Jenkins and Lai［1991］も，1960年代半ば〜70年代にマイナスであった総合名目保護率[4]が1975〜79年間に33%，80〜83年間に59%も急上昇したと指摘している．このことから，マレーシア産米の保護水準は，1970年代後半とくに1980年以降に急速に上昇したと考えることができる[5]．

さらに，生産者米価の大幅引き上げに加えて，1979/80年雨期作から化学肥料の無償配布制度が導入された．1974年に再導入された肥料補助制度[6]が肥料価格の一部補填にとどまっていたのに対して，この無償配布制度では，1戸当たり6エーカーを上限として水田1エーカーに付き120 kgの化学肥料が無償で稲作農家に提供された（2001年現在でも，この制度は存続している）．実際には制度の弾力的運用によって，6エーカー以上の大規模農家に対しても，経営面積に見合った肥料が地域農民機構（PPK；Pertubuhan Peladang Kawasan）を通じて全量無償で配布されている[7]．1980年代半ば時点において，農家1戸当たりの無償配付肥料は市場価格に換算して年間約238〜513リンギ相当に達していたという（表3-1）．当時の農家所得が年間3,000〜6,500リンギであったことを勘案すると，米価補助金制度と同様に，肥料の無償配付制度の導入に

よって，稲作農家の補助金制度への依存度が急速に高まったと考察できる[8]．と同時に，こうした生産投入財の補助制度が導入されたことによって，マレーシア産米の保護水準は実質的により上昇することになった．

こうした議論を勘案すると，マレーシアの稲作部門において，農業（農民）搾取から農業（農民）保護へと政策転換が図られたのは1970年代半ば以降——とくに1970年代末から80年代初頭——であったと考察できる．

第3節　稲作政策転換の政治的背景

1. 農工間格差の拡大と選挙結果

それでは，どうして生産者米価の引き上げなどの農民保護的な施策が1970年代半ばから80年にかけて相次いで導入されたのであろうか．結論を先取りすれば，農工間あるいは都市―農村間の所得格差が顕在化するに伴って，マレー系野党PASが稲作地域において勢力を拡大したことから，政権与党は選挙対策として稲作補助金制度を導入・拡充したと考えられる．

このことを確認するために，最初に都市世帯と農村世帯の月平均所得がどのように推移してきたかをみていくことにしよう．表3-2に示したとおり，都市世帯の所得額（名目ベース）は1957～70年の間に307リンギから39.4%増の428リンギに増加したのに対して，農村世帯のそれは172リンギから16.3%増の200リンギにとどまっている．この結果，都市世帯と農村世帯の所得格差は1.78倍から2.14倍に拡大した．1970年代に入り，農政の基本方針は農民

表3-2　都市・農村世帯の所得格差

(単位：リンギ/月)

	1957	1967	1970	1973	1976	1979	1984
都　市	307	360	428	570	830	1,121	1,541
農　村	172	185	200	269	392	590	824
都市―農村格差	1.78	1.95	2.14	2.12	2.12	1.90	1.87

注：都市―農村格差＝都市世帯所得/農村世帯所得．
資料：Jomo and Ishak (1986), Malaysia (1981, 1986).

搾取から農民保護へと徐々に転換されたが，70年代半ば時点でも，両者の所得水準には倍以上の格差があった（1973年と76年の両時点ともに2.12倍）．

こうした状況に加えて，1969年5月に勃発したマレー人と華人間の大規模な抗争事件（5・13事件[9]）を契機として，経済政策の基本方針が自由放任・民族融和からマレー人優遇に180度方向転換された．これに伴い，マレー人にほぼ独占された稲作部門の貧困問題がにわかに注目を集めることになった．

このような時代背景もあって，農家世帯——中でも稲作農家——の貧困状態が社会問題化するのは当然の帰結であった．1970年時点において，稲作農家の88.1%が政府の設定した貧困水準未満の所得しか得ていない絶対的貧困層であった（Malaysia［1981］）[10]．農村世帯および都市世帯の貧困率はそれぞれ58.7%と21.3%であったことと比較すると，稲作農家の貧困問題がいかに深刻であったかが理解できる（表3-3）．1976年時点においても，稲作農家の貧困率は80.3%であり，農村世帯および都市世帯の平均値である47.8%と17.9%を大きく上回っていた．1970～76年間に，生産者米価が実質的に20%程度引き上げられたことに加えて，米の二期作地域が急速に拡大していた．しかし1970年代半ば時点において，80%の稲作農家は貧困状態にあった．

こうした都市—農村間における所得格差の拡大と稲作部門における貧困問題の顕在化に伴って，稲作地域における政権与党UMNOの支持率はどのように推移したのであろうか．下院議員選挙の結果を用いて計算すると，稲作選挙区における与党UMNOの得票率は，1964年の56.4%から69年の51.9%に低下している（表3-4）[11]．さらに，UMNOの最大のライバルであるPASが内部分裂によって勢力を後退させた78年選挙においても，UMNOの得票率は54.9%の水準までしか回復していない．

念のために，稲作選挙区の半数以上が位置しているムダ灌漑地域（クダー州とプルリス州）とクムブ灌漑

表3-3 貧困世帯率の変化

（単位：%）

	1970	1976	1980
稲作農家	88.1	80.3	55.1
農村世帯	58.7	47.8	37.7
都市世帯	21.3	17.9	12.6

資料：Malaysia（1981）; Kementerian Pertanian．*Buku Maklumat Perangkaan Pertanian*．

表 3-4　稲作選挙区における与野党の得票率

(単位：％)

	1964	1969	1978	1982	1986
全稲作選挙区					
与党 UMNO	56.4	51.9	54.9	58.8	58.1
クダー州のみ					
与党 UMNO	66.3	51.5	51.3	56.6	54.6
野党 PAS	33.7	48.5	48.3	42.1	45.4
クランタン州のみ					
与党 UMNO	46.8	45.6	53.2	49.6	51.4
野党 PAS	53.0	54.2	46.8	50.2	48.6

資料：Election Commission（1969, 1978 a, 1978 b）および NSTP Research and Information Service（1990）を用いて計算した．

地域（クランタン州）における選挙結果を検討することによって，マレー系与野党間の勢力バランスが1960年代半ば〜70年代後半にかけて，どのように変化したかを分析することにしよう．

最初に，クムブ灌漑地域（クランタン州）における UMNO と PAS の勢力バランスについて検討しよう．同地域の稲作選挙区における与党 UMNO の得票率（下院議員選挙）は，1964年には46.8％，69年には45.6％であったのが，78年には53.2％に急上昇した．つまり78年選挙時には，PAS の牙城であったクムブ地域において，与党 UMNO が過半数の支持を得ていたことになる．それでは，このことから，1969年選挙以降に UMNO がクムブ地域において支持を拡大させたといえるのだろうか．69年選挙後の政治動向を手掛かりにして，この点について検討を加えよう．

69年選挙後に，PAS を含む複数の野党勢力が与党連合に加盟して体制翼賛的な国民戦線（BN）が形成された．当然のことながら，1974年総選挙は与党連合 BN の圧勝に終わった．1959年（第1回）の州議会議員選挙以降，クランタン州議会の過半数を常に制してきた PAS は，74年総選挙において，マレー人票をめぐって競合関係にあった UMNO との協議の結果，クランタン州議会36選挙区のうち22選挙区で候補者を立て（全員当選），74年以降も同州議会の実権を掌握することに成功した．

しかし，総選挙直後に行われた州主席大臣の人選をめぐり，ワン・イスマイ

ル（Wan Ismail）を推す PAS 急進派とモハマド・ナシル（Mohamed Nasir）を推す PAS 穏健派・UMNO の対立が激化した（Means［1991］）．最終的にUMNO と PAS 穏健派が推すナシルが州主席大臣に任命されたが，ナシルがPAS の貴重な政治資金源となっていた森林伐採権を凍結したことを契機にPAS 内部からナシル批判が噴出した．その結果，ナシル派と反ナシル派の対立が一気に深まり，PAS は 1977 年 12 月に与党連合 BN から脱退する派閥（反ナシル派）と BN にとどまるナシル派（全マレーシア回教戦線党〈Berjasa, Barisan Jemaah Islam Se-Malaysia〉を結成）に分裂した．

　このような政治的混乱を収集するために，翌 1978 年 2 月 13 日にクランタン州議会は解散され，3 月 11 日に州議会議員選挙が実施された．再び野党となった PAS は，前回の 74 年選挙で獲得した 22 議席を大きく下回る 2 議席しか獲得できず，かつて圧倒的に優勢であった稲作選挙区においても全敗するなど，合計 33 議席を獲得した Berjasa と UMNO に大敗北を喫した．こうした選挙結果から，78 年州議会議員選挙において PAS の敗北がいかに顕著であったかが理解できる．

　しかし，PAS の勢力回復は急速かつ着実であった．クランタン州議会議員選挙から 5 ヵ月後に実施された下院議員選挙において，PAS は前回（1974 年），前々回（69 年）の下院議員選挙を下回る議席・得票率しか獲得できなかった．しかし，78 年の州議会議員選挙では 32.2% であった PAS の得票率は，5 ヵ月後の下院議員選挙では 43.6% まで回復した．こうした PAS の急速な勢力回復は稲作選挙区においても同様に確認できる．クランタン州の稲作選挙区において，PAS の得票率は，69 年下院議員選挙では 54.2%，78 年州議会議員選挙（3 月実施）では 34.0%，そして 78 年下院議員選挙（8 月実施）では 46.8% であった．

　さらに，1982 年総選挙において，PAS は下院・州議会議員選挙の両方において獲得議席数・得票率を着実に伸ばした．例えば，下院議員選挙におけるPAS の得票率を示すと，クランタン州全体では 43.6% から 46.5% に，稲作選挙区では 46.8% から 50.2% にそれぞれ向上している．その一方で，稲作選

挙区における UMNO の得票率は 53.2% から 49.6% に低下している.

このような UMNO と PAS の選挙結果を総じて判断すると,1970 年代後半～80 年代前半にかけて,PAS はクムブ灌漑地域を含むクランタン州において再び勢力を拡大させる傾向にあったと考察できる.

それでは次に,ムダ灌漑地域(プルリス州とクダー州の稲作選挙区)に話題を移そう.ムダ灌漑地域においても,与党 UMNO は 1978 年総選挙において勢力を後退させたのであろうか.議論が煩雑かつ冗長になるのを避けるために,クダー州に絞って議論を展開していくことにする.

PAS は 1969 年下院議員選挙において,クダー州の稲作選挙区 5 議席中 3 議席を獲得して大きく躍進した(64 年選挙では 1 議席も獲得できず).1978 年選挙では辛うじて 1 議席のみを確保した程度であったが,得票率自体はそれほど大きく低下していない.同様に,1978 年州議会議員選挙においても,PAS の獲得議席数は 1969 年選挙で獲得した 6 議席には及ばなかったが,得票率は 8 選挙区中 5 選挙区で前々回の選挙結果を上回っていた.

さらに驚くべきことに,多くの稲作選挙区において 1964 年選挙以降(74 年選挙を除く)PAS の得票率は大幅に上昇した.この結果,1964 年下院議員選挙において 66.3% であった与党 UMNO の得票率(稲作選挙区のみ)は,69 年選挙では 51.5% に大幅に低下し,さらに 78 年選挙において 51.3% と微減している.その一方で,野党 PAS の得票率は,64 年選挙では 33.7%,69 年選挙では 48.5%,そして 78 年選挙では 48.3% であった.つまり PAS は,1960 年代後半に勢力を急速に伸ばし,1970 年代にはその勢力を維持していたと考えられる.

こうしたクランタン州(クムブ地域)とクダー州(ムダ地域)における選挙結果を総じて判断すると,クランタン州では 1970 年代後半から 80 年代初頭にかけて,クダー州では 60 年代末から 70 年代末にかけて,マレー系与野党の勢力バランスは,野党の勢力拡大・維持と与党の勢力後退という方向で変化していたことが理解できる.

こうした野党勢力の拡大と軌を一にして,マレーシアの農村部ではイラン革

命の影響を受けたダッワ運動（dakwah movement）と呼ばれるイスラム原理主義運動が勃興しつつあった．より厳格な戒律を科すイスラム原理主義思想は，とくに稲作農民を含む貧困層に急速に浸透していった．このような社会情勢の変化は，一貫してイスラム国家の樹立を党是としてきたマレー系野党 PAS に明らかに有利であった（序章参照）．事実，PAS はイスラム原理団体の設立を陰ながら支援していたといわれている．こうした状況下にあって，とくにマレー人の人口比率が高く，かつ伝統的にイスラム原理主義を受容しうる素地が整っていた稲作地域において，野党 PAS がさらに勢力を伸ばすと予想された．マレー系与野党がマレー人農民票をめぐって競合関係にあった以上，政権与党がマレー系野党の勢力拡大を阻止すべく，稲作補助金制度の拡充によってマレー人農民票の野党流出を阻止しようとしたと考えるのが妥当であろう．

2. 米価補助金制度の導入

ところで，農政転換を決定付けた米価補助金制度が 1980 年に導入された直接的要因として，同年 1 月 23 日にクダー州の州都アロー・スターにおいて大規模な農民デモが勃発したことが指摘できる．次に，農民デモが発生した背景を探り，その後に当時の政治動向を検討することによって，政府が農民デモに敏感に反応せざるをえなかった原因を明らかにしよう．

1980 年 1 月 10 日に米価補助金制度が導入されたが，導入当初の米価補助金は 1 ピクル当たり 2 リンギと少額であった．さらに，米価補助金が換金性の低い金券（クーポン）で農民に支給されたことに加えて，農家からの籾米購入価格を米価補助金相当額だけ引き下げる民間精米業者が多かった（Das [1980a]）．つまり，1980 年 1 月に導入された当初の米価補助金制度は，政府の意図に反して，稲作農民にとってはメリットよりもむしろデメリットの方が大きかったといえる．

こうした改悪とも取れる補助金制度の導入に対して，稲作農民は即座に反応した．マレーシア最大のムダ稲作地域を抱えるクダー州において，生産者米価（米価補助金）の大幅引き上げを要求する大規模な農民デモが発生したのであ

る．デモの参加者数は1万人程度であったともいわれており（Das［1980 b］），仮にこの推定値が正しかったとするとムダ地域の稲作農民の約15％がデモに参加したことになる．このような大規模な農民デモを速やかに収束させるべく，農民デモの要求に応じて，米価補助金額は1ピクル当たり2リンギから10リンギに改められ，さらにクーポンの換金も非常に容易となった．

　すでに述べたように，農民デモ発生の直接的要因が米価補助金制度の導入にあったことは明白である．しかし，こうした直接的要因の背景として，1970年代末においても稲作農家の貧困問題が相当に深刻であったという事実には留意が必要である．

　1970年時点において，稲作農家の88.1％が政府の設定した貧困水準所得を満たさない絶対的貧困世帯であった．農民デモが勃発した1980年時点においても，稲作農家の貧困世帯比率は55.1％の高水準にあった．ムダ地域に限ってみれば，同地域を管轄するムダ農業開発公団の長官（1987年当時）によると，1974～75年にかけてとくに肥料価格の補填制度の強化や生産者米価の段階的引き上げが行われたこともあり，72年に68％であった貧困世帯比率は75年には32％まで激減したという（Almahdali［1987］）．しかるに同地域において，すでに米価補助金制度が導入されていた1982年時点の貧困世帯比率は46％であり，貧困世帯の半数が貧困水準所得の3分の2未満の所得しか得ていない極貧農家であったという調査報告もある．どちらの指摘の信憑性が高いかに関係なく，マレーシア最大の穀倉地域であるムダ地域において，1970年代半ば以降も稲作農家の貧困率は30％以上の高水準にあり，貧困撲滅が十分には進んでいなかった可能性が高いといえる．

　このように1970年代半ば以降，稲作農家の貧困撲滅が十分に進展しなかった理由として，生産コストと物価の高騰，経営規模の零細性，そして稲作農家間の規模格差の拡大があると考えられる．表3-5に示したように，1970年代半ば以降，消費者物価の上昇は鎮静化したものの年率5％以上の比較的高い水準にあった．これに加えて，非農業部門への労働力流出などによる農業労働者不足のために耕起費・田植費・収穫作業費も高騰している．ムダ地域の場合，

表3-5 ムダ地域における稲作経営費の変化

(単位:リンギ/ha)

	耕起費	田植費		収穫作業費		消費者物価
1970		(100)		(100)		(100)
71			44			(102)
72						(105)
73		(196)		(171)		(116)
74		(212)				(136)
75		(245)		(174)		(142)
76			112	(201)	193	(146)
77						(153)
78						(160)
79	129	143	134	312	237	(166)
80	153		169		243	(177)
81	173	199	204		234	(194)
82	183		184		229	(206)
83	181		214		201	(213)
84	190		221		215	(222)
85	188		208		208	(222)

注:カッコ内の数字は,基準年の値を100とする指数である.
田植費と収穫作業費のみ複数の調査結果を示した.
資料:Goldman *et al.* (1982); Kementerian Pertanian (1985, 1990); World Bank. *World Development Indicators 2000*.

1ha当たりの田植費は1976〜81年間に112リンギから199リンギに,収穫作業費は1976〜79年間に193リンギから312リンギに高騰している.このように物価水準を上回る生産コストの上昇が稲作農家の所得向上を阻害した一因であったと容易に理解できよう.

こうした生産コストの上昇に加えて,農家の農地(水田)所有についても,1960年代後半以降着実に農家間格差は拡大する傾向にあった.例えば具体的にデータを示すと,1966年に0.354であった水田経営面積のジニ係数は,72/73年には0.360であったが,75年には0.383,81年には0.384と悪化したと指摘されている(Jegatheesan [1977], Wong [1983]).また,自作農:自小作農:小作農の比率は,1966年に44.1:13.5:40.9,73年でも41.6:18.1:39.8であったのが,80年代初頭には47.4:17.4:26.6と推移したと推定されている(Bell *et al.* [1982], Wong [1983]).この推定値から傾向的に,小作農の比率が減少した一方で自作農の比率が高まったことが理解できる.水田経営面積の分配不平等化を考慮すると,生産者米価の引き上げと省力技術の普及に伴って土地なし層が徐々に稲作経営から疎外されていったと推察される.また,大規模農家ほど農家所得に占める稲作所得の割合が高かったことから,稲作農家の貧困解消を意図して実施された生産者米価の段階的引き上げによる恩恵は,大規模層により多く配分される結果となった.

以上の議論を総じて判断すると,1970年代を通じて,農民保護的施策が積

極的に講じられたものの零細な稲作農家の生活水準はあまり改善されず，こうした状況下において米価補助金をめぐる農民の不満が大規模なデモへと繋がっていったと推察される．この農民デモに対する政府の対応を一層加速化させた事実として，イスラム国家建設を標榜する野党 PAS の勢力拡大と農村部へのイスラム原理主義思想の浸透が指摘できる．

第4節　稲作政策の転換と与党支持率の変化

1. 政治財としての稲作補助金

　政権与党の選挙対策として農業保護政策への転換が図られたという前節の指摘が正しいならば，稲作補助金が政治財として活用された可能性は高い．このことを統計学的に検証するために，一例として，化学肥料の無償配布制度にかかる歳出額の動向を分析することにしよう．

　第2節で指摘したように，マレーシアでは，各稲作農家に対して水田面積に応じて一定の化学肥料が無償配布されている（1エーカー当たり120 kg）．したがって，肥料補助制度による政府支出額は，作付面積と肥料価格を乗じた額と比例関係にあると仮定できる．このことを念頭において，以下の式を計測した．

$\ln FSUB_t = a_0 + a_1 \ln(AREA_t \times FERTP_t) + a_2 \ln PRSUB_t + a_3 ELECT + a_4 DUM1980$

ただし，
- $FSUB$　：肥料補助制度による歳出額（100万リンギ）
- $AREA$　：作付面積（ha）
- $FERTP$：化学肥料の輸入価格（リンギ/トン）
- $PRSUB$：米価補助金制度による支給額（リンギ/ピクル）
- $ELECT$：選挙年ダミー（選挙年＝1）
- $DUM1980$：肥料補助制度の導入年ダミー（1980年＝1）

計測結果：

$$\ln FSUB = 1.989 + 0.228 \ln(AREA \times FERTP) - 0.560 \ln PRSUB$$
$$ (1.025) \quad (2.166) (-3.358)$$
$$+ 0.215\ ELECT - 0.209\ DUM1980$$
$$ (3.212) (-1.816)$$

$R^2(\text{adj.}) = 0.525$

$D.W. = 1.830$

計測期間：1980~96年（OLS）

この計測結果から明白なとおり，選挙が実施された年に肥料補助制度の政府支出額が有意に増加していることが確認できる（$ELECT$ の係数は1％有意水準において正である）[12]．つまり，このことは，稲作補助金制度が与党の選挙対策として利用されてきた事実を示唆している．

2. 与党支持率の変化

それでは，稲作補助金制度が大幅に拡充された1970年代半ば以降，稲作選挙区における与党の支持率はどのように変化してきたのであろうか．稲作選挙区全体のトレンドをみると，下院議員選挙における与党UMNOの得票率は，69年51.9％，78年54.9％，82年58.8％，86年58.1％であった．つまり，稲作補助金制度が拡充された1970年代半ば以降（とくに米価補助金と肥料補助制度が導入された1980年代初頭以降），与党UMNOは稲作選挙区において支持を拡大し，そして補助金制度が維持された80年代には，58％程度の安定的な支持率を得ていたことが確認できる．

ムダ地域を抱えるクダー州においても，78年に51.3％であったUMNOの得票率は，82年と86年選挙では56.6％と54.6％まで改善している．その一方で，野党PASの得票率は78年の48.3％から82年と86年には42.1％と45.4％に低下している．

以上の議論を総じて判断すると，農政転換に伴う稲作補助金制度の拡充によって，与党UMNOが再び稲作農民から支持を得るようになったと考察できる．つまり，政権与党が稲作補助金を農民に支給するかわりに，農民は政権与党を支持するという，ある種の相互依存関係が構築されてきた可能性を示唆し

ている（この点については，第6章において詳述する）．

3. 稲作補助金制度の政治学的解釈

最後に，稲作補助金制度の拡充を政治発展論的に解釈することにしよう．ここでは，蒲島 [1988] の指摘を紹介しつつ議論を展開していくことにしよう．

蒲島 [1988] によると，アメリカの政治学者を中心に，経済発展，経済的平等，政治参加，政治的安定という4つの政治発展の目標は対立関係にあるとする対立理論（conflict theory）が主張されているという[13]．この対立理論の主流を占めるのは，経済発展を重視し政治参加を抑制するというテクノクラティック・モデルと，経済発展は抑制されるものの政治参加の拡大とそれに伴う社会経済的平等を導くというポピュリスト・モデルである[14]．

前者のテクノクラティック・モデルでは，政治参加の抑制下において経済発展が達成されるものの，その反動として，階層間の経済格差の拡大とそれに伴う大衆の反発が増大することとなり，政治的不安定の状態に陥る．これに対して，後者のポピュリスト・モデルでは，広範な政治参加の達成による階層間経済格差の拡大は抑制されるが，経済の停滞とそのことによる社会的対立の激化によって，やはり政治的に不安定となる．つまり，対立理論においては，経済発展，経済的平等，政治参加，政治的安定という4つの政治発展の目標を同時に達成することができないばかりか，どれか1つの目標を達成しようとしても最終的には政治的に不安定な状態に陥ることを示唆している．

このような悲観論的な政治発展論に対して，上述した4つの政治発展の目標を同時に達成しうる可能性を示唆したのが調和理論（reconciliation theory）である．この調和理論によると，社会的下層部を形成する持たざる者の「政権支持的な」政治参加の拡大が政治的安定度を増進し，この結果として，経済発展が促進される．そして，経済発展によって拡大したパイが社会的下層部に再配分されることによって，社会的平等が達成される．この理論が現実のものとなるかどうかは，①政治参加が政権支持的であるかどうか，②社会的平等の達成による一時的な政治安定期に経済が順調に発展しうるかどうか，③政党制や官

僚制などの政治的制度化が進むかどうか，にある．調和理論が最も適合するのは日本であり，「高度経済成長期における農民の高い政治参加→農民の政治権力へのアクセス→経済的利益の分け前の要求→都市から農村への所得再分配→高度経済成長・発展による所得の不平等傾向の抑制」のサイクルが観察されている（Kabashima［1984］，蒲島［1988］）．

概して，日本では農民の政権支持的な政治参加が活発であり，補助金制度の導入や農産物価格の引き上げなどによる農業従事者への所得再分配が実施されてきた．本書で取り上げたマレーシアにおいても，農民保護的な稲作政策への転換に伴って，農民の政権支持的な政治参加が拡大したことが観察できる．さらに，農政転換が行われた1970年代後半以降，都市―農村間の所得格差は多少改善された（1976年に2.11倍であった所得格差は，79年に1.90倍，84年には1.87倍であった）．このことから明白なとおり，農政転換に伴う補助金制度の拡充は，テクノクラティック的破局を回避しつつ，経済発展，経済的平等，政治参加，政治的安定という4つの経済発展の目標を同時に達成しうる調和論的施策であったと考えられる[15]．

第5節　むすび

本章では，1970年代半ば以降（とくに1980年前後）に，稲作政策の基本方針が農民搾取から農民保護へと転換された政治的要因を解明することを目的とした．得られた知見を要約すると，次のとおりである．

第1に，農工間所得格差の顕在化に加えて，農村部へのイスラム原理主義思想の浸透に伴って，野党PASは稲作地域において勢力を大幅に拡大した．こうした状況に対処すべく，農民票の取り込みを目的として，政権与党UMNOが稲作補助金制度を大幅に拡充したことを指摘した．

第2に，肥料補助制度にかかる政府歳出額を定量的に分析した結果，稲作補助金制度が政権与党の選挙対策として利用されていることを確認した．この分析結果は，稲作補助金が政治財としての性格を有していることを意味している．

最後に，稲作補助金制度の拡充に伴って，稲作選挙区における与党UMNOの支持率が向上したことを指摘した．また，農民保護的な農政への転換によって，都市—農村間の所得格差はある程度改善された．こうした事実は，農政転換がテクノクラティック的破局を回避しつつ，経済的平等と政治的安定を同時に達成しうる政策オプションであることを示唆している．

注
1) タイ米の輸出価格および為替レートに関する時系列データは，IRRI [1995] および世界銀行の *World Development Indicators 2000*（CD-ROM版）から入手した．なお，アジア諸国における米の名目保護係数については，Timmer [1993] が比較検討を行っている．
2) マレーシアでは，国産米の市場評価は低く，タイ米より30～40％程度安い価格で消費者に販売されている．つまり，価格面のみならず品質面においても，国産米はタイ米に比べて競争力がないといえる．
3) 実際の歳出額は，1980年9,100万リンギ，81年1億8,300万リンギであった（石田・アズィザン [1996]）.
4) 名目保護率＝名目保護係数−1という関係にある．
5) 1980年代に入り，マレーシア産米の保護水準が上昇した別の理由として，タイ米の国際市場価格が大幅に下落したことがある．
6) 1970年以降，稲作後進地域（主に稲一期作地域）を除く他の稲作地域において，化学肥料の価格補塡制度は廃止されていた．しかし，1970年代半ばに肥料価格が高騰したことから，74年に同制度が再導入された．
7) 化学肥料の無償配布制度は，政権与党UMNOがマレー人農民票を獲得することを意図したポーク・バレル的性格を強く有している．この点に関しては第4節を参照されたい．
8) 肥料の無償配布制度にかかる財政支出額は，年間約8,000万リンギ程度である．1990年代以降，米価補助金制度と肥料配布制度に対する支出額は，農業予算の2割近くを占めている．
9) 1969年5月10日に実施された第3回総選挙において，UMNOを中核とする与党連合の連盟党（Alliance）は大幅に議席数を減らした．長年におよぶマレー人と華人間の軋轢が与党連合の勢力後退を契機に一挙に表面化し，同年5月13日に両民族間で大規模な抗争事件が勃発した．これがいわゆる5・13事件である．この事件の原因がマレー人と華人間の経済格差にあると断定した政府は，マレー人の地位向上を意図して，経済・社会活動のあらゆる面でマレー人を優遇した新経済政策（通称ブミプトラ政策）を1971年に導入した．なお，5・13事件に関

しては，Goh [1971], 萩原 [1989], 金子 [2001] を参照されたい．
10) 1960年代以前の貧困世帯比率に関するデータはない．というのは，マレーシア政府がその比率を初めて調査したのが1970年だったからである．
11) 1959年総選挙については，選挙区別の詳細な選挙結果が入手できなかった．
12) マレーシアの生産者米価は，保証価格に米価補助金による政府支給額（$PRSUB$）を加えた水準にある．$PRSUB$の係数が負の値を取っていることから，政府は，米価補助金による歳出額を増やした年には，稲作関連の総歳出額を予算内に抑えるために肥料補助制度への歳出額を一時的に抑えると考えられる．
13) 「対立理論」に関しては，Huntington [1987] を参照されたい．
14) この点については，Huntington and Nelson [1976] に詳しい．
15) もちろん，中村靖彦 [2000] がわが国の事例から指摘しているとおり，補助金制度の拡充は，政権与党による補助金バラマキという弊害を生みやすい．

第4章　稲作政策の方向性と課題
　　　──第7次マレーシア5ヵ年計画を中心に──

第1節　はじめに

　前章において，1970年代から80年代にかけて，稲作政策の基本方針が農民搾取から農民保護へと転換されたことを指摘した．この政策方針の転換に伴って，第2次世界大戦後から1960年代まで低く抑えられていた生産者米価は，農工間の所得格差が社会問題化した70年代以降物価上昇を上回るペースで引き上げられた．さらに，1979年雨期作から化学肥料の無償配布制度が導入された．しかし当然の帰結として，高米価政策や肥料補助制度の導入は財政負担の増加をもたらすなど，マレーシア経済に与えた負の影響は無視しえないほど大きかった．その結果，農家経済の向上のための主要施策である稲作補助金制度に対する批判が強まっている．

　さらに1990年代以降，自由化・規制緩和・貿易自由化という世界的趨勢の影響を受けて，マレーシア政府は，政府主導の開発政策を抜本的に見直し，民間活力・競争原理の積極的導入を図っている．こうした状況下にあって，政府からの莫大な補助金に大きく依存してきた稲作部門も，それに依存することなく他産業と競争しつつ自立していくことを求められている．

　しかし，稲作部門を取り巻く経営環境は厳しさを増すばかりである．急速な経済発展に伴う農業部門から非農業部門への大規模な産業間労働力移動により，農業部門全体で深刻な労働力不足が起こっている[1]．また，農業部門から非農業部門に移動した労働者の多くが若年労働者であり，新規就農者の供給も需要を大きく下回っている．このため農業従事者の高齢化が急速に進み，とくに栽培条件の劣悪な限界地では規模拡大がほとんど進展せずに耕作放棄地・不作付

け地の増加や農業の担い手不足が深刻化している．

それでは，米の持つ社会経済的・政治的重要性の重視と，政府の最小の財政負担で他産業と比肩しうる競争力を保持した稲作部門の構築という2つの目標を同時に達成するために[2]，マレーシア政府は今後どのような稲作政策を実施していくのであろうか．この課題は，マレーシアのみならず，アジア先進国である日本やNIESの一員である韓国，そしてこれら諸国を追随して急速に経済発展を遂げているアジア開発途上国の農業発展を考えるうえで重要な研究テーマである．

そこで本章では，1996年5月6日に国会に上程・可決された第7次マレーシア5ヵ年計画（7 MP；Seventh Malaysia Plan 1996–2000）を取り上げ，今後のマレーシアの稲作政策の方向性とその遂行上の諸課題について検討することを目的とする．具体的に本章で検討するのは，米生産の動向，補助金制度の見直し，そして農民組織化と民間企業による稲エステートの推進（稲作生産構造の再編）の3点である．このために，第2節では，同国における米生産の動向を簡単な計量手法を用いて分析する．第3節では，従来から批判の多かった補助金政策の見直しについて検討する．第4節では，政府が推進中の農民組織化について論じると同時に，1984年に公表された国家農業政策（National Agricultural Policy，以下第1次NAPと略す）において初めて提示された民間企業による企業的稲作経営——稲エステート——の推進とその問題点についても検討する．

第2節　米生産の展望

第2次世界大戦終了直後に深刻な食糧飢饉に見舞われたイギリス植民地政府は，米の国内完全自給を重要政策課題として新田開発（外延的拡大）と一期作田の二期作化（耕地の集約的利用）を推進した[3]．1957年の独立以降，米増産計画の推進過程においてとくに重視されたのは後者の方であり，60年代に入ってから稲一期作地域における灌漑施設の修復・新設によって乾期作面積が

急増した（図4-1）．さらに灌漑施設の設置を前提とした種子・肥料技術の導入によって，単収が順調に向上していった．これらの成果もあって，1950年代を通じて40～50％台であった米の国内自給率は，70年代初頭には90％近くまで上昇した（表4-1）．し

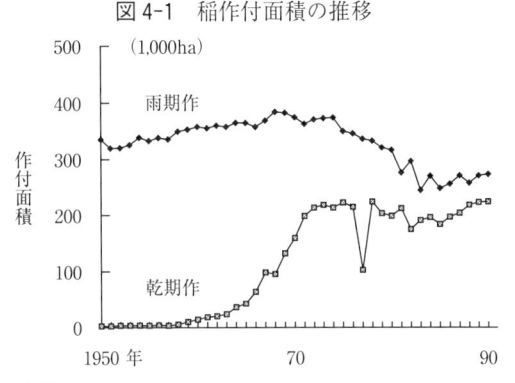

図4-1 稲作付面積の推移

資料：Kementerian Pertanian. *Perangkaan Padi*, various years.

かし，隣国のタイに比べて生産コストが格段に高いマレーシアにとって，政府補助金による余剰米の輸出は，必ずしも潤沢ではなかった財政事情から遂行可能な政策とはなりえなかった．この他にも，安価かつ良質のタイ米を恒常的に輸入した方が経済合理的であるとの観点から，1970年に80～90％に引き下げられた米の目標自給率は，84年の第1次NAPでは80～85％に，92年に公表された第2次国家農業政策（以下，第2次NAPと略す）では65％に下方修正された．

7 MPは米の国内自給率の目標を65％と設定しており（Malaysia [1996]），第2次NAPが打ち出した基本方針を踏襲している．また，それは，1990年と95年における米の自給率をおのおの80％と75％と推定している．しかし，これらの数字にはタイからの密輸米がまったく加味されていないことに留意する必要がある．タイからマレーシアに密輸米が流入する主な原因は，後者では農業保護政策の一環として，国際市場の実勢価格よりも国内米価が高めに維持されていることにある．東南アジアの米市場では下級米にランクされるマレーシア産米の小売価格は，特上米とされ小売市場でプレミアムの付くタイ米の輸入価格より相当に高い．

1974年以降米貿易・米流通の国家管理が強化され，連邦米穀公団（LPN；Lembaga Padi dan Beras Negara）の民営化が実施されるまで，政府による米貿

表 4-1　米消費と国内自給率の推移
　　　　　（西マレーシアのみ）

	精米消費量 （1,000トン）	人口 （100万人）	1人当たり 消費量(kg)	自給率 （％）
1960	917.12	6.84	134	61
61	920.68	7.03	131	66
62	923.27	7.24	128	67
63	1,054.02	7.44	141	62
64	1,009.81	7.62	133	60
65	950.18	7.82	122	72
66	888.95	8.03	110	76
67	960.66	8.22	117	70
68	1,035.29	8.44	123	77
69	1,185.17	8.67	137	74
70	1,196.31	8.90	134	78
71	1,150.87	9.14	126	87
72	1,117.12	9.26	121	91
73	1,283.18	9.50	135	88
74	1,390.41	9.74	143	85
75	1,178.77	9.99	118	96
76	1,251.80	10.24	122	91
77	1,222.45	10.51	116	87
78	1,085.90	10.76	101	74
79	1,270.91	11.04	115	92
80	1,170.36	11.44	102	98
81	1,262.08	11.74	108	90
82	1,270.31	12.04	105	80
83	1,140.00	12.35	92	87
84	1,093.44	12.65	86	77
85	1,304.00	12.98	100	84
86	1,280.00	13.30	96	83

資料：Kementerian Pertanian, *Perangkaan Padi*, various years.

易の一元的管理が行われていた（詳細は第5章を参照）．しかし，良質のタイ米を密輸入することによって得られる利益は大きく，米の密輸はかなり公然と行われてきた．政府は，1994年にLPNを公企業化したのに伴い米密輸の取り締まり権限を農業省に移管したが，みるべき成果はあがっていない．密輸米が国内消費量に占める割合に関してはさまざまな推定値があり，Tan［1987］のように約30％程度とするものから数％程度とするものまである．また世界銀行は，国内消費量の1割弱に相当する約15万トン程度（精米ベース）の米が毎年密輸米としてマレーシアに流入していると推定している．いずれにせよ，実際の自給率は70％台前半から60％台後半程度まで低下しているとみるのが妥当であろう．

　しかし密輸米の数量について信憑性の高い統計データがない以上，正確な国内消費量も把握できない．したがって，以下の議論では，供給サイドに限定して7MPの稲作政策を検討してみたい．

　7MPは，稲作面積[4]が1995～2000年間に年率9.7％のハイペースで減少し，66万6,000haから40万haになると予測している（表4-2）．このような稲作面積の大幅減少は，以下のような施策によって達成されるとしている．つまり，

表 4-2　コメの作付面積と生産量の動向

	1990	1995	2000（計画）
作付面積（ha）	662,617	666,321	400,000
籾米生産量（1,000 トン）	2,016.3	2,159.2	1,940.0
単収（kg/ha）	3,043	3,240	4,850

注：単収は，生産量を作付面積で除して算出した．
資料：Malaysia（1996），Tables 8-3 & 8-4．

表 4-3　1970 年代以降の作付面積，籾米生産量，単収の推移

		半島部	（うち主要稲作地域）	東マレーシア	マレーシア合計
1974/75 年	作付面積(ha)	594,538			
	籾米生産量(トン)	1,716,100			
	単収(kg/ha)	2,886			
1979/80 年	作付面積(ha)	530,120		186,753	716,873
	籾米生産量(トン)	1,760,772		173,112	1,933,884
	単収(kg/ha)	3,321		927	2,698
1984/85 年	作付面積(ha)	465,497	326,031	190,865	656,362
	籾米生産量(トン)	1,541,413	1,172,407	196,451	1,737,864
	単収(kg/ha)	3,311	3,596	1,029	2,648
1990/91 年	作付面積(ha)	495,705	377,211	195,198	690,903
	籾米生産量(トン)	1,858,561	1,494,510	276,797	2,135,358
	単収(kg/ha)	3,749	3,962	1,418	3,091

注：主要稲作地域は，ムダ，クムブ，クリアン/スンガイ・マニッ，北西スランゴール，ブスッ，クマシン・スメラ，スブラン・ペラ，スブラン・プライ/バリッ・ブラウの 8 カ所である．ただし 1984/85 年のデータには，スブラン・ペラとスブラン・プライ/バリッ・ブラウは含まれていない．
資料：Kementerian Pertanian. *Perangkaan Padi*, various years.

①稲作後進地域において水田をより収益性の高い蔬菜・果樹栽培や養殖などの他用途に転用していく，②主要穀倉地域においては，農民組織化を一層促進し稲作経営の効率性を改善していく（Malaysia [1996]）．要するに，米生産を主要稲作地域に集中させ，条件不利地では高収益性の作物への転作を奨励するという 1970 年代からの政策方針が 7 MP でも堅持されているのである．

しかし，稲作面積が現実に年率 10% 近くも減少するのであろうか．表 4-3 に 1970 年代以降の稲作面積の推移を示した[5]．この表からも明白なとおり，主要稲作地域の稲作面積のみで約 37 万 7,000 ha に達しており，政府の目標を達成するためには，その地域外において稲作をほぼ全面的に放棄する必要がある．しかしマレーシアでは米価支持が実施されているものの，国内供給量が国内需要量を上回るという意味においての過剰問題は起こっておらず，今後も

「減反」のような生産調整が実施されるとは予想しにくい．条件不利地・後進地の稲作面積は，半島部約 11 万 ha，東マレーシアのサバ・サラワク両州約 19 万 ha（半分は陸稲）である．前者に関しては，今後経済成長に伴ってある程度規模が縮小していくと推察されるが，栽培条件の劣悪な限界地の水田は 1980 年代にすでに耕作放棄されており，現在耕作されている水田のすべてが耕作放棄されるとは予想しがたい．

では今後，稲作面積の減少はどの程度のスピードで進むのであろうか．そこで以下，マレー半島部の稲作面積の変動に関して行った数量分析（部分調整モデル）[6]の結果を示そう．(1) 式は多田・諸岡 [1994]，(2) 式と (3) 式は著者の計測結果である．各式とも，稲作面積の変化を説明する変数は，一期前の稲作面積，生産者米価，そして製造業労働者の実質賃金である（多田・諸岡が計測した (1) 式では，フィットが良くなかったことから生産者米価は計測式から落されている）．なお，製造業労働者の実質賃金は，稲作部門から非農業部門への産業間労働力移動による稲作への影響を表す代理変数（proxy variable）である．

計測結果：

(1) 式（雨期作＋乾期作の収穫面積，1970〜89 年）

$\ln S_t = 9.086 + 0.414 \ln S_{t-1} - 0.286 \ln W_t$
  (6.25)   (4.30)   (−6.45)

$R^2 = 0.96$, $Durbin\text{-}h = -0.17$

(2) 式（雨期作のみの作付面積，1961〜91 年）

$\ln Sr_t = 8.373 + 0.450 \ln Sr_{t-1} + 0.043 \ln P_{t-1}$
   (3.867) (3.804)   (1.357)

$\quad -0.234 \ln W_{t-1} - 0.073 \, DUM1$
   (−2.551)   (−4.353)

$Rho = 0.677$ (3.373)

$R^2 \, (adj) = 0.951$, $Durbin\text{-}h = -0.073$

$LM(1) = 0.007$, $LM(2) = 1.567$, $LM(3) = 1.726$

第4章　稲作政策の方向性と課題　83

$Jarque\text{-}Bera\,(2)=3.760, \ White\,(12)=16.603$

(3) 式（乾期作のみの作付面積，1961〜91 年）

$$\ln Sd_t = 4.526 + 0.781 \ln Sd_{t-1} + 0.212 \ln P_t$$
　　　　(4.686)　(21.649)　　　　(1.830)

$$-0.185 \ln W_t - 0.697\,DUM2 - 0.335\,DUM3 + 0.693\,DUM4$$
　　　　(-2.038)　　(-7.269)　　　(-4.226)　　　(7.033)

$R^2\,(adj)=0.988, \ Durbin\text{-}h=0.908$
$LM\,(1)=0.962, \ LM\,(2)=1.207, \ LM\,(3)=3.613$
$Jarque\text{-}Bera\,(2)=2.331, \ White\,(14)=12.021$

ただし，
　　S　　収穫面積（ha）
　　Sr　雨期作付面積（ha）
　　Sd　乾期作付面積（ha）
　　W　製造業実質賃金（リンギ）
　　P　生産者米価/競合作物[7]の価格（リンギ）
　　$DUM1, \ DUM2, \ DUM3, \ DUM4$　豊凶ダミー

　上記諸式の計測結果から，製造業実質賃金の稲作面積に対する短期弾力性は，(1) 式-0.286，(2) 式-0.234，(3) 式-0.185 である．他の諸条件が所与の下で製造業実質賃金が今後も年率約 3% 程度で上昇したと仮定すると，稲作面積は短期的には年率 1%（5,000 万 ha 相当）以下しか減少しないと予測できる．1 期前の従属変数を通じて波及する影響を考慮した長期弾力性も，(1) 式-0.488，(2) 式-0.425，(3) 式-0.845 であり，製造業実質賃金の上昇率を上回る速度で稲作面積が減少するとは予想しがたい．後述するとおり，政治的配慮から稲作部門に対する補助金が大幅に削減されるとは考えにくく，生産者米価も政治的配慮から引き下げられる可能性は極めて低い．以上のことから，

マレー半島部の稲作面積は減少基調にあるものの，その速度は緩やかであり，7 MP が計画したような年率 10% を上回る速度で減少するとは考えにくい．

一方，東マレーシア（サバ・サラワク両州）は製造業の発展も遅く，非農業部門での就業も限定されている．さらに，サバ州のバジャウ族のように，稲作衰退を抑制する共同体規制が根強く残っているところもある（Mustapha [1982/83]）．また，サラワク州では，少数民族による自給用の陸稲栽培も盛んであり，1997 年には州政府が大規模水田経営の奨励による州内米生産の拡大方針を打ち出すなど，稲作放棄の要因は極めて少ない．むしろ表 4-3 からも明白なとおり，1980 年代半ば以降東マレーシアの稲作面積は増加基調にある．

以上の分析結果を総じて判断すれば，総稲作面積の 8 割以上を占めるマレー半島部の稲作面積は若干減少するものの，7 MP 期間中に稲作面積が 40 万 ha まで減少することはないと考察される．

また 7 MP が稲作面積の大幅減少を予測する反面，籾米生産量は 7 MP 期間中に年率 2.1% しか減少しないとしている（前掲表 4-2）．これは，籾米ベースの単収を 3,240 kg/ha から 4,850 kg/ha に引き上げることを暗黙的に仮定している．しかし，主要稲作地域における平均単収は現在でも 3,500〜4,000 kg/ha 程度であり，栽培条件の最も整備されたクダー州のムダ灌漑地域ですら 4,500 kg/ha 程度に過ぎない．

第 6 次マレーシア計画期間中に農業開発研究所（MARDI）が稲の高収量・耐病性品種を育成したが（Malaysia [1996]），1990 年代初頭に急速に普及した MR 84 の栽培特性を大幅に凌駕する品種はまだ育成されていない．また，国営企業のみならず国立研究機関や国立大学は収益性を重視した企業的運営への転換を余儀なくされており，より収益性の高い農業試験研究活動を行うように求められている．このような状況下にあって，稲作という低生産性・低収益性を特徴とする作物の研究は，縮小されることはあっても強化されることはないと推察される．今後稲の品種改良や栽培技術の向上が停滞し，さらに新技術の受容能力に劣る高齢稲作従事者の増加によって，稲作部門の生産性が停滞する可能性も否定できない．

ほかにも，単収の向上を阻害するマイナス要因は枚挙にいとまがない．いくつか例をあげれば，①灌漑排水施設の技術的欠陥，②一部の稲作地域における工業部門との水資源をめぐる競合の激化，③労働力不足による圃場管理の粗放化，そして④農業投入資材の価格上昇などがある．さらに後述するとおり，政府が進めている農民組織化による経営効率の改善も，単収の向上という点に関してはほとんど成果が出ていない．このような状況を勘案すると，単収が増加したとしても，7 MPが終了する2000年までに政府が暗黙的に設定した単収水準に達することは極めて困難であろう．

以上を総じてみれば，7 MP期間中のマレーシア稲作については，稲作面積はやや減少するものの，単収が若干増加し，米生産はやや減少するという予想が妥当である．仮定は大きく異なっているものの，結果としては，7 MPが計画する米生産量はマレーシア稲作の現状を考慮すれば妥当な水準となっている．

第3節　補助金政策の見直し

次に稲作補助金制度の見直しに議論を移そう．稲作に対する政府補助金のほとんどは，肥料補助制度（Skim Subsidi Baja）と米価補助金制度（Skim Subsidi Harga Padi）によって支出されている．

前者の肥料補助制度が導入されたのは比較的古く，1950年代からすでに一部の州で実施されていた．連邦政府がそれを導入したのは1961年のことである．1970年に稲作後進地域を除き，政府による肥料補助制度は一時的に廃止された．しかし，第1次石油ショック期に化学肥料価格が高騰したことから，1974年に政府による肥料補助制度が再開され，肥料価格の一部補填が実施された．さらに1979/80年雨期作以降現在に至るまで，政府は肥料補助制度を大幅に強化し，弾力的な制度の運用によってほぼすべての稲作農家に化学肥料を無償で配布している．しかし，これに伴う財政負担は重く，肥料補助に対する財政支出は農業関連支出の数％を占めるに至っている（表4-4）．

また，1980年1月に導入された米価補助金制度は，当初，米生産者がLPN

表 4-4 米価補助金と肥料補助金に対する財政支出

(単位：100万リンギ)

	米価補助金	肥料補助金	合計 (a)	農業関連支出 (b)	(a)/(b) %
1980	91.1	72.0	163.1	1,286	12.7
81	183.0	114.6	297.6	2,004	14.9
82	185.4	117.0	302.4	2,313	13.1
83	183.2	90.0	273.2	1,907	14.3
84	170.0	73.5	243.5	1,893	12.9
85	208.3	74.6	282.9	2,106	13.4
86	227.6	98.5	326.1	1,949	16.7
87	226.3	80.4	306.7	1,735	17.7
88	232.0	80.0	312.0	1,887	16.5
89	253.1	86.0	339.1	2,052	16.5
90	343.3	83.7	427.0	2,342	18.2
91	404.0	80.0	484.0	3,606	13.4
92	373.5	70.0	443.5	2,398	18.5

資料：LPN. *Laporan Tahunan*, various years.; Kementerian Kewangan. *Belanjawan Persekutuan, Anggaran Hasil dan Perbelanjaan*, various years.

または政府指定業者に籾米を販売した場合に限り，政府が定めた生産者米価に上乗せして一律1ピクル（＝60.48 kg）当たり2リンギのクーポンを支給するという制度であった．しかし，マレーシア最大の穀倉地域を抱えるクダー州において，クーポンの払い戻し方法などに不満を持った農民約1万人による大規模なデモが発生した．これに対処するために，政府は払い戻し方法を改善すると同時に上乗せ額を1ピクル当たり2リンギから10リンギに大幅に引き上げた（詳細は第3章を参照）．1979年当時の生産者米価は，1ピクル当たり30リンギ（上級米）～26リンギ（下級米）であったことから，米価補助金による実質的な生産者米価の引き上げ効果がいかに大きなものであったかが理解できよう．この制度の導入が稲作農家の絶対的貧困の解消にある程度貢献したことは容易に推察できる．Malaysia [1981] は，米価補助金制度の導入のみによって，稲作農家の絶対的貧困世帯比率（＝政府が設定した貧困所得水準〈Poverty Line Income〉以下の所得しか得ていない世帯数が全世帯数に占める比率）が9.6%減少し，55.1%になったと推定している．

しかしその反面，実質30%以上の米価引き上げによる財政負担は極めて大きく，1980年代を通じて米価補助金額は農業関連支出の10%近くを占めてい

た（表4-4）．さらに農家の所得水準向上のために，1990年に補助金が1ピクル当たり10リンギから15リンギに引き上げられたことにより（表4-5），最近では米価補助金の支出額が農業関連支出額の18%を超えるようになっている．加えて，農業関連の歳出が削減される情勢下にあって，稲作農家に対する直接的所得補償である稲作補助金支出の突出がより顕在化しつつある．

表4-5 生産者米価の推移

（リンギ/ピクル）

	保証価格	米価補助金	生産者米価
1949	15	—	15
50	14	—	14
51	15	—	15
52	17	—	17
53	17	—	17
54	12	—	12
55	14	—	14
56〜63	15	—	15
63〜72	16	—	16
73. 7.20	19〜23	—	19〜23
74. 1.29	22〜26	—	22〜26
74. 8. 2	24〜28	—	24〜28
79. 1. 5	26〜30	—	26〜30
80. 1.10	28〜30	2	30〜32
80. 7.16	28〜30	10	38〜40
90. 7. 1	28〜30	15	43〜45
97.12.23	30.8〜33.3	15	45.8〜48.3

資料：農業省の内部資料．

以上のように，米が第1次産業の付加価値額のわずか4%程度しか占めないことに比べると，米価補助金制度と肥料補助制度にかかる財政負担は莫大であった．さらに，米価補助金制度の導入は，米流通業における非効率性の増加など多くの弊害を伴った（詳細は第5章を参照）．

これに対して，7MPにおいて，どのような制度改革が実施されようとしているのであろうか．7MPでは，政府は，とくに生産コストの上昇している農業分野に対する補助金削減を検討し，稲作部門における補助金制度を合理化するために投入財補助と価格支持を見直す（Malaysia [1996]）としている．

しかし現実に，稲作農家を対象とした肥料補助制度と価格支持制度を縮小することは可能であろうか．1980年代半ばに主要稲作地域で実施された調査結果によると，米価補助金制度による政府支給額は農家1戸当たり稲作所得の約10.4%（スブラン・プライ地域）〜33.9%（ムダ地域）を構成するに至っている．さらに，1990年に上乗せ額が1ピクル当たり10リンギから15リンギに引き上げられたことによって，米価補助金が農家経済に占める重要性も高まっている．1991年にムダ地域で実施された面接調査によると（Wong [1995]），

1ヵ月当たり農家所得と稲作所得がおのおの約893リンギと718リンギであったのに対し，米価補助金による政府支給額は380リンギ（農業所得の約43％）であったという．スレイマン農業大臣（1996年当時）も明言しているとおり，「仮に米価補助金制度を廃止するか，あるいは生産者米価を籾米100kg当たり24.8リンギ（1ピクル当たり15リンギ）だけ引き下げたとすれば，稲作農家は生活を維持できない」（*Berita Harian*紙，1996年8月13日）ことは明白である．

　米市場への介入によって生じたさまざまな弊害を解消し市場原理に基づく需給調整機能を回復すべく，まず第一歩として米市場の自由化を推進するために，1993年1月以降特上米価格を政府による固定価格制から市場変動制に移行した（Malaysia [1993]）．しかし稲作従事者に対する補助金制度を所得補償のための時限的措置として将来的に縮小あるいは廃止することは，農民のみならず彼らを支持基盤とする与党議員からの強い反発も予想され，現実に実施するのは困難である．なぜならば，序章において指摘したとおり，複雑な民族対立問題を抱えるマレーシアでは，稲作が最大多数派のマレー人によって占められているという事実が有する政治的含意を見逃すことはできないからである．この政策的含意は農村選挙区に偏重した議席配分によってより一層強化されているのである．これに加え，連立政権与党がマレー系与党UMNOの集票マシーンである農業生産者団体（具体的には農民機構公団〈LPP, Lembaga Pertubuhan Peladang〉）の農民保護要求を無視することはできない（詳細は第6章と第7章を参照)[8]．さらには農村選挙区選出のマレー人農林族議員には複数回当選の有力者も多く，彼らは州政府の要職を歴任するなど州行政に大きな影響力を保持している．こうした状況下にあって，農業保護の重要性を主張する州政府は農業保護削減に強く反対しており，7 MPが唱道している補助金制度の合理化政策は，農民や彼らを支持基盤とする政治家からの政治的な需要行動によって実質的に形骸化する可能性が高いと考えられる[9]．

　事実，1997年12月に補助金カットの趨勢とは逆行する形で，化学肥料補助制度に対する補正予算支出と籾米保証価格の引き上げが決定された（詳細は第

7章を参照).これら諸施策導入の直接的要因は,先進国通貨に対するリンギ下落によって農業生産資材の輸入価格が高騰したことに対処したものではあった.しかし,これら施策の導入過程をたどれば,稲作補助金制度は,農民・政治家の政治的需要行動によって維持されることはあっても,撤廃あるいは大幅に縮小される可能性は極めて小さいことが容易に理解できる.

ところで,マレーシアのある新古典派経済学者は,コースの定理を援用しつつ,稲作部門に対する政府の手厚い保護を撤廃し完全な自由競争を達成した時に,稲作部門内の資源は最適に配分され,稲作部門の効率性が向上すると主張している (Sivalingam [1993]).しかし,これはあくまで資源が稲作部門内にとどまればの話に過ぎない.稲作に投資するよりも,工業部門への投資の方が収益性は高い.つまり,彼が主張するとおり,仮に自由競争によって資源が最適配分されるのであれば,ほとんどの資源は稲作部門ではなく工業部門へ投下されることになり,稲作部門は急速に衰退することになろう.このことは,政府が補助金を廃止した場合に米の国内自給率は31%に低下するという予想 (Jamal and Chamhuri [1998]) からも確認できる[10].また農業大臣が現在の70%の自給率では不十分であると明言していることから明らかなとおり (*New Straits Times* 紙,1996年7月20日),食料安全保障の観点からも補助金削減に対する強い反発が予想される.事実,食料品輸入額の増加基調,食料品価格の上昇,そして1997年7月以降に本格化した通貨不安とそれに伴う経済成長の鈍化という社会経済環境下において,食料の安定的供給のために国内食料生産の拡大を求める世論が高まっている(第7章を参照).

このような状況下にあって,7 MP は稲作部門に対する補助金予算額を明示していないので詳細は不明であるが,従来どおり政府は補助金制度を継続していく可能性が極めて高い.しかし政府は,稲作面積の減少による肥料補助への支出額の減少と米生産量の減少による米価補助金への支出額の減少によって,稲作補助金への支出額を若干削減することが期待できる.また,補助金支給額をある水準で据え置けば,それは名目ベースでは減少しないものの,実質的には物価上昇分だけ毎年減少していくことになる[11].しかしここで注意すべき

ことは，このように現実に予想される展開方向が稲作補助金制度の抜本的改革ではなく，単に稲作部門が衰退していく，あるいは物価上昇による（実質ベースでの）財政支出の削減に過ぎないことである．

今後の政策方針として，意欲のある農家に重点的に補助金を配分し，高齢農家世帯に対しては社会保障制度の拡充によって対処するなど，補助金制度を直接的な所得補償としてのみならず優良経営農家の育成のための施策と位置付けていくことも必要であろう．

第4節　農民組織化と稲エステートの奨励

日本と同様にマレーシアにおいても，農民の高齢化と農業担い手不足が深刻化している．マレーシア最大の米生産地域であるムダにおいて1991年に実施されたサンプル調査では，農家世帯主の平均年齢は52.9歳であり，世帯主が40歳未満の農家は全体のわずか10％を占めるに過ぎないと報告されている（Wong [1995]）．1960年代～70年代に同地域で行われた複数の農村調査の結果によると，稲作農家の世帯主の平均年齢は40歳代前半であったことから，遅くとも80年代以降急速に農家の高齢化が進んだ可能性が高い．農家の高齢化が進む一方，新規就農者は少なく今後後継者不足はより一層深刻化していくと推察される．前節において指摘したとおり，こうした担い手の減少・高齢化によって各地で耕作放棄地や不作付け地が増加し農地の荒廃が進んでいる．

このように稲作部門において担い手が不足している要因として，稲作農家の所得水準が他産業従事者のそれと比較して相対的に低く，稲作部門が未だに最も貧困世帯比率の高いサブセクターであることが指摘できる．こうした農家の貧困問題が小規模零細経営・低生産性・低収益性に起因しているとする政府は，深刻化する担い手不足と高齢化問題に対して，農民組織化・集団化と民間部門によるプランテーション型の大規模稲作経営を奨励している（Malaysia [1996]）．逼迫する農業労働市場に対処すべく，農業省は1980年代初頭より積極的に省力技術の普及を図ってきた[12]．この結果，例えばムダ地域における1

第4章 稲作政策の方向性と課題

表4-6 農業局管轄の稲作クロンポッ・タニ

州	組織数	水田面積(ha)	参加農家数(戸)	総水田面積(ha)	耕作放棄田面積(ha)	総農家数(戸)
プルリス	52	3,463.8	2,889	25,750	1,880	18,003
クダー	85	4,357.9	4,218	124,588	4,646	90,751
ペナン	101	7,008.3	4,509	18,198	6,473	10,065
ペラ	75	8,197.1	2,051	50,547	11,770	26,143
スランゴール	65	10,249.5	6,454	20,662	1,720	15,017
ネグリ・スンビラン	10	807.5	770	14,753	14,426	2,401
ムラカ	20	1,130.9	1,019	11,497	6,668	2,724
ジョホール	12	1,075.5	1,508	4,239	2,562	2,972
パハン	4	479.5	417	17,990	11,621	2,794
トレンガヌ	80	4,434.4	4,321	29,136	17,129	7,586
クランタン	188	13,307.6	9,735	84,426	82,046	41,688
合計	692	54,512.0	37,891	401,786	160,941	220,144

注:クロンポッ・タニの組織数,水田面積,参加農家数は1993年のデータ.総水田面積と耕作放棄田面積は1981年,総農家数は1992年のデータである.なお,耕作放棄田面積は3年以上の耕作放棄田と乾期作のみ不作付け地の面積の合計値である.また,ムダ地域やカダ地域などでは,農業局ではなくMADAとKADAがクロンポッ・タニの管理を行っているので,上記の表にはこれらの数値は含まれていない.MADA管轄のクロンポッ・タニの組織数は,1990年時点において276であったことから,クダー州とプルリス州だけで400以上のクロンポッ・タニが存在している.
資料:農業省の内部資料およびLPN(1993).

ha当たり投下労働時間は,1974年615.0時間,86年260.6時間,91年175.4時間と急減している(Wong [1995]).しかし現状では,農業技術の点で省力化による労働生産性の向上も限界に達しつつある.このように省力化による生産性向上が限界に達しつつある状況下にあって,7 MPは,農民組織あるいは民間企業による大規模経営の導入が規模の経済性による効率性の向上をもたらし,ひいては稲作従事者の所得水準の向上・貧困撲滅に寄与する,としている.

前者の農民組織・集団とはクロンポッ・タニ(kelompok tani, グループ・ファーミングの意)とミニ・エステート(小規模農園の意)と呼ばれる属地的な共同経営グループを指す.農業局,農民機構公団(LPP)の下部組織である地域農民機構(PPK),ムダ農業開発公団(MADA),連邦土地統合・再開発公団(FELCRA ; Federal Land Consolidation and Rehabilitation Authority)などの政府系機関がクロンポッ・タニとミニ・エステートの育成を図っている[13].

クロンポッ・タニやミニ・エステートによる集団経営組織は当初耕作放棄田の再開発計画推進の中核的存在と位置付けられていた.しかし現在では,それ

は耕作放棄田の再開発よりも一層包括的な稲作部門の構造再編の切り札として認識されている．1993年時点での農業局管轄下のクロンポッ・タニをみると，耕作放棄がほとんどないスランゴール州タンジョン・カランなどでの組織化が進んでいることがわかる（表4-6）．

1つのクロンポッ・タニは20～60戸程度の農家から構成され，参加農家から選出された複数の農家がグループの運営を行っている．クロンポッ・タニの主たる活動は，参加農家が同時に同一作業を行えるよう作業日程の調整を行い，場合によっては請負業者と作業委託の条件を交渉することである（諸岡ほか[1993]）．これに対し，ミニ・エステートにはさまざまな形態があるが，一般的には政府・政府関連機関の職員が管理する組織が農民を労働者として雇用して稲作栽培を行っている．したがって，ミニ・エステートの場合，土地所有者あるいは耕作者による自主的経営管理は行われておらず，国家管理型の集団経営形態をとっている．両者の最大の差異は利益配分方式と政府から無償で配布される肥料補助の受取方法にある．前者の場合，参加者は定められた期間に農作業を各自の農地で行い，収益も自らの農地からのみ得られる．また，政府からの無償化学肥料は各参加農家に配布される．一方，ミニ・エステートの場合，土地所有者には提供した農地面積に比例して利益が配分され，政府の無償肥料も土地所有者ではなくミニ・エステートの経営管理者に配布される．

民間活力の導入については，民間企業による食料生産への参入を促進するために1993年に創設された食料基金制度（Fund for Food）の機能を拡大して，従来小規模零細農がほとんどであった稲作部門に民間部門による大規模経営を積極的に導入しようとしている（Malaysia [1996]）．この制度を活用すれば，普通のローンの半分程度である年率4％という低利で1万リンギ（＝約30万円）以上の長期（8年間）融資を受けることができる．

上述したとおり，クロンポッ・タニ，ミニ・エステート，そして民間企業による稲エステートのいずれの方式も，希少化した労働力をより効率的に利用することによって労働力不足の問題を解消すると同時に，小農の零細経営を企業的な大規模経営に転換することによって，規模拡大による収益性の向上を目指

表4-7 1 ha 当たりコストの比較

(単位：リンギ/ha)

	FELCRAの稲エステート (1993年雨期作)	ムダ地区の小農 (1991年雨期作)	タンジョン・カランの小農 (1990年雨期作)
水利費	49.76	0.97	0.00
種籾費	132.26	21.75	79.42
整地・耕起費	386.37	233.13	197.67
直播費・移植費	36.86	67.24	2.97
肥料費	273.23	31.43	129.39
農薬費	246.49	44.89	215.08
収穫作業費	133.42	218.66	264.56
運搬費	64.78	156.08	98.30
その他	44.83	0.03	0.00
合計	1,368.00	774.18	987.39

注：施肥と農薬散布のための労賃は，おのおの肥料費と農薬費に含まれている．上記コストには支払小作料は含まれていない．
資料：FELCRAの内部資料およびIshida and Azizan (1998) とWong (1995).

している．マレーシアの稲作政策も，日本の農業基本法と同様に，他産業との生産性・所得格差を是正すべく構造改善による生産性向上を目指したのである．また農業担い手として農民組織や民間企業を想定するなど，かなりユニークな点もある．しかし，これらの解決策にも問題は多い．以下，簡単に問題点を要約しておこう．

まず最初に，クロンポッ・タニは，何らかのインセンティブを与えたうえで，農業局やPPKなどの政府機関が農民を組織した属地的集団に過ぎない[14]．よく指摘されるとおり，マレーシアの農民は個人の相対的独立性や所属集団への献身性において日本の農家に比すると弱いという社会的行動性がある（口羽ほか[1976]）．こうした社会的背景もあって，農家の自発性を育てることなく組織化されたクロンポッ・タニが政府の期待するような「組織化による経営効率の改善」に貢献しているケースは希である．また，農民組織は，農家自らがその組織の必要性を見い出して仲間や組織づくりをするというよりも，行政あるいは指導者の主導により編成される傾向が強く農家の参画意識は低かった（Azizan[1993]）．つまり，自律的な農民組織を育成していくうえで，農家の参画意識を高めていくことが必要不可欠であるにもかかわらず，それについての措置がほとんどなされてこなかったのである．もちろん構成農家の積極的参

表 4-8 ムダ地域における規模別の1 ha 当たり収量,

	0.5 ha 未満	0.5～0.99 ha	1.00～1.49 ha	1.50～1.99 ha	2.00～2.49 ha
単収（kg/ha）	4,198	4,686	4,603	4,809	4,423
粗所得（リンギ）	3,069.58	3,426.40	3,365.71	3,516.34	3,234.10
コスト（リンギ/ha)					
整地	229.16	218.88	234.52	240.81	239.35
播種・移植	110.12	105.73	75.04	83.53	93.48
水管理	8.59	0.22	0.20	0.90	0.85
圃場管理	77.79	65.89	71.55	75.19	85.02
収穫作業	213.86	216.87	222.74	221.05	215.73
収穫後作業	136.12	163.60	165.07	156.18	149.21
コスト合計	775.64	771.19	769.12	777.66	783.64
純所得（リンギ）	2293.94	2655.21	2596.59	2738.68	2450.46

注：粗所得は，単収に生産者米価の平均（73.12 リンギ/100 kg）を乗じて求めた．また，圃場含まれている．
資料：Wong（1995）．

加なしに，農民組織が米生産の中核を担っていけるとは考えにくい．稲作部門の再生への実践的起点として農民組織化を推進するにあたり，政府の上意下達的な組織化ではなく，個別農家の育成を重視した農民の主体的・自発的組織化が必要である（Azizan and Ishida [1998], 藤本 [1989], Nasaruddin and Zulkifly [1986]）．したがって，今後の普及活動を推進するに当たり，農家の主体性を向上させていくと同時に，農民組織のメンバーの参画意識を高めるような措置が講じられるべきであろう．

　第2の問題点は，ミニ・エステートの不効率な経営管理にある．ミニ・エステートの経営管理・運営は，政府・政府関連機関の職員が行っているのが一般的であるため，ミニ・エステートの多くは政府が目指すような企業家的経営組織にはなっておらず，政府が期待するような「組織化による経営効率の改善」にもほとんど貢献していないのが現状である．最も成功を収めているといわれるトランス・ペラの FELCRA 経営の稲エステートですら，1 ha 当たり生産コストはムダやタンジョン・カランの個別経営農家のそれをかなり上回っている（表4-7）．このことからも，ミニ・エステート計画が規模の経済性によるコストダウンに成功していないことが理解できよう[15]．また藤本 [1989] が指摘しているとおり，政府から表彰された PPK のあるミニ・エステートですら赤

第4章 稲作政策の方向性と課題

コスト,所得

	2.50〜2.99 ha	3.00 ha 以上	平　均
	4,513	4,513	4,589
	3,299.91	3,299.91	3,355.48
	230.27	238.75	233.13
	91.30	79.48	88.99
	1.69	0.22	0.97
	66.79	88.59	76.32
	216.59	219.43	218.66
	146.39	154.64	156.11
	753.03	781.11	774.18
	2546.88	2518.80	2581.30

管理には,施肥・除草・化学投入財のコストも

字経営の状態にあり,辛うじて州政府からの補助金で損失額を補填することによって経営を維持していたという.少なくとも現時点において,大規模経営のミニ・エステートが個別農家より効率的経営を行っているとは考えがたい.

第3の問題点は,はたして収益性の低い稲作に多くの民間企業が参入するかどうかである.民間企業にとって,企業的経営として成立しうるだけのまとまった面積の水田を確保することは困難である.実際に一度にまとまった面積の水田を確保しようとすれば,水利・土壌条件が劣悪な耕作放棄地しかない[16].食料基金制度の利用状況が低調なことからも明白なとおり,民間企業による稲エステートはほとんど増加していないのが現状である.

最後に,大規模個別農家の育成が図られてこなかったことである.仮に生産者米価の引き下げ,あるいは据え置きによる実質的低下によって水田価格が下落したとしても,意欲ある農家が存在しなければ農地流動化が進まず耕作放棄地が増加するのみである.上述のとおり,大規模経営のミニ・エステートが個別農家よりも経営状態が悪い現状を勘案すると,それが稲作生産の中核を担いうるとは考えにくい.むしろ意欲ある個別農家を育成し,彼らが規模拡大を図っていくこと,つまり大規模経営農家の育成を図っていくことが必要であろう.

マレーシアでは,化学肥料が無償配布されており,各農家の単位面積当たり化学投入財の使用量は経営規模に関係なくほぼ均一である.さらに,農業局による積極的な技術普及活動により,各農家間の栽培技術はかなり平準化している.このため,一般的に東南アジア諸国では稲作の経営規模と単収の間に負の相関関係が観察されるが,マレーシアでは両者間に明確な関係は認められない.

確かに農作業の委託料が単位面積当たり一定であり，9割以上の農家が耕起や収穫などの主要作業を民間業者や他の農家に委託していることから，コスト面で大規模経営農家が有利とはいえない．しかし，規模拡大に伴う単収の減少も極めて小さいことから，単位面積当たりの収益は経営規模に関係なくほぼ一定であり，経営規模の拡大に比例して稲作所得がほぼ一律に増加していく（表4-8）．加えて，小農の離農が激しく，かつ日本と比べて農地流動化が活発であるなど，マレーシアには大規模個別農家が出現しやすい諸条件が整っている．事実，個別農家の規模拡大に関してはほとんど対策が講じられてこなかったものの，ムダ地域などでは経営規模が数十ha以上の大規模稲作農家が出現してきている（Muhammad [1995], Lim [1985]）[17]．稲作従事者の政治的影響力を配慮して，零細経営農家を支援するための補助金制度は存続されよう．しかしながら，補助金制度に対する批判の高まりや1990年以降の「マレー人優遇」から「機会の平等」への政策方針の転換などを勘案すると，70年代のように政府がすべての稲作農家を対象とした補助金制度を大幅に強化するのは困難である．こうした状況にあるからこそ，今後は，米生産の維持のみならず生産力発展の担い手として，選択的に革新的かつ企業家的な大規模個別農家の育成を図っていくことが必要であると考える．

第5節　むすび

本章では，7MPにおける稲作政策の方向性と諸課題を解明するために，7MPが提示した米生産計画，補助金制度の見直し，そして農民組織化・稲エステートの奨励について検討することを目的とした．

7MPは，同期間中に稲作面積が大幅に減少する反面，単収が急速に向上することから，米生産量は若干の減少にとどまるとしている．しかし，稲作試験研究の弱体化や補助金制度存続の可能性が高いことを勘案すると，稲作面積が若干減少し単収が若干向上し，生産量が少し減少すると予測するのが妥当であろう．7MPが計画する米生産量は，マレーシア稲作の置かれている状況を考

慮すれば，結論としては妥当な水準となっているのは皮肉な結果である．

　米価支持・補助金制度の見直しについては，7 MP 中において何ら具体案は提示されなかった．断言するのは時期尚早であるが，稲作農家が量的に一定の政治勢力を維持している以上，7 MP 期間中に補助金制度の抜本的改革に着手することは極めて困難である．生産力発展の担い手となりうる意欲のある農家や大規模経営農家により多くの補助金を配分するなど，補助金制度の抜本的見直しが必要であろう．

　第1次・第2次 NAP と同じく，7 MP も稲作経営の効率性・収益率の向上を重視している．具体的には，農民組織化・集団化による規模の経済性と資源の有効活用によって，稲作の収益性を向上させていくとしている．しかし，農民の主体的・自発的参加というよりは，「融資」やその他のインセンティブによって政府主導の計画への参画に消極的な農家を強引に組織化している状況では，農民組織化による効率性の向上はほとんど期待できない．また，それほど収益性の高くない稲作にどれだけの民間企業が関心を示すのか疑問である．かかる状況下にあって，マレーシア稲作に求められているのは，農民が自発的・主体的に企業的経営を実践するように努力することであり，また政府もそのような施策を講ずるべきであろう．農民組織化を推進していくに当たり，参加農家の参画意識や主体性の向上を図っていくことが肝要である．なぜならば，それらなくして効率的かつ自律的な農民組織を形成することは不可能だからである．

　2001年以降の第8次マレーシア計画においても，企業家的農業経営の育成を目指すという 7 MP や第2次 NAP の基本方針に変更はないと推察される．しかしここで注目されるのは，育成されるべき「企業家」を従来どおり生産組織や民間企業のみとするのか，あるいは意欲のある農家や大規模経営農家をも含むのかという点である．今まで，農民組織と民間企業に米生産の将来を託そうとしてきた政府は，担い手としての個別大規模経営農家の育成についてほとんど対策を講じてこなかった．ミニ・エステートにおける経営効率の改善を図り，民間企業の稲作経営への参入を促進するために時限的な保護措置の導入を

検討することに加え，補助金制度の改革や重点的な普及活動によって，意欲ある農家や大規模農家の育成を図っていくことが肝要であろう．

注
1) Naziruddin ほか [1997] は，トランスログ型利潤関数から推定した稲作労働の shadow value が非熟練労働者および工場労働者の賃金水準よりも低かったことから，稲作部門から非農業部門への労働力移動が起こったと説明している．
2) マレーシアが米の国内完全自給化をすでに放棄しているからといって，稲作部門の競争力向上のための努力まで放棄したわけではない．とくに近代化による産業の競争力向上を政策課題とするマハティール政権下にあって，稲作部門の競争力向上のためにさまざまな政策が実施されている．
3) 第2次大戦終了直後の食料不足に対処するために，食料供出制度が1950年まで実施された（Vokes [1978]）．またイギリス植民地政府は，大規模プランテーションに対してゴム園面積の2%以上を米栽培に割り当てることを義務付け，さらに日本人捕虜を使って開墾地・耕作放棄地での米栽培も試みた（Burnet [1947]，Rudner [1975]）．しかしながら，これらの施策の遂行による米増産効果は極めて限定されていた．
4) ここでいう稲作面積とは，水稲の雨期作・乾期作と陸稲の収穫面積である．マレーシアでは，収穫面積と作付面積の間に無視しえない程の差異は認められないことから，本章ではとくに断らない限り両者を同義として用いた．
5) マレー半島部では，1960年代に大規模な灌漑の建設による一期作田の二期作化が行われ，1970年代初頭までに主要稲作地域において二期作が広く普及した．これによって，米の国内自給に目途がついたことから，1970年代以降大規模灌漑施設の新設は行われていない．1970年代半ば～80年代半ばにかけて，急速な非農業部門の発展や灌漑施設の欠陥，病害虫の被害によって稲作部門でも耕作放棄問題が発生し，稲作面積は減少基調に推移した．1980年代半ば以降は，政府による灌漑施設の修理や補修などによる耕作放棄対策が講じられている．例えば，第6次計画期間中に，農業省は主に水田を中心に5,250 ha の耕作放棄地を復元している（Malaysia [1996]）．
6) 部分調整モデルおよび長期・短期弾力性の関係については，Gujarati [1995] の第17章に平易に説明されている．
7) Ahmad [1990] などの先行研究と同様に，本書でもゴムを稲の競合作物と仮定した．なお，ゴムと稲は農地をめぐって直接競合関係にはないが，労働に関しては競合関係にある．というのは，①稲作農家の中にはゴム園を保有するものがいる，②稲作地域の近くには民間ゴム農園がある場合が多く，稲作農民が追加的な所得獲得のためにゴム農園労働者として働くインセンティブがある，③ゴム農園

労働者の賃金とゴム価格との間には強い正の相関関係が認められることから，ゴム価格が上昇（下落）した場合には賃金水準が上昇（下落）し，ゴム農園労働者として働くインセンティブが増加（減少）する．
8) 例えば，ある会合において農業生産資材価格の高騰を論拠に生産者米価の引き上げを主張したムダ地域農民機構公団の役員は，政府の対応によっては農民の選挙ボイコット（UMNO支持拒否）の可能性を示唆した（*New Straits Times* 紙，1997年12月7日）．言論統制が厳しいマレーシアにおいて，公的な場での政府批判はごく稀なことであり，同役員は政府批判の容疑で警察の尋問を受けた（*Star* 紙，同年12月9日）．しかし同役員は国内維持法（ISA）で拘留されることなく尋問終了後直ちに釈放され，12月22日に生産者米価の引き上げが閣議決定された（*Business Times* 紙，同年12月23日）．こうした農業生産者団体からの政治的行動が，政府に生産者米価の引き上げ決定を促す一要因となったと考えるのが自然であろう．
9) 例えば，主な米生産地であるプルリス州主席大臣は，連邦政府に対して再三米価引き上げ要求を行っている（*Star* 紙，1997年6月9日）．
10) Pazim［2000］は，稲作農家への補助金制度がGATT協定違反の可能性はあるが，補助金制度の存続が米生産を維持するための必須条件であると述べている．このような考え方は，マレーシアの農政当局に広く受け入れられている．
11) 事実1990年代に，生産者米価の水準は，物価上昇によって実質的に20%程度も低下している．これに加えて，97年のアジア経済危機を契機として，投入財の価格が高騰したことから，稲作経営の収益性は大幅に悪化したと推察される．このことが選挙結果および政権与党と農民の関係に及ぼした影響については，第8章を参照されたい．
12) マレーシアにおける稲作機械化は，耕起作業におけるトラクターの導入期（1960年代後半～70年代前半）と収穫作業における大型コンバインの導入期（80年代前半）に分けることができる．耕起作業の機械化は，二期作の導入による労働需要の増加とそれに伴う農業労賃の上昇に対処するために急速に進展した．これに対し，収穫作業の機械化の背景には，非農業部門への労働力移動による農業部門内の労働力不足と，そのことによる農業労賃の高騰がある．なお，マレーシアでは，ほとんどの農家は，耕起と収穫作業を機械保有する農家や民間業者に委託するのが一般的である．直播技術は，タンジョン・カラン地域スキンチャンの華人篤農家によって，1970年代半ばから始められた．その後，農業局による活発な技術普及活動によって，マレー人農民にも直播技術が伝播した．なお，直播技術の普及が稲作経営の規模拡大に与えた影響に関しては，十分に調査研究されていないのが現状である．諸岡［1995］は，作業請負が進展しているマレーシアでは，個々の農家の機械装備が不十分であり，直播技術の普及が経営規模の拡大と直接結び付かなかった可能性を指摘している．また，直播技術の普及と水田価

格・地代との関係は不明瞭である．最も統計資料が整備されているムダ地域の水田価格の推移をみると，1980年代前半は上昇基調，80年代半ば〜後半は停滞・低下基調，そして90年代に入ってから再び上昇基調にある（大蔵省〈Kementerian Kewangan〉発行の *Laporan Pasaran Harta*，各年度版を参照）．1980年代前半と90年代前半の上昇傾向は生産者米価の引き上げによる要因が大きく，80年代半ばの停滞・低下傾向は85年の深刻な景気後退による土地需要の減退が深く関係していると考えられる．なお，ムダ地域における雨期作の直播栽培普及率は，1981年4.6%，84年53.4%，87年98.8%，90年89.5%である（Hiraoka et al. [1990]）．

13) 農業局はクロンポッ・タニのみ，FELCRAはミニ・エステートのみの育成・管理を行っている．

14) 例えば，Yasunobu and Wong [2000] は，灌漑施設の除草作業などの仕事がグループ・ファーミングの参加農家に優先的に回されていると報告している．

15) 例えば表4-7において，FELCRA経営の稲エステートと小農を比較した場合に，前者の方が耕起・整地にかかるコストは高い．この事実からも，FELCRA経営の稲エステートは規模の経済性によるコスト低減に成功しておらず，農業機械の効率的な利用を行っていないことは明白である．

16) ただし，サラワク州などの低湿地帯を開発すれば，まとまった面積の水田を確保することは不可能ではない．もっとも，開発費用や米価水準を考慮すれば，多くの民間企業が低湿地帯の開発に関心を示す可能性は低いであろう．

17) 安延・納口 [1997] は，農家調査の分析結果を基に，零細農家が今後も規模を拡大する可能性が低く，また大規模農家が零細農家の土地を集積する可能性も小さいと指摘している．またHart [1989] は，ある稲作村における2時点（1977年と87年）比較から，兼業化の進展が零細な稲作経営農家の滞留をもたらしていると指摘している．しかし1980年代以降離農する世帯が多いことから，稲作経営面積は1981年の1.39 haから90年には2.00 haに急増している（Wong [1992]）．また，自作農に比べて経営規模が概して大きい自小作農の比率が1981年の17.4%から91年には35.5%に倍増しており（Wong [1995]），このデータからも農地の賃貸が活発化していることが伺える．したがって，農業機械の購入支援などの適切な施策が講じられれば，より多くの大規模農家が出現してくる素地は十分にあると判断できる．なお，ムダ地域における稲作の利潤関数を計測したNazirddinほか [1997] は，借地料のshadow rateが商業銀行の利率よりも低いことから，自作農の比率低下は彼らの経済合理的な行動によると指摘している．

第5章　米流通管理制度の改革と公的部門の市場介入

第1節　はじめに

　GATT・WTO 体制下にあって，農産物を含む貿易自由化交渉が活発化しており，WTO 加盟国はより一層の貿易自由化，規制緩和，補助金削減に向けた努力が求められている．この結果，多くの国々において，市場メカニズムを重視した経済政策が導入され，農業部門においても財政支出の削減，規制緩和，民営化，貿易自由化などの諸施策が推進されている（原 [1995]）．つまり，こうした政策展開の趨勢を経済学的に解釈すると，政府の市場介入が後退し，各国の経済政策が市場の需給調整機能に全幅の信頼を置く新古典派的な開発戦略へと移行しつつあるといえる[1]．

　しかし，そのような政策展開は，国内農業生産者の経営不安定化と低所得，ならびに地域間格差などの問題を助長する可能性がある．こうした諸問題への政策的処方は，農業政策の課題が食料問題から農業調整問題に移行した食料輸入国において，とくに重要となろう．なぜならば，これら諸国においては，社会的・政治的要請から，価格支持や流通管理によって農業（農民）保護が図られてきたが故に，農民に対する政策変更の影響が大きいと推察されるからである．

　こうしたネガティブな影響に加えて，新古典派市場経済論に対する経済理論的な批判も多い．とくに最近盛んに論じられている不完全市場（不完全情報）下での経済的取引問題をめぐる議論（Bardhan [1988]，Hoff and Stiglitz [1993]，Hubbard [1997]，Innes [1990]，Nabli and Nugent [1989]，Rothschild and Stiglitz [1976]，Stiglitz and Weiss [1981]）が新古典派市場経済論

の有効性に疑問を投げかけているのは明白である．さらに，新古典派市場経済論では，市場の各取引主体（アクター）の民族（エスニック集団）や彼らの交渉力・政治力の非均一性などのファクターを捨象したが故に，途上国では頻繁に観察される生産・流通過程における民族ごとの「棲み分け」とそれに伴う情報の不完全性と市場メカニズムの機能不全に関する視点が欠落していたことは否めない．

そこで本章では，アジアの多民族国家の代表例であると同時に稲作農民の保護を図っている食料輸入国マレーシアに着目し，同国の米流通政策の展開過程を検討することによって，市場メカニズムを重視する新古典派的な開発戦略と公的部門による市場介入の妥当性について検討することを目的とする．

なお，本章の構成は次のとおりである．第2節において，1960年代以前の米流通管理制度を素描し華人業者に独占された精米業・米流通業の問題点を指摘する．第3節と第4節では，1970，80年代に国家による一元的な米流通管理制度への移行が半ば強引に推進されたことを指摘する．第5節では，その反動として出てきた1990年代の米貿易・流通制度における規制緩和・自由化の方向性について検討する．そして最後に，構造調整下における米流通管理制度の展開が示唆する経済学的含意――具体的には公的部門の市場介入の是非――についてごく簡単に議論する．

第2節　第2次世界大戦後〜1960年代の米流通管理制度

1. 米備蓄・緩衝在庫制度と最低保証価格制度の導入

20世紀初頭以降，錫鉱山・プランテーション労働者として，主に中国大陸南部とインドから大量の労働者がマレー半島部（マラヤ）に流入した．しかし，マレー半島部には稲作に適した農地は少なかったことから，国内生産のみでは慢性的な米供給不足の状況にあった．そこで国内米需給の均衡維持のために，英領マラヤは，供給不足分を近隣諸国――とくにタイとビルマ――からの米輸

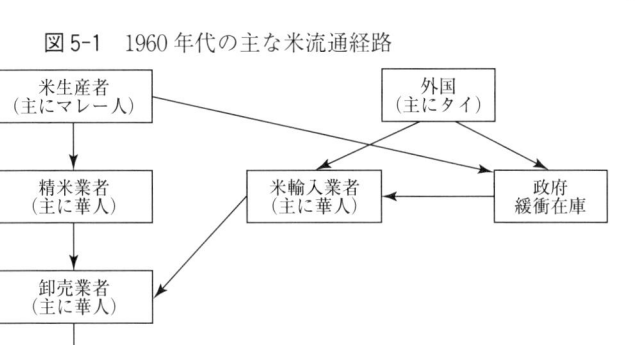

第5章　米流通管理制度の改革と公的部門の市場介入　103

図5-1　1960年代の主な米流通経路

```
米生産者              外国
(主にマレー人)        (主にタイ)

協同組合  精米業者      米輸入業者      政府
         (主に華人)    (主に華人)      緩衝在庫

         卸売業者
         (主に華人)

         小売業者
```

資料：著者作成．

入によって補っていた．

しかし第2次世界大戦中，日本占領下のマラヤでは，海上輸送の衰退と英領植民地からの米輸入が途絶したことから食料不足が深刻化した（Andaya and Andaya [1982], Kratoska [1998]）[2]．さらに第2次世界大戦終了直後に旱魃による深刻な食料飢饉に直面したイギリス植民地政府は，1946年に食料の安定的供給を確保すべく，国家による米備蓄制度を導入した（図5-1）．この米備蓄は，独立（1957年）を契機として，消費者米価の安定に資するために緩衝在庫として活用されることになった．政府は，在庫米管理のための諸経費を捻出すると同時に，品質保持を目的とした在庫米回転のために，米流通業者に対して米輸入許可と引き替えに米輸入量に強制買入率を乗じた量の在庫米を市場の実勢価格よりも高い価格水準で購入するように義務付けた．つまり米輸入業者への強制在庫米の売却益によって，緩衝在庫の管理諸経費は捻出されていたといえる．一方，輸入業者は，米輸入による利益の一部を政府在庫米の強制買い入れによって相殺されていたことになる[3]．

また国内米需給均衡の維持手段として，強制買入率の操作による輸入米と在庫米供給量の調整が行われた．具体的には，米不足の状況下では，強制買入率を引き下げることによって民間業者の米輸入を刺激し，逆に米供給過剰時には，強制買入率を引き上げることによって，米輸入量をコントロールしていた．つ

まり，ここに初めて，米貿易における政府介入が制度として確立されたのである．

以上を総じてみれば，戦後から1970年代半ばまでの米輸入管理制度の特徴は，強制買入率を変動させることによって，政府が米輸入を間接的に統制しようとしていたところにある．こうした緩衝在庫による米需給の安定化は，1960年代半ばまで効果的に機能していた．しかし米在庫量が十分ではなかったことから，1966/67年の米不作とそれに伴う米価高騰時に在庫米が枯渇するなど，消費者米価の安定策として万全ではなかった[4]．

上述した米備蓄・緩衝在庫制度以外に米の安定的供給を確保することを意図して，1949年に，籾米の最低保証価格制度が導入された．この制度の下で，精米業者（あるいは彼らの代理人やバイヤー）は，農家から一定の品質条件を満たす籾米を購入する際に保証価格以上の値段でそれを買い取ることが義務付けられた．しかし当時，この制度を遵守する精米・流通業者はほとんどおらず，実際の農家庭先価格は保証価格を常に下回っていた．なぜならば，米農家は直接的な信用のみならず日用品・食料品付け払い等の形で精米・流通業者から多額の負債を抱えていたからである．

精米・流通業者から米農家への貸付利率は表面上低く設定されていた．しかし負債者である米農家は，金銭による利子支払いこそ少額であったが，籾米による物納を要求されたことから物納分も考慮した実際の貸付利率は年率約60%の水準にあったという（Selvadurai [1972]）[5]．つまり，精米・流通業者と生産者間の信用・その他便宜——生産物取引契約のinterlinkageにおいて，交渉力のない米生産者は精米業者に搾取されていたのである．一般的に，この取引関係は，いわゆる新制度学派によって，情報の非対称性や市場の不完全性に対する合理的行動として説明されている（例えば，Bardhan [1980]，Braverman and Stiglitz [1982], Stigliz [1988]）．しかし，ここで留意すべきことは，米生産者の95%以上がマレー人，精米・流通業者の大多数が華人であったことから，生産者—精米・流通業者の関係がマレー人—華人の関係と同義であったということである．次節以下で詳述するが，1970年以降，この構

図が華人によるマレー人搾取という民族問題としてクローズ・アップされ，政府による華人業者に対する排他的規制が正当化されることになる．

2. 信用・精米協同組合の活動奨励

上記1.で述べた華人精米・流通業者とマレー人米農家間の搾取・被搾取の関係を解消すべく，マレー系政党に実権を掌握された与党連立政権は，信用・精米の協同組合である農村信用協同組合（Rural Credit Cooperative Society）と精米協同組合（Cooperative Rice Milling Society）の活動強化を図った．

しかし，農民への低利融資を行っていた信用協同組合は，信用以外の付随的便宜を農民に供与できなかったことから華人精米・流通業者とマレー人米農家間の複合契約関係を打破するには至らなかった．また精米協同組合は，もともと米生産者の自家消費用精米を主たる目的として設立されたことから精米能力自体に問題があった．このため，協同組合の精米取扱量は政府系精米所のそれと合計しても全流通量の数％程度にしか過ぎなかったといわれている（Fredericks [1986]）．つまり，残りの90％以上の籾米・精米流通が華人精米・流通業者に独占されていたのである．結局のところ，信用・精米協同組合はともに深刻な資金不足・人材不足，非効率的かつ硬直的な経営，さらには華人精米・流通業者の排他的商慣行などのために思うような成果をあげることができなかった．

3. 農産物流通公団による米流通管理制度の導入

このように協同組合の失敗が明白となった1960年代後半以降，政府は米流通・精米事業に直接的介入を強めることになる．1967年に農産物流通公団（FAMA）の下に米穀流通局（Paddy and Rice Marketing Board）が設置された．そして同局の監視下において，一部稲作地域では，米流通の全権限を精米協同組合に付与することによって華人流通業者の強制的な排斥措置が講じられた．またこれと同時に，他の主要稲作地域においても，農家から保証価格以上で籾米を購入することを条件に民間精米・流通業者に対して農家からの籾米買い上

げが許可された.

　しかし,これら諸施策の成果はごく限られたものであった.なぜならば,政府の精米取扱量自体が1割以下であった以上,精米・米流通の実権は依然として華人業者によって握られていたからである.例えば,米流通の全権が精米協同組合に付与されていたタンジョン・カラン地域においてすら,華人精米業者は完全には駆逐されずに,籾米を農家から保証価格を下回る価格で買い取っていたという(Narkswasdi and Selvadurai [1968]).

　また,国内米生産が拡大基調にあった1960年代の米価動向を概観すると,輸入米価の上昇時には輸入米を含む消費者米価もタイム・ラグなしに上昇基調に転ずるのに対し,逆に輸入米価が下落基調に転じた時には消費者米価は瞬時に反応せずに下落基調に転じないことが多かった.このことはすでに数多くの指摘があるとおり,米流通業者の退蔵(hoarding)による価格操作の可能性を強く示唆しているのである(石田[1992],Vokes[1978]).

4. 1960年代までの米流通管理制度の特徴

　以上の議論から,1960年代以前の米流通管理制度の特徴を要約すると次のとおりである.公的機関による農業信用や生産物市場が十分に整備されていなかった状況(=市場の欠如)を勘案すると,華人精米・流通業者の存在意義を看過すべきではない.しかし彼らは華人コミュニティー内で独特の商慣行を有しており,華人業者による情報独占や退蔵による価格操作に支配されていた米市場は,およそ完全競争的な市場とは縁遠いものであった.原[1995]は,「社会的交換が密度高く行われる場合には,複合契約にはいる時点で諸主体間がもっていた経済的交渉力の較差がそのまま作用して複合契約当事者間に搾取・被搾取といった裸の対立的関係が生じることが避けられる可能性」(31ページ)を指摘している.しかし,マレーシアの華人精米・流通業者とマレー人生産者の関係は,取引主体間の民族という属性の相違が経済的交渉力の較差から生じる不平等的取引の性格を強めこそすれ,弱めることはないという可能性を示唆しているのである.

第3節　1970年代の米流通管理制度

1. 連邦米穀公団と農業銀行の設立

　1970年前後に，華人精米業者とマレー人生産者間の搾取・被搾取関係を断ち切るために，連邦米穀公団（LPN）と農業銀行（Bank Pertanian Malaysia）が相次いで設立された（図5-2）．

　最初にLPNの設立目的と精米業への影響を検討しよう．従来各省庁に分散していた米流通に関する管理監督権限，政府米在庫管理，国営精米所の運営管理などを一元化するために，1971年9月にLPNが設立された．とくにLPNの設立目的の中で重視されたのは，華人業者による精米業・米流通業の独占状態を改善することを意図した国営精米事業の拡張であった．

　一方，農業銀行の設立自体は米流通と直接関連はないが，マレー人米生産者と華人精米・流通業者間の力学を考察するうえで決して看過すべきではない．なぜならば，生産者―精米・流通業者間の搾取・被搾取の関係が解消しえなかったのは，両者間における信用―生産物取引の複合契約が依然として持続していたからである．前述のとおり，協同組合方式による農民への信用事業が顕著な成果をあげられなかったことから，農業省の管轄下に農民への低利融資供給を主たる目的とした農業銀行が1969年に設立された．

　これら諸施策を総じてみれば，華人精米・流通業者とマレー人米農家間の搾取・被搾取の関係を解消すべく，1970年代初頭以降政府がLPNによる精米事業への積極的参入と農業銀行による信用事業の導入によって，公的部門の直接介入を強化した

図5-2　1970，80年代の主な米流通経路

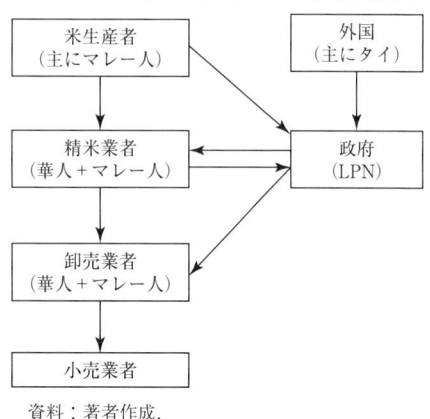

資料：著者作成.

表 5-1　LPN と民間精米業者の籾米購入量

	籾米生産量 (1,000 トン)	LPN 取扱量 (1,000 トン)	LPN の比率 (％)
1971	1,546	125	8.1
72	1,565	135	8.6
73	1,727	91	5.3
74	1,818	61	3.4
75	1,716	142	8.3
76	1,746	133	7.6
77	1,630	135	8.3
78	1,229	127	10.3
79	1,799	223	12.4
80	1,761	322	18.3
81	1,749	336	19.2
82	1,595	322	20.2
83	1,478	325	22.0
84	1,303	282	21.6
85	1,557	560	36.0
86	1,454	631	43.4
87	1,424	703	49.4
88	1,496	604	40.4
89	1,595	455	28.5
90	1,734	694	40.0
91	1,859	777	41.8
92	1,940	770	39.7

資料：LPN. *Laporan Tahunan*, 各年度版.

ことが読み取れる．

　しかし，こうした公的部門による直接介入の効果は，少なくとも 1970 年代には顕著には現れなかった．例えば LPN の場合，1972 年に LPN 運営の精米所は精米協同組合から運営管理を引き継いだ 6 ヵ所のみ（他に乾燥施設 5 ヵ所）であり（LPN [1973]），その年間精米能力はマレー半島部における籾米生産量の 6％ 程度（7 万 3,800 トン）に過ぎなかった．このように限られた精米能力を改善するために 1974～76 年間に合計 12 ヵ所の精米所が新設され，さらに複数の乾燥施設に精米機を新たに設置することによって，LPN の年間精米能力は 72 年当時の約 5 倍に相当する 37 万トンまで向上した．しかし 1979 年時点において，LPN の年間精米産出量は 20 万トン（国内生産量の約 2 割）程度にとどまっており，残りは民間精米業者（ほとんどが華人）によって担われていた（表 5-1）．つまり 1970 年代初頭以降，政府は積極的に精米産業に参入したものの，華人精米業者に独占された精米業構造を抜本的に変革するまでには至らなかったといえる．

　また農業銀行の短期低利融資も米農家に急速に受け入れられたわけではなかった．確かに実質金利こそ華人精米・流通業者のそれをはるかに下回っていたものの，融資手続きの煩雑さや利便性の欠如などの問題点が農家への普及を阻害していたのである．農家に農業銀行の短期融資が急速に普及するのは，利率引き下げや融資手続きの簡素化が実施された 1980 年代以降のことであった．

2. 米価統制法の制定，マレー人米流通業者の育成，国家による米貿易の一元的管理

1973年の世界食料危機と74年の第1次石油ショックを契機に，消費者米価は上昇基調にあった消費者物価水準を大幅に上回る速度で高騰した．例えば，時系列データが入手可能な卸売米価の動向をみよう（表5-2）．タイ産米の場合，対前年度の価格上昇率を計算すると，1971年 0.9%，72年 8.7%，73年 46.1%，74年 9.9%，75年 −9.7% であった．また国産米のそれは，1971年 −2.6%，72年 2.3%，73年 88.3%，74年 10.4%，75年 1.5% であった．

一方，消費者米価については，国産米に関する断片的な統計資料しか入手できなかったが，やはり1973年の食料危機を契機として，それは80〜104%上昇したと報告されている（LPN [1975]）．1973年と74年における消費者物価指数の上昇率はおのおの10.5%と17.4%であったことから，米価が物価水準を大幅に上回る速度で上昇したことが理解できる．

しかし，1973〜74年の米生産量はそれ以前と比較して明白な増加基調にあり，また74年の米自給率は85%以上の水準に達していた．1972年に184万トンであった精米生産量は，73年には198万トン，74年には210万トンと増加基調にあった．加えて，政府による中国などからの米緊急輸入もあって，1972年に20万トンであった米輸入量（精米ベース）も，73年には29万トン，

表5-2 卸売米価と米生産・純輸入量

	卸売米価				精米生産量 (トン)	精米純輸入量 (トン)	国内自給率 (%)
	タイ産米 (リンギ/ピクル)	対前年度比 (%)	国産米 (リンギ/ピクル)	対前年度比 (%)			
1968	43.5		34.1		1,433,953	309,185	82.3
69	42.8	−1.7	32.0	−6.1	1,590,596	302,809	84.0
70	37.4	−12.5	26.8	−16.3	1,681,415	355,257	82.6
71	37.8	0.9	26.1	−2.6	1,816,922	233,918	88.6
72	41.0	8.7	26.7	2.3	1,837,324	198,850	90.2
73	59.9	46.1	50.3	88.3	1,979,944	287,700	87.3
74	65.8	9.9	55.5	10.4	2,095,000	333,722	86.3
75	59.5	−9.7	56.4	1.5	1,997,000	145,997	93.2

資料：Jabatan Perangkaan. *Perangkaan Bulanan Semenanjung Malaysia*, various issues.; FAO. FAOSTAT.

図 5-3　米輸入の国家管理の意味

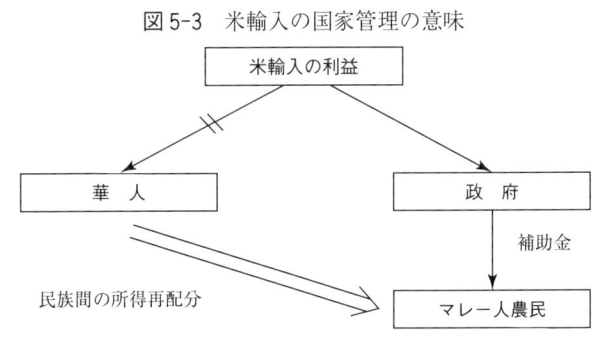

```
           米輸入の利益
           ／      ＼
         ╱╱        ＼
        ↙            ↘
   ┌─────┐        ┌─────┐
   │ 華 人 │        │ 政 府 │
   └─────┘        └─────┘
         ＼              │補助金
           ＼            ↓
   民族間の所得再配分  ┌───────┐
             ─────→ │マレー人農民│
                     └───────┘
```

資料：著者作成．

74 年には 33 万トンまで急増した．

　こうした需給バランスを踏まえて，1973〜74 年の米価高騰の主たる原因を華人輸入・流通業者の退蔵による価格操作と断定した政府は 74 年に米価統制法（Perintah Beras〈Kawalan Harga〉）を制定し，以後 93 年に特上米価格を自由化するまで米の卸売・小売価格に上限価格を設定した．この上限価格は 1974 年以降一貫して据え置かれており，消費者米価の安定に極めて効果的であった．

　さらに精米・流通業者（ほとんどが華人）の退蔵による不当な利益獲得を防止するという目的の下，1974 年に民間流通業者による米貿易を例外なく全面的に禁止した．そして，わが国の食糧庁に相当する連邦米穀公団（LPN）を通じて，政府による米貿易の一元的管理体制が導入された．このような米貿易の国家管理への移行によって，米の輸入・販売から得られる莫大な利益が華人輸入・流通業者から政府（LPN）の手に渡ることになった．つまり，このことは，華人業者が独占してきた米貿易の利益を政府が「横取り」し，農民（マレー人）に稲作補助金としてその利益を再配分することを意味していた．つまり，それは民族間の所得再分配としての性格を強く有していたのである（図 5-3）．

　またマレー人流通業者の育成を通じて，華人業者に独占された米流通業の再編が図られるなど，華人流通業者への締め付けが強化された．具体的にはマレー人＝米生産者，華人＝米流通業者という固定化された構図（華人業者によ

る米流通業の独占）を是正することを意図して，米流通業の許可に当たり特別にマレー人優先枠が設定された[6]．この結果，卸売・小売業者に占めるマレー人比率は1970年代に急増した．例えば，卸売業者の場合，マレー人比率は1971年の14.0%から79年の61.8%に急増し，ピークに達した81年には65.7%の水準に達した（表5-3）．

このような一連の強硬な政策が遂行可能となった背景として，民族対立に伴う政策転換があった．1969年のマレー人と華人間の大規模な抗争事件（5・13事件）を契機として新経済政策（通称ブミプトラ政策）が導入され，政策基本方針が「民族融和（機会の平等）」から「マレー人優遇（結果の平等）」に転換された．このような政策転換の下で，米輸入・流通業者のほとんどが華人であったことから，彼らはマレー人政党が主導権を握る政府から狙い撃ちにあったといえよう．紙幅の関係から詳述することはできないが，上述した公的部門による市場介入の背景に民族対立問題が絡んでいたという事実が，新古典派市場経済論の議論では捨象されているという点には留意が必要である．

表5-3 卸売業者数の変化

	マレー人	非マレー人	合計
1971	133	817	950
72	n.a.	n.a.	1,031
73	n.a.	n.a.	1,025
74	312	725	1,037
75	741	768	1,509
76	1,042	783	1,825
77	1,167	778	1,945
78	1,229	788	2,017
79	1,268	783	2,051
80	1,467	784	2,251
81	1,628	851	2,479
82	1,197	849	2,046
83	1,008	815	1,823
84	717	751	1,468

注：1985年以降，民族別の業者数は公表されていない．
資料：LPN, *Laporan Tahunan*, 各年度版．

3. 1970年代の米流通管理制度の特徴

1970年代の米流通管理制度の特徴を要約すると，公的部門による米管理制度への移行，卸売・小売価格の統制，マレー人流通業者の育成，農民への公的信用事業の拡充によって，華人精米業者とマレー人生産者間における信用—生産物取引の複合契約の弊害と華人米輸入・流通業者による市場独占と退蔵による弊害を除去する試みがなされた．このようなドラスティックな民族間格差是正を意図した諸施策を政府が導入できた背景として，1970年以降政策基本方

針が民族融和からマレー人優遇に180度方向転換されたことがある．いずれにせよ，米の貿易・流通過程における国家管理の強化は，かつて華人業者が独占してきた米貿易・米流通の利益を政府が収奪し，マレー人農民やマレー人業者に稲作補助金や営業権供与という形でその利益を再配分することを意味していた（民族間の所得再分配）．

第4節　1980年代の米流通管理制度

1. 米価補助金制度の導入

1980年に，与党の選挙対策として生産者米価を引き上げるために米価補助金制度が導入された．この制度は，生産者がLPNまたは政府指定業者に籾米を販売した場合に限り，政府が定めた保証価格に上乗せして1ピクル（60.48 kg）当たり10リンギを支給するという制度である（詳細は前章を参照）．1979年当時の生産者米価は，1ピクル当たり30リンギ（上級米）〜26リンギ（下級米）であったことから，米価補助金による実質的な生産者米価の引き上げ効果がいかに大きなものであったかが理解できよう．

しかし当然の帰結として，米価補助金制度の導入は財政負担の増大をもたらしたことはすでに前章で指摘したとおりである．さらに，この制度は精米業における非効率性をも顕著に増加させた（Fatimah［1990］，Pletcher［1989］，Sivalingam［1993］，Tan［1987］）．というのは，①米農家がLPNに籾米を販売した場合に米価補助金が支給されたことからLPNの籾米取扱量が急増し，精米能力の高い民間の大規模精米業者（ほとんどが華人）の取扱量が急減したこと，②米価補助金の導入によって実質的に生産者米価が引き上げられたものの，精米の卸売価格は据え置かれたため，効率的な精米作業を行っていた民間大規模精米所（大半の経営者は華人）の多くが経営難から廃業に追い込まれ，代わって十分な精米・貯蔵施設もなく放漫な経営と非効率な精米作業を行っていたLPN[7]とマレー人精米業者の籾米取扱量が急増したからである．

以下，ごく簡単に事実確認をしておこう．1979年に22万3,000トンであったLPNの籾米取扱量は，80年には32万2,000トンに急増した（前掲表5-1）．こうしたLPNの籾米取扱量の急増は，かつて精米業の8割以上を占有してきた華人精米業者の取扱量の急減を意味した．これによって，1970年代に約70％程度であった華人民間精米所の稼働率は，80年に約30％台まで急落したといわれている（Tan [1987]）．そして，この稼働率の低下は，良質精米の主たる生産者であった華人民間精米所の経営悪化と彼らの廃業を帰結するのは当然のことであった．

 さらにLPNの籾米取扱量は増加基調をたどり，豊作であった1985年には56万トンの大台を突破した．しかし，もともとLPNの精米所は非効率な経営のために慢性的な赤字経営を強いられており，さらに精米所の新設には莫大な投資資金が必要であったことから，マレー人精米業者の育成が積極的に図られた．具体的に実施されたのは，LPNが乾燥処理をした籾米の精米作業をマレー人業者に依託する代わりに，彼らに精米請負料としてかなり有利な委託料を支払うという制度（1982年に導入，upah kisaranと呼称される）であった．この制度によって，LPNがマレー人精米所に委託した精米量は82年には2万4,000トンであったが，85年にはLPNの籾米購入量の約30.3％に相当する17万トンに達した[8]．

 しかしLPNと同様に非効率な経営管理を行っていたマレー人精米所は，この制度に依存せずに経営を維持することは事実上不可能であった．このようなマレー人精米業者とLPNによる籾米取扱量の急増ならびに華人民間精米業者の排斥は，精米業全体の非効率性の上昇を帰結することとなった．

2. マレー人卸売業者の廃業

 こうした精米過程における非効率性の上昇と財政負担の増加という問題以外にも，政府が1970年代に意図的に育成してきたマレー人卸売業者の多くが，80年の米価補助金制度の導入を契機に廃業に追い込まれた．前掲表5-3に示したとおり，1981～84年のわずか3年間で，マレー人卸売業者数は1,628か

ら717に半減している．これとは対照的に，非マレー人（ほとんどが華人）の卸売業者数は851から751と小幅な減少にとどまっており，マレー人業者数に比べて華人業者数の減少率はかなり小さかった．

　こうした両民族間における顕著な格差は，マレー人と華人間の信頼関係が十分に醸成されていなかったことと深く関係していたと推察される．生産者米価の引き上げにもかかわらず精米所からの出荷価格が据え置かれたことから民間精米所の経営は顕著に悪化した．そこで華人精米所は，こうした政府による華人流通業者排斥に反発して，意図的にマレー人卸売業者への精米販売を嫌ったといわれている．つまり，華人流通業者は，華人精米業者から優先的に精米を配分されたのである．この結果，もともと資金的余裕のない零細経営であったマレー人卸売業者の大半が精米取扱量の急減とそれに伴う経営難に陥り，1981年をピークにマレー人卸売業者数は一気に減少していくことになった．

3.　1980年代の米流通管理制度の特徴

　1980年代には公的部門による過度の市場介入によって，米流通市場の非効率化と財政負担の増加という問題が生起したといえる．さらには，流通業における華人独占の打破を意図して1970年代に育成が図られたマレー人米流通業者の多くが廃業に追い込まれるなど，さまざまな政策的矛盾と問題点が一気に顕在化した．これらの事実を総じてみれば，公的部門による過度の市場介入によって米産業全体の非効率性が顕著に上昇したわけであり，1990年代以降の自由化・規制緩和への方針転換はごく自然な政策展開であったといえよう．

第5節　1990年代の米流通管理制度

　政府による過度な市場介入の反省から，1990年代に入り，市場の需給調整機能の回復を目的とした米流通機構の改革と規制緩和が実施された．具体的には，米の卸売・小売価格統制の一部撤廃と米価決定における市場メカニズムの導入（1993年），LPNの公営化（94年）・民営化（97年）である（図5-4）．

第5章　米流通管理制度の改革と公的部門の市場介入　115

これら諸改革の中で，とくにドラスティックな政策転換であった LPN の公営化・民営化について詳細に説明し，次いで米の卸売・小売価格統制の規制緩和について触れることにする．

図5-4　1990年代の主な米流通経路

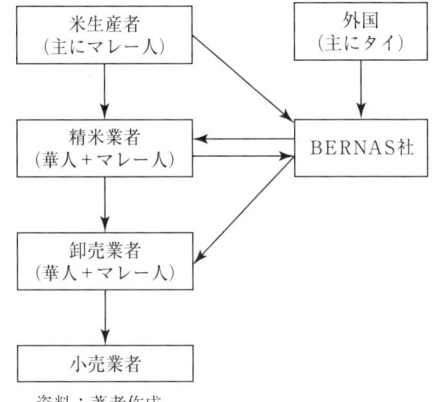

```
米生産者              外国
(主にマレー人)        (主にタイ)
    │                   │
    ▼                   ▼
精米業者  ←──────→  BERNAS社
(華人＋マレー人)  ←──────
    │              ↗
    ▼           ↙
卸売業者  ←────
(華人＋マレー人)
    │
    ▼
小売業者
```

資料：著者作成．

1. LPN の公営化・民営化

(1) 公営化・民営化のプロセス

1980年代半ば以降，公営企業の民営化や規制緩和・市場原理の導入が図られる中で，米流通における政府介入の後退が米政策の進むべき展開方向であるという意見が国内で強まった．さらに国際的にも，GATT および WTO 対策として，米輸入における国家管理制度の見直しは避けられない状況となった．そこで最初に打ち出されたのが，1994年の LPN 公営化の実施であった．これに伴って，社名は LPN から BERNAS（Syalikat Padiberas Negara Berhad）に改称された．さらに BERNAS 社の民営化プランを前倒しする形で1997年1月には民営化が閣議決定され，これを受けて同年8月にクアラルンプール市場への株式上場が行われた．ここに，LPN の完全民営化が完了した．オーストラリアの小麦輸出ボード（Australian Wheat Board）が民営化されたのも1997年であったことを勘案すると，マレーシアにおける BERNAS 社の民営化は先進国の動向と歩を一にしていたといえよう．

1994年の LPN 公営化に伴って，米密輸などの取締権限は農業省に移管された．しかし，LPN 公営化・民営化後も引き続き BERNAS 社が稲作関連の補助金プログラムの実施や国家備蓄米の管理を行っており，同社が政府の米政策推進の中核的役割を担っている．また，かつて政府間ベースで行われていた米輸入は，現在では BERNAS 社とその系列子会社が引き継いで行っている．BERNAS 社には，民営化後15年間の米輸入独占ライセンスが付与されている

表 5-4　BERNAS 社の主要株主

(1998年3月31日時点)

会　社　名	保有株数 (100万株)	保有比率 (%)
Budaya Generasi 社	225.9	75.3
Al Wakalah Nominnes 社	5.0	1.7
Bank Kerjasama Rakyat 社	3.1	1.0
Tabung Baitulmal Sarawak (Majlis Islam Sarawak)	2.0	0.7
Commerce Asset-Holding 社	1.6	0.5
総発行株数	300.0	100.0

資料：BERNAS (1999).

ことから (5 年間の更新が可能), BERNAS 社民営化後も, 引き続き他の民間業者が米輸入事業に参入することは事実上不可能である. この意味において, マレーシアの米輸入は, 制度的には民間企業である BERNAS 社に委託された形になっているものの, 完全自由化が達成されたわけではない. この点について, より詳細に検討することによって, LPN 民営化後も, 政府が実質的に BERNAS 社の経営実権を掌握していることを明らかにしよう.

(2) 政府による BERNAS 社の経営管理

1998 年 3 月 31 日時点における BERNAS 社の主要株主を表 5-4 に示した. 筆頭株主は Budaya Generasi 社 (以下 BG 社と略す) であり, 商業銀行 (Bank of Commerce) 傘下の信託会社 2 社を通じて総発行株数の約 4 分の 3 を保有している.

それでは, BG 社とはどういう会社であろうか. 同社は株式をクアラルンプール市場に上場しておらず, マレーシア国内においてすら, その知名度は極めて低い. BERNAS 社職員からの聞き取りによると, BG 社は, 1995 年 4 月 5 日に, 政府 (大蔵省) から BERNAS 社の株式を買い取ることを目的として設立された持株会社であるとのことであった. 同社の株主を概観すると, 筆頭株主である Permatang Jaya 社を含む 5 社は, 政権与党である統一マレー人国民組織 (UMNO) 傘下の企業グループに属している (図 5-5). この他にも, 政府系企業と農民・漁民団体が株主として名を連ねている.

さらに, 政府は BERNAS 社の特別株 (1 株) を保有している. BERNAS 社則には, 同社の経営方針と政府の政策方針との間で整合性を保持するために, 政府に特別株を売却したことが明記されている. 具体的には, この特別株を保有することによって, 政府は BERNAS 社の解散や合併, 企業買収, 資産売却

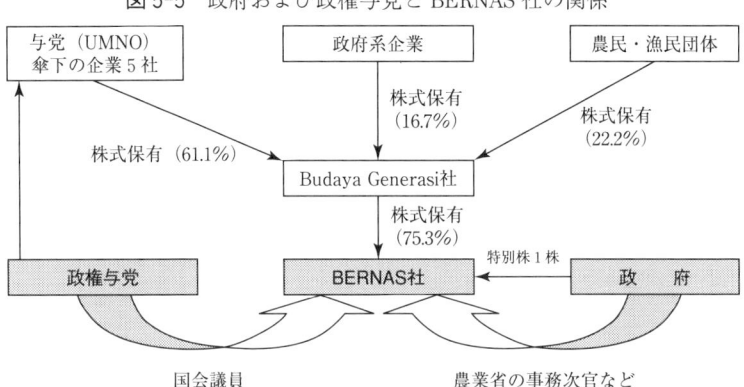

図5-5 政府および政権与党とBERNAS社の関係

```
与党（UMNO）              政府系企業              農民・漁民団体
傘下の企業5社
                          株式保有              株式保有
                          (16.7%)              (22.2%)
    株式保有（61.1%）
                    Budaya Generasi社
                          株式保有
                          (75.3%)
                                         特別株1株
  政権与党              BERNAS社                政　府

          国会議員              農業省の事務次官など
```

注：1998年3月31日時点．
資料：聞き取り調査の資料およびBERNAS社の*Laporan Tahunan*を用いて作成．

に関する最終決定権を有する．

つまり，政府は，傘下の企業による株式買収のみならず，自ら特別株を保有することによって，BERNAS社の経営に介入しうる手段を保持しているといえよう．この事実から，BG社とBERNAS社がほぼ完全に政府および政権与党の統制下にあるのは明白である．

次の手懸かりとして，BERNAS社の役員の経歴や兼業内容を詳細に検討することによって，より具体的に，政府が同社の経営を管理している実態を解明していこう．BERNAS社の取締役会は，社長1名と取締役12名（うち1名は専務取締役）から構成されている．このうち比較的詳細な情報が得られた12名（社長を含む）の職歴・学歴や兼業内容を表5-5に示した（役職と兼業内容はすべて1999年5月時点）．

現在（1999年5月時点）の社長は，BERNAS社の民営化直後に就任したルハニ・アーマド（Ruhanie Ahmad）である．同氏は，ジョホール州パリット・スロン地区選出の下院議員でもある．連立政権与党の主導権を掌握しているUMNOに属する彼は，1990, 95年，99年の下院議員選挙において圧勝して選出されている．加えて，UMNOの下院議員によって構成される下院議員クラブ（Malaysian Parliament Backbenchers' Club）の会長を務めるなど，相当の政

表5-5 BERNAS社・役員の

名　前	職階	就任時期	主な兼業内容
Ruhanie Ahmad	社長	1996.3	下院議員 新聞社・取締役 MARA・会長 持ち株会社・副社長
Mohd. Ibrahim Mohd. Nor	専務取締役	1996.2	Budaya Generasi 社・社長
Annuar Ma'aruf	取締役	1997.12	農業省・事務次官 連邦土地開発公団・理事 UDA・理事
Abdul Hamid Mamat	取締役	1996.6	北部大学・評議員 KL市役所・評議員
Ahmad Zabri Ibrahim	取締役	1994.4	国立生産性センター・評議員
Dohat Shafiee	取締役	1996.2	Budaya Generasi 社・取締役
Bukhari Mohd. Sawi	取締役	1996.4	Budaya Generasi 社・取締役 NAFAS 関連企業・取締役
Syed Azizan Syed Mohamad	取締役	1994.6	MADA・副理事 MADA関連企業・取締役
Rohani Abdul Karim	取締役	1996.3	下院議員 サラワク州政府系企業・取締役
Za'ba Che Rus	取締役	1997.1	なし
Mohamad Noor Abdul Rahim	取締役	1998.6	内務省事務次官
Ahmad Pahamin Abdul Rajab	取締役	1999.4	国内産業・消費者問題省 事務次官

注：すべての情報は1999年5月時点のものである．
資料：聞き取り調査およびBERNAS社提供の資料．

治力を有していると推察される．

さらに注目すべきことは，BERNAS社の社長職以外に，兼業として新聞社役員とマレー人殖産興業公社（Majlis Amanah Rakyat）の会長を併任していることである．

前者の新聞社とは，マレー語大衆日刊紙を出版しているウトゥサン・マレーシア社（Utusan Malaysia Sdn. Bhd.）である．マレーシアでは，新聞・テレビ・ラジオなどのマスメディア関連企業のほとんどは，株式保有などを通じて政権与党の統制下にある[9]．なぜならば，政権与党はマスメディアを通じた情報操作によって，選挙戦を有利に戦うことができるからである．多くの途上国と異なり，マレーシアでは選挙の実施プロセスにおける透明性が比較的確保さ

第5章　米流通管理制度の改革と公的部門の市場介入　119

経歴一覧
過去の主な職歴
ジャーナリスト
副首相付き秘書

新聞社・主事
公務員（経済計画局・副局長）

公務員（首相府など）

農業省・前事務次官
スランゴール州政府・助役
公務員（州・教育局）
農民機構公団・パハン州理事

公務員（運輸省など）

れており，中立な選挙管理委員会による民主的な選挙が実施されている．それ故にこそ，政権与党にとって，マスメディアの政党支配がいかに重要であるかが理解できよう．当然のことながら，マレーシア国内で最大発行部数を誇り，かつ最大多数派のマレー人社会に最も影響力がある日刊紙を出版しているウトゥサン社も，かなり早い時期から UMNO の統制下にある．ルハニが UMNO の政治戦略上極めて重要な同社の取締役に就任しているという事実は，同氏に対する UMNO 上層部の信任が厚いことを示唆している[10]．

また，マレー人殖産興業公社は，マレー人の社会経済的地位の向上を主たる目的として設立された公共団体であり，1970年以降の新経済政策下において，マレー人優遇政策の遂行を担う中核的政府組織の一つである．

これらの事実を総じてみれば，社長であるルハニは，政権与党 UMNO の下院議員として一定の政治力を有するのみならず，政権与党と関係が深い会社や政府組織において重責を担うなど，UMNO および政府の経済政策方針に精通かつ賛同している人物であるといえよう．

さらに驚くべきことに，社長職以外の役員人事を概観すれば，民営化後も BERNAS 社と政府（とくに，かつての管轄官庁であった農業省）が密接な関係にあることが容易に証明しうる．その最たる例として，農業省の現事務次官であるアンアル・マールフ（Annuar Ma'aruf）と前事務次官のアーマド・ザブリ（Ahmad Zabri Ibrahim）が取締役として名を連ねている事実をあげることができる．

前者のアンアルは連邦土地開発公団（FELDA）の理事を兼任しており，さらにかつて経済計画局・副局長という重責を務めた経験を有する．経済計画局

は経済政策立案と経済動向分析を主たる業務としている．名称上は局（unit）に過ぎないが，実際には，政策立案過程における影響力は省（kementerian）あるいはそれ以上である．これらの事実を勘案すれば，BERNAS社の経営戦略・方針に，農業省や経済計画局の意向が強く反映されたとしても不思議ではない．むしろ，政府の意向に添う形でBERNAS社が経営を行っているという表現の方が正確かもしれない．

この2人以外にも，政府や政府系機関と関係の深い人物が取締役に就任している．マレーシア最大の稲作地域を管理するムダ農業開発公団（MADA）の副理事（サイド・アズィザン），内務省事務次官（モハマド・ノール），国内産業・消費者問題省の事務次官（パハミン・ラジャ），下院議員兼サラワク州政府系企業の取締役（ロハニ・アブドゥル・カリム）などである．

MADAは農業省管轄下の公団であり，理事長にはクダー州主席大臣が名誉職的な意味合いで就任している．つまり，MADAの実質的責任者は副理事のサイドであり，同氏がBERNAS社の取締役を兼任しているという事実は，民営化後もBERNAS社とMADAが太いパイプで結ばれていることを示唆している[11]．

最後に，政治家や政府関係者以外に，筆頭株主であるBG社の社長と取締役がBERNAS社の取締役を併任している．BG社はUMNOと政府によって実質的にコントロールされていることは，前述のとおりである．つまり，BG社から派遣されている役員も，UMNOあるいは政府寄りの人物であったといえる．

このような取締役会の人事構成を概観すると，政権与党UMNO，農業省やMADAを含む官公庁・公団，そして筆頭株主であるBG社と関係の深い人物がBERNAS社の取締役に就任していることがわかる．つまり実態としては，BERNAS社の経営管理は，民営化後も政府と政権与党の統制下にあり，米輸入における一元的な国家管理体制が持続しているに等しいといえる．

それでは，米輸入の国家管理体制を持続しなければならない理由はどこにあるのであろうか．次に，その点について，食料安全保障と政治的要因の2方向から考察を加えることにしよう．

(3) 米貿易における政府介入の背景

第1に，食料安全保障上の理由が指摘できる．マレーシアでは，国産米は外国産米よりも低質であるとされ，さらに価格競争力の点においても劣っている．したがって，米輸入が完全に自由化された場合には，大量の外国産米が流入し，国内米産業は大打撃を被ることが容易に予想される．このことを具体的にデータを用いて説明することにしよう．

米価決定に関する規制緩和が実施された1993年を例にとると，マレーシア産米の1kg当たり消費者価格は，上質米（padi premium）が1.06リンギ，特上米（padi super）が1.27リンギであった（Jabatan Pertanian [1995]）．1993年の平均為替レートである1米ドル＝2.70リンギを用いて換算すると，マレーシア産米の消費者価格は1トン当たり393～470米ドルとなる．これに対して，同年のタイ米平均輸入価格は1トン当たり746リンギ（276米ドル）であった[12]．

この事実に加えて，マレーシア産米とタイ産米の品質格差が問題となる．マレーシアでは，国産米よりも外国産米（とくにタイ産芳香米やパキスタン産バスマティ米）の方が品質・食味の点で優れているとされる．つまり，価格面のみならず，食味の点においても，マレーシア産米は外国産米と対等には競争できない．

このような状況に加えて，所得水準の向上に伴って国産米の需要が減退する一方で，良質な外国産米に対する需要は拡大基調にある（BERNAS [1998]）．マレーシア国内におけるタイ産米の消費者価格は，品質格差を考慮してマレーシア産米よりも高めに設定されている．例えば，1993年におけるタイ産米の消費者価格は，1kg当たり2.08リンギであった（マレーシア産特上米は1.27リンギ）．それにもかかわらず，とくに都市部を中心にタイ産米に対する需要は高い．

また，ここで留意すべきことは，外国産米の輸入・販売から得られる利益が大きいことである．1993年を例にとると，政府（LPN）から民間卸売業者へのタイ米販売価格は，1トン当たり1,872リンギであった．輸入平均価格が

746リンギであったことを勘案すると，大雑把にいって，米輸入1トン当たり1,100リンギ程度もの粗収入を得ることが可能である．

事実，1992年には，LPNは輸入米の販売によって，1億リンギもの営業利益（総売上高は4億2,000万リンギ）をあげている（LPN [1993]）．これは，マレーシアの中堅企業が1年間で稼ぎ出す営業利益とほぼ同額である．つまり，米の輸入および国内販売は非常に魅力的なビジネスであるといえよう．それ故に，米輸入の許可制が廃止された場合には，多くの民間業者（とくに華人系業者）が米輸入事業に参入し，米輸入量が飛躍的に増加すると容易に推察される[13]．

したがって，以上の議論を総じてみれば，BERNAS社を通じた国家による一元的管理体制が撤廃され，米輸入が完全自由化された場合には，大量の外国産米が輸入されることとなり，国内米産業は深刻な打撃を被ると予想される．そして，この帰結として，食料の国内自給率が低下し，食料安全保障上の問題が発生するのは明白であろう．

食料安全保障上の問題以外にも，米輸入の国家管理を継続することによって，国内米産業を保護する要因として，政治的理由が指摘できる．より多くの農民票を確保するという政治的理由によって，国内米産業が保護されていることは何度も述べてきたとおりである．この他にも，政治的理由として，BERNAS社による米輸入独占をやめた場合に，1970年代半ば以前と同様に，華人業者による米輸入の独占が再び起こりかねないという懸念が，マレー人主導の政府部内にあると考えられる．米輸入が完全自由化された場合，タイの米輸出業者の多くが華人系タイ人であることから，潜在的にではあれ，マレーシア側の輸入業者として華人業者を恣意的に選ぶ可能性は否定できない．マレー人優遇を政策基本方針としている以上，華人業者による米輸入市場への参入はマレー系野党に政府批判の材料を提供しかねない，という政治的判断もあろう．

このような議論を総じて判断すれば，マレーシアにおけるLPN（BERNAS社）の公営化・民営化とそれに伴う米貿易の自由化は，あくまで表面上の現象に過ぎないことが理解できる．つまり換言すれば，マレーシアにおける米貿易

の一元的な国家管理体制は，食料安全保障と政治的理由によって，実質的には持続しているに等しいと結論できる．比喩的に述べれば，自由化・規制緩和という世界的な趨勢と農業保護という政治的要請の間で，ジレンマの産物として，形式的には民営化，実質的には国家管理のBERNAS社が生まれたといえる．

表5-6 BERNAS社の単独・連結決算

(単位：100万リンギ)

	総売上高		経常損益（税引き前）	
	単独決算	連結決算	単独決算	連結決算
1987	530.1		−53.2	
88	558.6		−48.6	
89	545.4		−26.7	
90	658.8		−36.1	
91	766.9		−79.2	
92	863.5		13.8	
93	775.7		60.9	
94	891.0		−6.6	
95	927.7		48.9	
96	1,152.8	1,157.4	65.1	63.9
97	1,274.2	1,302.0	36.3	38.7

注：1987〜92年の値は，LPNの *Laporan Tahunan* に掲載されている決算報告書をもとに算出した．
資料：BERNAS. *Laporan Tahunan.* 1997 & 98年度版．
LPN. *Laporan Tahunan.* 1989, 90, 91, 92年度版．

(4) 公営化・民営化の成果

ただし，BERNAS社が1980年代のLPNと決定的に異なるのは，同社の経営業績および経営方針に関する公表性が飛躍的に高まった点と，国民（投資家）や民間部門から経営内容のチェックを受ける機会が生じた点である．つまり，かつての慢性的な赤字経営体質から脱却することが要求されたといえる．もちろん，これら諸点はすべて同社が株式をクアラルンプール市場に上場したこと（つまり民営化されたこと）によって発生したものである．

こうした経営内容の透明性向上と黒字経営への転換のために，BERNAS社は米関連産業における垂直統合を推進中である（石田・アズィザン・横山[1999]）．この結果，LPNの公営化計画が現実味を帯びだした1992年以降，とくに公営企業に完全に移行した94年以降，赤字経営は大幅に改善された．公営化後の1995〜97年の3年間は，毎年過去最高の売上高を更新しつつ，経常黒字を計上している（表5-6）．

つまり，政府サイドからすれば，LPN公営化・民営化と民営化後のBERNAS社の実質的管理によって，従来の国内米産業の保護政策（米輸入量の政府管理体制）を維持しつつ，米流通の効率性向上をある程度達成することができたといえよう．ここにLPN民営化の成果をみることができる．

2. 米の卸売・小売統制価格の一部自由化

次に,米価統制法の改正に伴う価格設定の自由化に話題を移そう.1993年に米市場における需給調整機能の回復を目的に米価統制法が改正され,貧困世帯への影響が最も小さい特上米に限り卸売価格・小売価格ともに自由化された.しかし米価自由化に伴って消費者米価が高騰するとは考えにくい.その理由として,①上級米・中下級米の価格統制は現在も引き続き行われており,特上米価格が高騰した場合,特上米から上限価格が設定されている上・中級米へ需要がシフトすることにより,特上米需要が減少すると予想されること,②国際的な穀物不足が発生したとしても,友好関係にあるASEAN諸国(とくにタイとベトナム)や中国から比較的容易に米を調達可能であること,③国内の農産物価格が高騰した場合,消費者保護のために上限価格が設定される可能性が高いことである.

②の国際市場における米調達について簡単に説明を加えておこう.マレーシアはタイからの米輸入依存度が高く,総輸入量の約8割以上をタイ米が占めている.LPN民営化以前は,両国の米貿易量は両国政府間の協議によって毎年決定されていた.LPNが民営化された現在では,BERNAS社がタイからの米輸入を一手に引き受けており,形式的には民間貿易となっている.しかし,タイにおける米の集荷とマレーシアへの輸出は,BERNAS社とタイの大手米輸出企業2社との合弁会社(本社バンコク)が行っており,米不作時でもタイ人流通業者のネットワークによって比較的容易に米の調達が可能である.これに加え,民営化後のBERNAS社は東南アジア各国やパキスタンなどで米栽培・流通事業に積極的に参入しており,米調達先の多様化によって不作時の緊急輸入がより容易になりつつある.また③の特上米の価格統制についてであるが,これは1997年1月以降特上米価格が上昇基調にあることから,農業省は特上米の価格統制実施を再三示唆していることから容易に証明できる(*New Straits Times* 紙,1997年1月22日,3月2日;*Star* 紙,同年1月28日,12月9日).

3. 1990年代の米流通管理制度の特徴

マレーシアにおける米流通市場の改革は，市場の需給調整機能に全幅の信頼を置いているわけではなく，「適度な」公的部門の市場介入の必要性を認めている点が注目される．このことは，公的部門による過度の市場介入を否定する一方で，市場メカニズムが円滑に作用する上で公的部門の限度付き介入の必要性を容認しているわけであり，新古典派市場経済論にとっては皮肉な結論である．

第6節　むすび

本章では，多民族国家マレーシアにおける米流通の政策展開を題材として，公的部門による市場介入の有効性について考察することを目的とした．得られた知見は次のとおりである．

①米流通における公的部門の過度な介入は，流通機構の非効率性の増加や財政負担増などの諸問題を引き起こした．しかし，マレーシアの場合，各流通段階における民族ごとの「棲み分け」が明確であり，流通市場における情報の不完全性が生起しやすい．したがって，新古典派市場経済論が説くように公的部門の市場介入を差し控えることは，特定の民族に不平等に利益が配分されてしまうなど現実的には問題が多い．こうした問題は，より多くの富が新古典派の主張する「効率性」の名の下に経済的優位にある民族により多く分配されることによって一層深刻化するのである．あえて誇張的に表現すれば，市場メカニズムによる資源分配機能は，民族ごとの経済格差に起因する民族間対立を一層激化させる可能性を内包しているといえよう．それ故にこそ，複雑な民族対立問題を抱えるマレーシアでは，今後も引き続き「適度な」公的部門による市場介入が行われると予想される．このような政策の方向性は，公的部門による過度の市場介入を否定する一方，市場メカニズムが円滑に作用する上で限度付きながら公的部門の介入

を容認しているわけであり,新古典派市場経済論からすれば皮肉な結論となっている.

② 新古典派市場経済論は,市場の取引主体の民族(エスニック集団)や彼らの交渉力と政治力の非均一性というファクターを完全に捨象しており,その結論は極度に単純化された社会条件下における規範的議論から導出されたものである.それ故に,その結論を複雑雑多な現実社会を対象とした政策立案に応用する場合に何らかの不都合が生じるのは当然である.だからこそ新古典派が前提とする純化された社会条件を少しでも現実社会に近付けつつ理論の再構築を図っていくことの重要性が強調されるべきであり,まさにスティグリッツらの議論はこの方向性に位置付けられる.少なくとも,マレーシア稲作の政策展開を概観する限りにおいて,取引主体間の属性としての民族の相違や政治力というファクターが重要ではないかと考える.

注
1) しかし農業経済の分野に限定しても,政府による市場介入の是非については,統一的な結論が出されているわけではない.例えば,イギリスにおける歴史研究として,スチュアート朝時代に実施されていた穀物放出令の有効性をめぐる議論がある.穀物放出令によって,穀物価格が安定したとする World Bank [1991] の指摘に対して,Nielsen [1997] は,穀物価格が安定したのは気象条件などの穀物放出令以外の要因によると反証している.
2) 日本軍によるマラヤ統治時代には,米の配給と米流通管理が実施されていた(Kratoska [1998]).行政当局による米市場への介入という意味において,日本軍政下における米流通管理制度は重要であろう.しかし本章では,このケースを戦時下における特殊事例と見なし,議論の対象とはしない.
3) 米輸入業者は,在庫米の強制購入による損失の一部を輸入米の販売価格に転嫁することによってカバーしていた.つまり緩衝在庫の管理諸経費は米輸入業者を通じて間接的に消費者に転嫁されていたのである.しかしここで留意すべきことは,当時輸入米を主に消費していたのは上位所得階層をほぼ独占していた華人であり,実質的に緩衝在庫にかかわる諸経費を負担していたのは華人消費者であったことである.
4) 1966/67 年の米不作時に,米流通業者による退蔵防止と政府在庫米の積み増し

を目的として精米業者に精米量の50%相当を政府に強制売却するように義務付けたが,実際にこれを遵守した精米業者は少なかった.
5) この貸付制度は,クダー州においてクンチャ制度と呼ばれていたが,農業銀行などの公的信用事業が確立した1970年代以降は次第に衰退していった.
6) LPN [1976] にライセンス発給の諸条件が列挙されている.その条件の中に,マレー人業者と非マレー人業者の数的バランスを考慮することが明記されている.
7) BERNAS 社の前身であるLPNは,決算報告データが公表されている1987年以降91年まで一貫して赤字経営であった.とくに1991年には,7,920万リンギもの経常赤字を計上している.農業関連歳出の約18.5%を占める稲作補助金が年間4億4,300万リンギ(1992年時点,Kementerian Kewangan [1994])であったことと比較すると,政府にとって,LPNの経常赤字が無視しえない額に達していたといえよう.こうした赤字経営のLPNを維持すべく,政府は補助金による赤字補填や低利・無利子融資を積極的に行っていた.例えば,前者の赤字補填のために政府補助金として,毎年約2,000万リンギがLPNに無償供与されていた.
8) なお1992年時点においても,LPNは籾米購入量の34.96%に相当する26万9,150トンの精米をマレー人精米所に委託している(LPN [1993]).
9) 政権与党による企業支配の実態は,Gomez [1990, 1994] に詳しい.
10) 元ジャーナリストであったルハニは,1982年から2年間,当時副首相であったハルン・イドリスの報道官を務めていた(*New Straits Times* 紙,1998年6月1日).
11) このことは,MADA傘下のSyarikat Perniagaan Peladang(MADA)社が,Budaya Generasi 社の株式の11%を保有している事実からも確認できる.
12) 平均輸入価格は,輸入価額を輸入数量で割って算出した.
13) 諸外国の事例研究では,政府の農産物流通市場への介入が後退すると,いわゆる商人や流通業者の参入によって,効率的な市場が形成されたとする報告(Mohammad *et al.* [1998],Wei *et al.* [1998])や農業生産が拡大したとする報告(出井 [1996])がある.しかし,その一方で,市場が十分に機能せずにさまざまな混乱が生じたという事例も報告されている(Alvarez and Puerta [1994],Spoor [1994]).マレーシアでは,かつて米貿易を独占していた複数の華人輸入業者が存在したこと,さらに現在でも,華人流通業者が多数存在することから,米輸入が完全自由化された場合には,多くの華人流通業者が米輸入ビジネスに参入すると容易に予想される.つまり,マレーシアの米輸入完全自由化は,上述した前者のケースに属すると考えられる.

第Ⅲ部
利益集団および農民の政治行動

第6章　農村政治における構造変化と農民の政治行動

第1節　はじめに

　序章において説明したとおり，先行研究によって，経済発展につれて農業保護水準が上昇基調に推移することが指摘されている．こうした農政転換の原因の1つとして，経済発展に伴う農業労働力人口（あるいは人口比）の減少によって農民の結束力が強まり，その結果として農民からの農業保護要求が強まることが指摘されている．しかし，先行研究が政府統計データを用いて実証しているのは，農業労働力の人口比と農業保護水準との間に明瞭な負の相関関係が存在することだけである．農業労働力人口（あるいは人口比）の減少が，農民の結束力あるいは農民利益団体の政治力を現実に高めたかどうかは検証されていない．つまり現状では，農民・彼らの利益団体の政治力が経済発展に伴って高まる原因は，理論的にも実証的にも十分に解明されたとはいえない．この原因が解明されない限り，経済発展→農民・利益集団の政治力の向上→農業保護水準の上昇という農政転換メカニズムを完全に明らかにしたことにはならない．

　これに加えて，農政転換メカニズムを解明していく際に，農民利益団体が政権与党の政策決定に及ぼした影響のみならず，政権与党が農政を通じてその利益団体の形成・発展に及ぼした影響も考慮していく必要があろう．なぜならば，多くのアジア開発途上国においては，政府補助金をパトロネージ（patronage）とするポークバレル型の政治支配構造が形成されており，農民利益団体が政権与党の支持基盤となっているからである．このような政治構造下にあっては，農業保護水準の引き上げを要求する農民利益団体と支持基盤の強化を図

る政権与党の思惑が一致して,農民利益集団の政治力と農業保護水準が相乗的に高まっていく可能性がある.しかし,こうした点に着目して農政転換を論じた研究成果は意外と少ない.

そこで本章では,従来看過されてきた政治学的視点から,稲作補助金を政治財と捉えて,農民および彼らの利益団体と政権与党との関係が地方行政組織の整備に伴ってどのように変化してきたかを検討する.そのことによって,経済発展に伴う農政転換メカニズムの原因について考察することを目的とする.主に,スランゴール州タンジョン・カラン稲作地域において収集した農村調査データを用いて議論を展開していくことにする.

ここで本章の構成を示せば,次のとおりである.第2節では,先行研究の代表例として David and Huang［1996］の分析結果を検討することによって,農政転換に関する先行研究の指摘を整理しよう.そのうえで,第3節では,農民の政治行動に関する聞き取り調査をもとに,農民が政権与党・政府に対していかなる経路を通じて政治的要求を行うかを明らかにする.第4節では,調査地域における先行研究の成果も踏まえつつ,農民と政権与党の関係および農村における政治構造がどのように変化してきたかを明らかにし,経済発展に伴う農政転換の原因について再考する.最後の第5節において,本章の取りまとめを行う.

第2節　先行研究の指摘

最初に,David and Huang［1996］の分析結果を事例として取り上げ,政府統計データを用いた先行研究の計量分析を批判的に検討することにしよう.なお本書において,David と Huang の共同研究を選んだ理由は,次のとおりである.①本書と同様に,米を分析対象としている.②ある特定の1ヵ国ではなくアジア9ヵ国の時系列データを用いたパネル分析を行っており,計量分析の結果がより普遍化できる.③先行研究の中では,比較的新しい研究成果である.

ここで,David らが具体的に計測した内容を簡単に紹介しよう.従属変数は,

アジア9ヵ国（バングラデシュ，インド，パキスタン，インドネシア，フィリピン，タイ，韓国，台湾，日本）における米の名目保護係数である．すでに第3章において説明したように，名目保護係数の値が大きいほど，国内産業はより保護されているといえる．また独立変数は，米の国際市場価格，為替レート，近代品種の普及率，土地：人口比率，化学肥料の保護水準，農業人口比（総就業者数に占める農業就業者数の比率），米ドルに換算された1人当たり国民総生産（GNP），輸出国ダミーである．アジア9ヵ国の時系列データ（1960～88年）を用いたパネル分析の結果は，表6-1に示したとお

表6-1 米の名目保護係数に関する計量分析

（アジア9ヵ国，1960～88年）

	(1)式	(2)式
米の国際市場価格	−0.70 (−12.57)	−0.73 (−13.66)
為替レート	−0.35 (−4.25)	−0.45 (−5.90)
近代品種の普及率	−0.02 (−5.34)	−0.02 (−5.17)
土地：人口比	−0.38 (−3.38)	−0.30 (−2.78)
肥料の保護係数	0.19 (4.47)	0.18 (4.36)
農業人口比	−0.38 (−4.30)	
1人当たりGNP		0.23 (5.04)
輸出国ダミー	−0.53 (−3.61)	−0.79 (−5.52)
定数項	4.04 (10.42)	2.91 (5.52)
R^2 (adj.)	0.89	0.89
ダービン・ワトソン比	1.96	1.94

注：カッコ内はt値である．
資料：David and Huang（1996）の表4.

りである．なお，1人当たりGNPと農業人口比との間には強い負の相関関係が認められる——つまり，ペティ・クラークの法則が成立する——ことから，両変数を分けて2つの計測が行われている．いずれの計測結果においても，係数のt値はすべて1％水準で有意であり，自由度修正済みの決定係数も0.89と高い値をとっている．さらに，ダービン・ワトソン比の統計値から判断して，誤差項には（1次の）自己相関はないと考えられる．こうした計測結果を総じて判断すると，Davidらのモデルは米の名目保護水準の決定要因を的確に捉えているといえよう．

表の分析結果から明白なとおり，米の名目保護係数（保護水準）が高くなるのは，次に列挙した条件をより多く満たす場合である．①米の国際市場価格が低い．②自国通貨の為替レートが切り上がる．③近代品種の普及率が低い．④土地：人口比率が小さい．⑤化学肥料の保護水準が高い．⑥農業人口比が小さ

い．⑦1人当たり GNP が高い．⑧米の輸入国である．

　上記に列挙した計測結果の中で，とくに注目されるのは⑥と⑦である．これらの計測結果から，経済発展に伴って（あるいは農業人口比が減少するにつれて），農業保護水準が高まっていくことが確認できる．こうした関係は，経済発展に伴い農業保護水準が上昇基調に推移する一方で，農業労働力人口が減少基調をたどることからも容易に推察できる．しかし統計学的には，これらの変数は非定常な時系列データである場合が多く，農業保護水準と1人当たりGNP あるいは農業人口比の関係は単なる「見せかけ」である可能性が残る[1]．

　また，David らは農業人口比の減少が農業保護水準を高める理由として，先行研究と同様に，Olson［1965］の集合行為の考え方を援用して，農業人口（あるいはその人口比）の減少につれて農民の結束力が強まり，農民利益団体の政治力が高まっていくからである，と解釈している（ただし，Olson 自身は，集合行為の概念を用いてこのような説明を行っていない）．しかし，農業人口比の減少が農民の結束力あるいは農民利益団体の政治力を現実に高めたかどうかは，統計データなどを用いて一切検証されていない．「農業人口比」や「1人当たり GNP」が「農民の政治力」の代理変数として計測に用いられているものの，代理変数として用いることの妥当性については検証されていない．つまり，農民・彼らの利益団体の政治力が経済発展に伴って高まる原因は，理論的にも実証的にも十分に解明されたとはいえない．

　それでは，経済発展に伴う農業保護水準の上昇，あるいは農民（利益団体）の政治力の向上について，どのような合理的解釈が成り立ちうるのであろうか．次節以降において，著者が実施した農村調査の結果をもとに検討していくことにしよう．

第6章　農村政治における構造変化と農民の政治行動　135

第3節　農民の支持政党と政権与党への要求経路

1. 調査地域の概要

　調査対象地域は，タンジョン・カラン稲作地域のスンガイ・ブロン地区に位置する稲作村である．首都クアラルンプールの北西約80〜100 kmに位置するタンジョン・カラン稲作地域（正式には北西スランゴール総合農業開発地域と呼称される）は，マレーシアの主要穀倉地域の中でも，ムダ灌漑地域と比肩しうる高い農業技術水準にあることで有名である（図6-1)[2]．同地域の水田面積は約2万ha（約5万エーカー）であり，マレー半島部の総水田面積の数％を占めるに過ぎない．これに加えて，農家1戸当たりの平均水田所有面積も1.2 haと西マレーシアの平均規模と同程度である．しかし，同地域の単位面積当たり肥料投入量および収量はムダ灌漑地域に次いで高く，さらに耕起・収穫作業の機械化や直播などの省力技術が広く普及している（詳細は第9章を参照）．つまり稲作栽培技術の観点から判断して，調査地域は東南アジアの稲作地域の中で最も先進的かつ高度な技術水準に達しているといえる．

　タンジョン・カラン地域は，9つの小地区（kawasan）から構成されている．つまり，サワ・スンパダン（総水田面積5,908エーカー），スンガイ・ブロン（同8,952エーカー），スキンチャン（同4,568エーカー），スンガイ・ルマン（同5,342エーカー），パシル・パンジャン（同4,063エーカー），スンガイ・ニッパ（同4,968エーカー），東スンガイ・ブサー（同7,610エーカー），スンガイ・パンジャン（同3,804エーカー），西スンガイ・ブサー（同3,791エーカー）の各地区である（Narkswasdi and Selvadurai [1968]）．行政的にはサワ・スンパダン地区とスンガイ・ブロン地区のみがクアラ・スランゴール郡に属しており，それ以外の地区はすべてサバ・ブルナン郡に属している．

　ここで留意すべきことは，地区（kawasan）が州（negri）や郡（daerah）のような正式の行政単位ではなく，単に灌漑排水施設の管理上設定された便宜的地域区分に過ぎないということである[3]．しかし，農業技術の普及活動などは

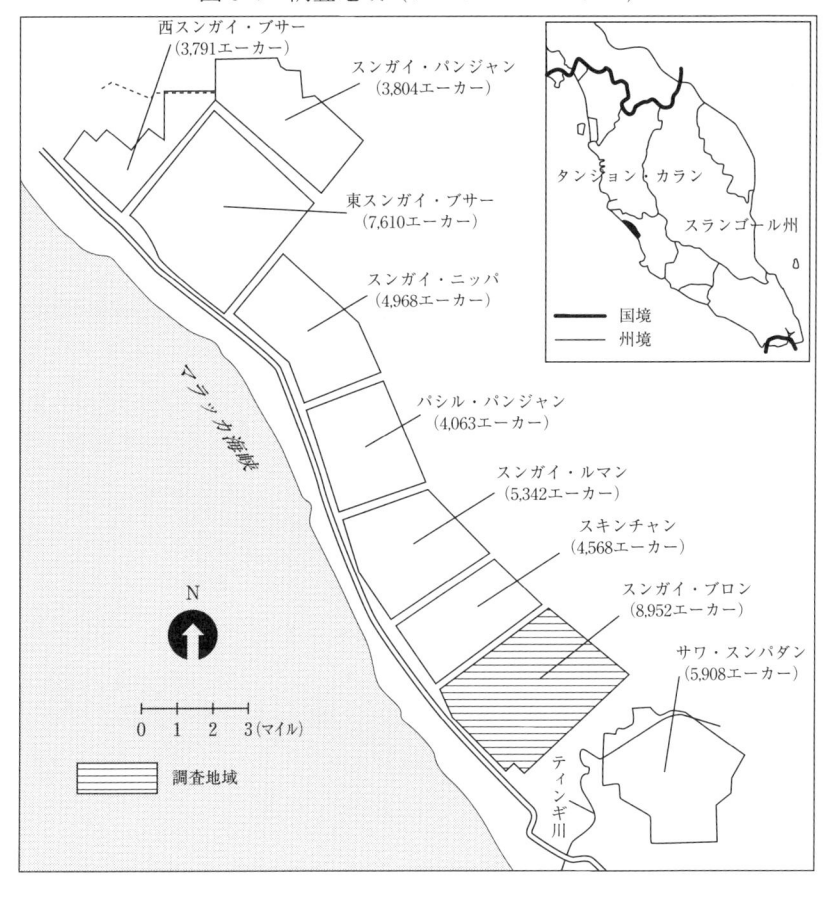

図 6-1 調査地域（タンジョン・カラン）

「地区」を最小単位として実施されており，わが国の農協に相当する地域農民機構（PPK）や農業局管轄の農業普及所などの出先機関が各地区に設置されている．このように農業行政の分野においては，一般的に「郡」ではなく，より小さな「地区」が管轄地域の区分けの際に用いられている．つまり農村部においては，中央政府や州よりも農業省の方が，よりきめ細かい行政機構のネットワークを構築しているといえる．それ故にこそ，こうした農業行政機構の特徴を最大限に利用することによって，政権与党が農民票の獲得を目指したのは当

然の帰結であったといえるかもしれない（次節を参照）．

　ところで，調査対象としたスンガイ・ブロン地区は用排水路によってブロックに分割されている．標準的なブロックは縦1マイル×横0.5マイル（面積320エーカー）の長方形であり，同地区は34ブロックに分割されている．各ブロックには農業局が任命したブロック・リーダーがおり，農業普及員と個別農家間の情報伝達者（メッセンジャー）としての役割を担っている．

　また，ブロックはロットに均等に分割されており，通常3ロットで1枚の田となるように畦畔によって区画割りされている．ロットの面積は地理的条件などやむをえない場合を除き，一律3エーカーになるように開拓時に用水路が設置された．事実，調査地区のロット数は2,985であり，1ロットの平均面積はほぼ3エーカーである．

　次に，タンジョン・カラン地域の開拓史をたどることによって，同地域の社会構造の形成過程を素描することにしよう．タンジョン・カラン地域の農業開発は1895年にスランゴール河とブルナン河間に広がる低湿地帯が農業用地として開拓可能か否かについて調査されたことに始まる（Narkswasdi and Selvadurai [1968]）．1910年代半ば以降，人口過剰のオランダ領インドネシアから，高い人口圧によって押し出されたジャワ人やその他インドネシア人が同地域に断続的に流入した（Khazin [1984]）．しかし当時のイギリス植民地政府の財政事情，土木技術水準，米需給バランスなどの諸事情から，本格的な開拓事業は実施されなかった．ようやく植民地政府によってタンジョン・カラン地域の開拓事業が再検討されたのは，中国人・インド人移民の急増とそれに伴う米需要の拡大によって，米需給が逼迫化した1930年前後のことである．そして植民地政府は，1936年に灌漑排水局（1932年設立，現在も農業省の1部局として残っている）を通じて本格的な開拓事業に着手した．しかし当時の灌漑用水の水源がトゥンギ河のみに限定されていたことから，水量不足のために乾期には稲の栽培は不可能であった．タンジョン・カラン地域において稲二期作が可能となるのは，ブルナム河からトゥンギ河への水路とポンプハウスが完成した1960年代半ば以降のことである[4]．

開拓計画の揺籃期（1930～50年代）には，入植者におのおの平等に1ロット（＝3エーカー）の水田（sawah）と1エーカーの居住地（tanah darat）が無償で供与され，さらに300ドルの補助金給付や種籾の無償配布，籾米買上価格の最低保証等の優遇措置が講じられた（堀井［1979］）．しかし，低湿地帯という劣悪な生活環境に加えて，植民地政府は主要灌漑水路の建設以外に財政的・技術的支援を行わなかったため，土地に対する執着心が弱かったマレー人の入植希望者は少なかった．こうした状況を打開すべく，インドネシア移民労働者による入植が積極的に奨励された．その結果，入植農民の多くがジャワ人によって占められることになった[5]．それ故に，現在でも日常語として国語のマレーシア語以外にジャワ語が頻繁に使用されており，食事や風俗・習慣の面でもジャワ文化の影響が未だに残っている．しかし現在では，イスラム教徒であるジャワ人は，通婚などを通じてマレー人社会にほぼ完全に同化しており，政府の人口統計においても「マレー人」に分類されている．したがって，本章では，「マレーシア国籍を有するジャワ系」と「マレー系」を同義として扱うことにする．

2. 調査対象農家の概要

調査期間は1997年8月であり，無作為に抽出した30世帯（すべてマレー人世帯）のみを聞き取り調査の対象とした．また，農民の政治行動に関する情報収集が主たる調査目的であったことから，農業経営費に関する詳細なデータは収集せず，稲作やココヤシ作などからの農業所得は作付面積にある一定の単位面積当たり所得額を乗ずることによって推定した．例えば，稲作所得の場合，現地で長年技術指導を行っている農業普及員の推定値——3エーカー当たり2,000リンギの純所得——を用いて算出した[6]．調査地域を含むマレーシアの主要稲作地域では，一般的に単位面積当たり生産量と生産コストの経営規模格差は無視しうるほど小さい（例えばムダ地域の事例は第4章の表4-8を参照）．それ故に，このように簡便な方法を用いたとしても，推定された所得額はそれほど不正確ではないと推察される．

ここで調査対象農家の概要を表6-2に示した．調査村や調査年の気象条件が異なることから厳密な比較はできないが，参考のために1991年に同地域で行った調査結果も併せて示した（91年調査の分析結果は第9章を参照）．両調査の結果を比較すると，世帯主の高齢化と水田経営の規

表6-2 調査対象農家の概要

	1997年調査	1991年調査
調査世帯数	30	48
世帯主の教育年数（年）	6.4	6.8
世帯主の年齢（歳）	46.6	43.2
家族数（人）	5.9	6.5
水田所有面積（エーカー）	3.50	
水田経営面積（エーカー）	5.73	5.54
稲作所得（リンギ/年）	6,109	6,302
その他の農業所得（リンギ/年）	430	790
農外所得（リンギ/年）	4,211	3,732
農家所得（リンギ/年）	10,750	10,824

注：農家所得＝稲作所得＋その他の農業所得＋農外所得．なお，合計値が一致していないのは丸めの誤差による．
資料：調査データ．

模拡大がわずかながら進展した可能性はあるが，両調査間に特段大きな違いは見出されない．世帯主の平均年齢は40歳代半ば，水田経営規模は5.5～6.0エーカー程度，世帯の年間平均所得は1万～1万1,000リンギというのが，調査地域におけるごく平均的な農民像であるといえる．

ただし，ここで留意すべきことは名目ベースでの所得水準がほとんど変化していないことである．1990～97年の間に消費者物価は3割程度上昇したことから，農家世帯所得は物価上昇分だけ実質的に目減りした可能性がある．こうした背景として，1990年以降調査時点（97年8月）まで，生産者米価が60kg当たり45リンギの水準で据え置かれていたことが指摘できよう[7]．

3. 与野党支持者の特徴

次に，97年の調査結果をもとに与野党支持者の特徴を比較することによって，所得階層と政党支持との関連を検討しよう．

マレーシアの政治情勢を勘案すると，面接対象者に支持政党（とくに野党支持かどうか）を直接質問することは難しいことから，かわりに与党UMNOの党員かどうかを質問した．一般的に，マレーシアの農村部では，農民はいずれかの政党に党員として登録している．したがって，与党UMNOの党員ではないマレー人農民は，ほぼ間違いなく野党PASの党員であると考えられる．通

表6-3 与野党支持者別の平均値比較

	UMNO支持者	PAS支持者	全サンプル平均
世帯数	24	6	30
世帯主の教育年数(年)	6.71	5.17	6.4
世帯主の年齢(歳)	46.0	49.3	46.6
家族数(人)	5.79	6.33	5.9
水田所有面積(エーカー)	3.60	3.08	3.50
水田経営面積(エーカー)	6.15	4.08	5.73
稲作所得(リンギ/年)	6,442	4,778	6,109
その他の農業所得(リンギ/年)	438	400	430
農外所得(リンギ/年)	4,804	1,840	4,211
農家所得(リンギ/年)	11,683	7,018	10,750

資料:調査データ.

常,各政党の党員が選挙において他政党の候補者に投票することは希である.それ故に,ある党の党員=その政党の支持者と見なすことができる.こうした一般経験則をもとにして,UMNOの党員と答えた者をUMNO支持者,UMNOの党員ではないと答えた者をPAS支持者(PASの党員)と見なした.その結果,調査した30人のうち,与党UMNO支持者は24人,野党PAS支持者は6人であった.このように8割の面接対象者がUMNO支持者であったことと,1995年総選挙において与党候補者が70%以上の得票率を獲得して当選した事実とは整合的である[8].

ここで,政党支持別に世帯主の属性,水田の経営・所有面積,所得水準の平均値を表6-3に示した.この表から,世帯主の教育水準が高く,水田所有・経営面積が大きく,かつ所得水準が高い者ほど与党支持者である確率が高いことが確認できる.例えば,水田経営面積の平均値を比較すると,与党支持者は6.15エーカー,野党支持者は4.08エーカーであり,前者の稲作経営規模が後者のそれより約1.5倍も大きい.このことから容易に推察されるとおり,与党と野党支持者の世帯所得はおのおの1万1,683リンギと7,018リンギであり,両者の所得格差はかなり大きいことが確認できる.

さらに,ここで注意すべきことは,野党支持者の中に12エーカーの水田を経営している富裕農が含まれていることである.この富裕農の世帯主は農民としては比較的高い教育課程を修了しており(教育年数は11年),さらに世帯所

得は30世帯中10位の1万2,600リンギであった.このように比較的高学歴な富裕農の中に野党PASの支持者が存在することは,面接した与党支持者からも指摘されたことであった[9].

表6-4 ムダ地域における比較

	UMNO支持者	PAS支持者		中立者
世帯数	43	28	27	3
一人当たり所得	1,102	950	825	996
世帯所得	4,144	3,400	3,047	3,845
水田所有面積	3.24	2.94	1.94	1.00
水田経営面積	4.93	3.15	2.71	7.67

注:PAS支持者については,富裕農1世帯を除いた場合の平均値も示した.
資料:Scott(1985)を用いて計算した.

以上の議論を総じて判断すると,PAS支持者の大半は低所得層・小規模零細農であるが,ごく少数ながら相対的に教育水準が高い富裕層にもPAS支持者が存在すると推察される.

こうした見方は,Scott[1985]が1980年代初頭にクダー州ムダ灌漑地域において実施した詳細な農村調査の結果とも整合的である.Scottが調査した74世帯のうち,43世帯(58.1%)がUMNO支持,28世帯(37.8%)がPAS支持であった[10].念のために,両者の世帯所得・水田所有面積・水田経営面積の平均値を表6-4に示した.この表から明らかなように,UMNOとPASの支持世帯の所得はそれぞれ4,144リンギと3,400リンギであったことから,PAS支持世帯の所得水準は相対的に低いことが確認できる.また,UMNO支持世帯の水田所有・経営面積が3.24エーカーと4.93エーカーであったのに対して,PAS支持世帯のそれは2.94エーカーと3.15エーカーであった.さらに,ここで留意すべきことは,最も所得水準が高い富裕農がPAS支持者であった事実である.この富裕農は30エーカーの水田を保有しており,その世帯所得は1万2,940リンギであった.この富裕農を除くと,PAS支持世帯の所得水準は3,047リンギ,水田所有・経営面積はそれぞれ1.94エーカーと2.71エーカーであり,UMNO支持世帯との経済格差はより拡大する.このことから,PAS支持世帯は概して低所得層・小規模零細農である確率が高いといえる.また,最も富裕な農家がPAS支持であったことから,ごく少数ながらPAS支持者に富裕農が含まれていることも確認できる.

それでは,どうして大規模経営層ほど与党UMNOの支持者が多いのであろ

うか．その理由の1つとして，稲作補助金が大規模層に有利に配分されていることが指摘できる．米価補助金の給付額と無償配布の肥料は，それぞれ籾米の販売量と水田経営面積に比例して支給されている．そのため，絶対額で比較した場合には，大規模経営層ほどより多額の補助金を受け取っていることは明白である．さらに，大規模経営層ほど農家所得に占める稲作所得の割合が高いことから，農家所得に占める補助金支給額の比率は高くなる傾向がある（例えば第9章の表9-9を参照）．つまり，絶対的かつ相対的な両方の意味において，政治財である稲作補助金は大規模層に有利に配分されているといえる．したがって，1970～80年代に稲作補助金制度は大幅に拡充されたが，その恩恵を最も享受したのはより経営規模が大きい農家であったと考察できる．こうした事情もあって，大規模経営層ほど与党UMNOの支持者が多いと考えられる．

4. 農民から政権与党への政治的要求経路

上記3.で指摘した与党・野党支持者の特徴に留意しつつ，稲作農民が政権与党（政府）に対して自らの要求を表明する場合に，どのような経路を利用するかを明らかにしよう．そのことによって，農民利益団体を特定することができると同時に，農村政治の構造変化を考察する際に，どのような団体，組織，人物に注目すればよいかが理解できるであろう．

稲作農民の最大関心事は，稲作補助金制度（米価支持制度と肥料配布制度）および農村のインフラ整備である．このことから，これら事項に関する諸要求を政権与党に対して行う場合に，稲作農民が具体的に誰を通して要求を出すのかを質問した．この質問では，実際に農民が要求行動を行ったかどうかに関係なく，仮に要求を行うとした場合に，どこに働きかけるかを聞いた．あらかじめ選択肢として，村長（ketua kampong），地域農民機構（PPK），スランゴール州農業局（農業普及所），村落開発・治安委員会（JKKK；Jawatan Kuasa Kemajuwan dan Keselamatan Kampong），州議会議員などの与党政治家，UMNO地方支部，郡庁などを示した．PPKは1967年に設立された日本の農協に相当する組織であり，政府はこの組織を通じて化学肥料を農民に無償で配布

表 6-5 農民が政治的要求を行う経路（複数回答）

	総計	UMNO 支持者	PAS 支持者
稲作補助金制度の拡充要求			
村長	14	13	1
地域農民機構（PPK）	22	21	1
農業局（普及所）	17	12	5
農村インフラの整備要求			
村長	5	5	0
村落開発治安委員会(JKKK)	4	4	0
郡庁	1	1	0
回答なし	21	15	6

資料：調査データ．

している．PPKは官製の農民利益団体としての機能を果たしており，政権与党の重要な支持団体の1つである．また，JKKKは，農村開発の推進を目的として各村ごとに設置されており，委員長，書記長，13名の委員から構成されている．各委員の任期は2年間である．委員長には，州議会議員の推薦を受けた村民が州主席大臣によって指名される．農村開発計画の策定に一定の影響力を持っているといわれる[11]．

こうした農民利益団体の形成・発展過程と農民・政権与党との関係に関する考察は次節にて詳述することとして，ここでは面接対象者からの複数回答の結果を検討していくことにしよう（表6-5）．最初に，稲作補助金制度に関する諸要求を行う場合に農民が用いる経路を集計すると，PPKが22人（73.3%），農業局・農業普及員が17人（56.7%），村長が14人（46.7%）であった．与党政治家，JKKK，UMNO地方支部，郡庁などを選択した者は1人もいなかった．これに対して，農村のインフラ整備に関しては，村長が5人（16.7%），JKKKが4人（13.3%），郡庁が1人（3.3%）であった．重複回答者を除く残り21人（70.0%）からは，地方政府が積極的にインフラ整備を推進している現状では要求を出す必要性がまったくないことから，想定不可能との回答を得た．以上の回答結果から，農民が政権与党に要求を行う際の経路として，村長，PPK，農業局，JKKKがとくに重要であると考えられる．

本書においては，農業補助金の政治経済的分析を目的としていることから，稲作補助金制度のみを取り上げて以下の議論を展開していくことにしよう．政

党支持別に比較すると，与党支持者が稲作補助金制度に関する要求を行う先は，PPK が 21 人（87.5％），村長が 13 人（54.2％），そして農業局・農業普及員が 12 人（50.0％）であった．一方，野党支持者に目を転ずると，農業局が 5 人（83.3％），PPK と村長がそれぞれ 1 人（16.7％）であった．とくに野党支持者のサンプル数に制約があるものの，稲作補助金制度に関する諸要求を行う経路として，野党支持者は政権与党の影響力が及んでいる PPK や村長ではなく，支持政党に関係なく中立的な立場から技術普及を行っている農業普及員（農業局）を選択する傾向が強いといえる．これに対して，与党支持者は，農業局よりも農民利益団体としての性格を有する PPK や村長を通じて諸要求を行うと回答している．

　それでは次節において，政権与党による支持基盤の強化と地方行政組織の整備に伴って，PPK と村長が果たす政治的役割と農村政治の構造がどのように変化してきたかを検討することにしよう．

第 4 節　農村政治の構造変化と農政への影響

　最初に，村長が農村の政治構造の中で果たしてきた役割（機能）がどのように変化してきたかを歴史的視点から論じていくことにしよう．

　マレーシアにおいて，地方行政組織が本格的に整備され始めたのは 1970 年代に入ってからのことである．それ以前には，村は行政組織にはまったく組み込まれておらず，政府（政権与党）と村長（村の指導者）は行政上あるいは実利面からもあまり接触がなかった（図 6-2）．したがって，村長には人望の厚い宗教指導者，長老，篤農家が選ばれるのが一般的であり，彼らの多くは政治の世界とは無縁であった．村長にとって最も重要な責務は，村落内における対立の調停および村全体で決定を要する事項への最終判断を示すことであった．このように村長と与党・地方政府との関係が強くなかったのは，1960 年代以前は補助金や農村インフラ整備（灌漑・排水施設の整備を除く）に関連した歳出額自体が少なく，農村の有力者がレント・シーキングに行動するインセン

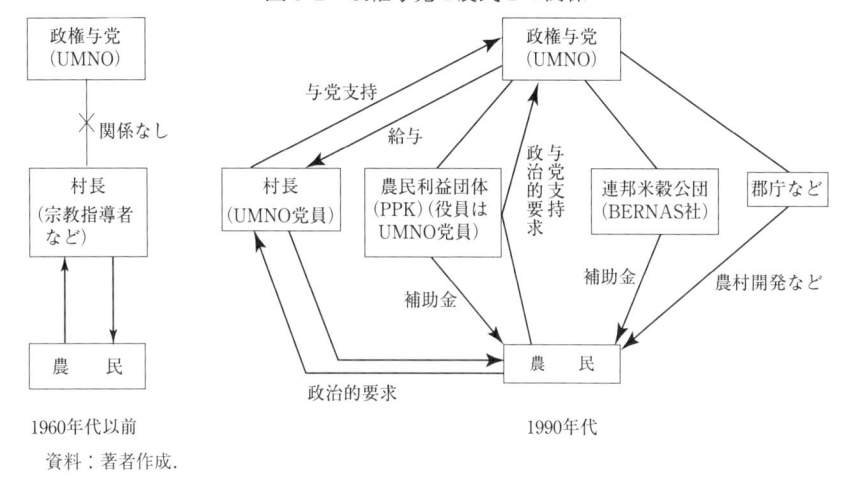

第6章 農村政治における構造変化と農民の政治行動 145

図6-2 政権与党と農民との関係

[1960年代以前]
政権与党（UMNO）×関係なし 村長（宗教指導者など）→ 農民

[1990年代]
政権与党（UMNO）← 与党支持 ← 村長（UMNO党員）
給与／政治的支持要求／与党支持要求
農民利益団体（PPK）(役員はUMNO党員)
連邦米穀公団（BERNAS社）
郡庁など
補助金／補助金／農村開発など
農民 ← 政治的要求

資料：著者作成．

ティブが低かったからであると考えられる．

しかし1970年代以降，政権与党の中核をなすUMNOは，地方行政組織の整備と同時に，政権安定化を意図して地方（村）レベルにおける支持組織づくりを大幅に強化した．さらに，農政の基本方針が農民搾取から農民保護へと転換されたことから，農村開発および農業補助金にかかる政府歳出額は大幅に増加した．この背景には，1969年総選挙において，野党PASが農村部において支持を急速に拡大させたことから，政権与党が選挙対策として農村部における支持基盤を強化する必要に迫られていたことがある（第3章を参照）．

こうした農業・農民保護的な施策の導入が図られた1970年代以降，農村部では，与党UMNOが村長を実質的に選出するのが一般的となった．もちろんUMNO支持地域では，村長にはUMNO党員が指名されており，調査村の村長もその例外ではなかった．1970年代以降，正式に選出された村長に対しては，州政府から一定額の給与が支給されている．また州政府の予算で建てられた村長の事務所は，村落内におけるUMNOの集会所兼事務所としても利用されている．

調査村の村長は70歳とかなり高齢であった．彼が村長に就任したのは1970

年代半ばであり，在職期間は 20 年以上になる．村長自身は UMNO の党員ではあるが，UMNO 地方支部の幹部ではない．しかし，彼らや州議会議員とは日常的な接触があるとのことであった．こうした日常的な接触の場において，村民からの意向・要望を伝えているとのことであった．この事実から，村長がUMNO と農民との間のメッセンジャーとしての機能を果たしていることが確認できる．

次に，PPK に話題を移そう．1967 年に設立された PPK は，化学肥料や農薬などの販売や信用事業を目的として設立された団体であり，PPK を通じて政府からの化学肥料（無償）が農民に配布されている．また地域によっては，PPK が水田の耕起作業などの請負サービスを提供している（第 9 章を参照）．PPK の上部組織は，農業省管轄の農民機構公団（LPP）である[12]．

そもそも PPK が設立された目的の 1 つとして，いわゆる「緑の革命」に代表される農業近代化の過程において，農業投入財を農民に販売（あるいは配布）することがあった．近代品種の栽培特性を最大限に引き出すためには，在来品種に比べて化学投入財を多投する必要があった．そのため，多くの開発途上国において，農民に投入財を供給するために，新たに機関・団体が設立されるか，既存の組織・団体の機能強化あるいは再編が行われた．PPK は，こうした時代背景の中で設立された農民団体であり，少なくとも設立当初は，農民利益団体としての性格を有していなかった．

しかし現在では，PPK の役員・職員は UMNO 党員であり，中には UMNO 地方支部の委員を兼任している者もいる．一般的に，PPK の支部長は農民機構公団の職員であり，役員（Ahli Jemaah Pengarah）は PPK の総会（Mesyuarat Agung Perwakilan）の場で選出される．調査村を管轄する PPK 支部もその例外ではなく，支部長は同公団の職員であり，役員は支部の管轄区域に居住する農民であった．さらに支部長および役員全員が UMNO の党員であった．

加えて，農民の間では，政権与党あるいは政府に対して何らかの要求を行う場合に，PPK が最も有力な経路として考えられている．実際，アジア経済危機を契機としてムダ地域の農民から生産者米価の引き上げ要求が沸き起こった

際に，その要求を具体的に政府（政権与党）に対して表明したのは同地域の PPK 役員であった（第7章を参照）．こうした事実から，PPK が農民の利益集団としての機能を果たしていることが確認できる．

　それでは，PPK が農民の利益団体としての性格を持つようになったのはいつ頃のことであろうか．面接を行った複数の農民によると，すでに 1970 年代後半には，PPK は農民の利益代表としての機能を果たしていたという．またムダ地域においても，遅くとも 1980 年代初頭には PPK が利益団体化していたことが指摘されている（Scott [1985]）．このような議論を総括すると，稲作補助金制度が拡充された 1970 年代半ば以降に，PPK は農民の利益団体としての機能を果たすようになっていったと考えられる．

　次に，どうして PPK が利益集団化したかを論じることにしよう．その理由として，政府補助の化学肥料が PPK を通じて農民に配布されたことが深く関係していると推察される．第3章において，肥料補助制度にかかる歳出額の統計分析から，この制度がかなり政治的な意味合いを有することを指摘した．こうした政府からの無償肥料が政治財として利用されていることは，政府から配布される肥料袋に与党連合（BN）のマークが印刷されていることからも確認できる．マレーシアでは，非識字者に配慮して，投票用紙には候補者名と彼が所属する政党のマークが列記されており，投票する候補者に×印をつける方式が採用されている．このことから，穿った見方をすれば，無償配布の肥料袋に与党のマークを印刷することはある種の買収行為であると見なすことができよう．

　いずれにせよ，政府補助の化学肥料が政治財であるかどうかに関係なく，農業省および PPK は，農民に効率的に投入財を配布・販売するために，中央政府や州政府に比べてより末端の農村部にまで行政機構のネットワークを構築してきた．1995 年時点において，西マレーシアのみで PPK の支部数は 239 に及ぶ．例えば，マレーシア最大の稲作地域であるムダには，合計 27 の支部が設置されている．同地域が行政区画上は 5 郡に跨って分布していることと比較すると，PPK の支部網が農村部により細かく張りめぐらされていることが確認

できる．つまり政権与党 UMNO は，農政転換のプロセスにおいて，この PPK のネットワークを用いて，政治財である化学肥料を農民に配布すると同時に，農民からの諸要求を吸い上げる構図を作り上げてきたといえる．このような経緯をみれば，農業近代化のために設立された PPK が農民利益団体化したのは，政権与党による政治行動によるところが大きいと考えられる．

　前節と本節の議論を総括すると，上述した UMNO による支持基盤の強化に対して，農民はその見返りとして政権与党を支持すると同時に，利益集団を通じて政府に対する政治的要求を行っているといえる．つまり概念的には，農業団体や地方行政組織の整備に伴って，政権与党の主導のもとに，農業団体や政府組織を介在した政権与党と農民間のパトロン＝クライアント関係が構築されたといえる．

　それでは，こうした与党と農民間の相互依存関係が農民の政治力あるいは農政の展開にどのような影響を及ぼしてきたのであろうか．何度も指摘してきたように，経済発展につれて農民の政治的発言力が高まる原因の1つとして，農業人口の減少に伴って農民の結束力が高まり，その結果として農民の政治力が向上するからである，と指摘されてきた．しかし本章での分析結果から判断すると，地方行政組織を整備する過程において，政権与党は，農民の組織化（PPK の設立）と農村政治への介入（村長人事への介入）を行い，農民に政治財である補助金を供給することによって，農村部における支持拡大を図ってきたといえる．つまり，政権与党が支持基盤の強化を図るために，積極的に官製の農民利益団体や農村の有力者を育成してきたことが，農民の政治力を向上させた主な原因であると考えられる．

　ここで注意すべきことは，政権与党が農民とのパトロン＝クライアント関係を強化するには，政治財の供給を拡大していかなければならないことである．こうした考え方を経済発展に伴う農政転換メカニズムに適用すると，支持基盤の強化を意図した政権与党による農民利益団体や農民の有力者の育成→農民および利益団体の政治力の向上→政権与党・農民間の関係強化のための補助金引き上げ（農業保護水準の上昇）→政権与党と農民の協調関係の強化→農民およ

び利益団体の政治力の向上となる．つまり概念的には，政権与党と農民間のパトロン＝クライアント関係が農民利益団体の政治力と農業保護水準を相乗的に高めていくと考えることができよう．

第5節　むすび

　本章では，稲作補助金を政治財と捉えて，農民および彼らの利益団体と政権与党との関係が地方行政組織の整備に伴ってどのように変化してきたのかを検討し，その後に，経済発展に伴う農政転換メカニズムの原因について考察することを目的とした．得られた知見は次のとおりである．

　1970年代以降，政権与党の中核を形成する統一マレー人国民組織（UMNO）は，地方行政組織の整備と同時に，政権安定化を意図して地方（村）レベルにおける支持組織づくりを強化した．政権与党UMNOは，官製の農民利益集団や政府組織・公団を通じて，政治財である農業補助金を農民に供与した．また1970年代以降農村地域では，地方政府（UMNO）が村長を指名するのが一般的となった．もちろんUMNO支持地域では，村長にはUMNO党員（とくにUMNO地方支部の有力者）が指名されている．こうしたUMNOによる支持基盤の強化に対して，農民はその見返りとして政権与党を支持すると同時に，利益集団を通じて政府に対する政治的要求を行っている．つまり概念的には，地方行政組織の整備に伴って，政権与党の主導のもとに，政府組織を介在した政権与党と農民間のパトロン＝クライアント関係が構築されたといえる．

　このことを勘案すると，経済発展につれて農民の政治的発言力が高まる原因として，従来の解釈だけではなく，政権与党が支持基盤の強化を図るために，積極的に利益団体を育成していくという分析視点が重要であろう．

注
1)　例えば，マレーシアのデータ（期間は1961～88年）に単位根検定（ADFテスト）を適用したところ，米の名目保護係数と1人当たりGNPの両変数ともに，

「非定常である」という帰無仮説は5%有意水準で否定されなかった．
2) 農業省農業局の元技術普及担当官によると，稲作新技術の本格的導入を全国規模で推進する前に，最初にムダ地域とタンジョン・カラン地域において試験的導入を試みるケースが多いとのことであった．このことから，同地域がマレーシアのパイロットファームとしての役割を果たしてきたことがわかる．
3) マレーシアの行政機構は連邦政府―州（negri）―郡（daerah）―町（mukim）となっており，村（kampong）や地区（kawasan）は正式の行政単位ではない．
4) 1978～85年間に実施された北西スランゴール総合農業開発計画の一環として末端水路の整備が行われ，現在では稲作栽培時期には各農家が自由に用水を圃場に引き入れることが可能となっている．
5) インドネシアからの移民のみならず中国人（華人）やインド人の入植も認められた．スキンチャン地区に集中して居住している華人とインド人農民は，マレーシアでも最高水準の収量をあげている．なお，タンジョン・カラン地域における華人農民とマレー人農民間の大きな生産性格差は，肥培・圃場管理の適切さや投入財使用の効率性の差に起因しているという指摘がなされている（Huang [1974]，増田 [1992]，Mitui [1990]）．
6) ただし，借入地がある場合には，その地代はコストとして差し引いた．
7) 1997年8月の調査時点において，アジア経済危機の影響は調査地域に及んでいなかった．しかし98年3月に同地域を訪問した時には，農民および農業普及員の双方から，リンギ安・ドル高の影響もあって，従来から上昇基調にあった化学投入財価格が高騰しているという話を聞いた．
8) 第8章において指摘するとおり，1999年総選挙においては，稲作地域における与党UMNOの支持率低下は顕著であった．この事実は，99年総選挙では野党支持に回ったUMNO党員が多数いた可能性を示唆している．
9) ジョホール州において農村調査を実施した永田淳嗣氏によると，農村部の知識階層や富裕層に意外とPAS支持者が多いとのことであった．
10) 残り3世帯は政党支持に関して中立的立場をとっていた．
11) 農村開発におけるJKKKの役割がどのように変化してきたかは，Shamsul [1986] が詳しく検討している．
12) ただし，ムダ地域とクムブ地域においては，農民機構公団ではなく各地域の農業開発公団がPPKの上部組織である．なお農民機構公団は，競合関係にあったPPKと協同組合を統合する上部組織として設置された．

第7章 アジア経済危機と農業保護

第1節 はじめに

　1997年7月に本格化したタイ通貨不安の影響は他の東南アジア諸国や遠くは韓国にまで波及し，東南アジア各国通貨は米ドルに対して軒並み大幅に下落した．米ドルを基軸通貨として経済開発戦略を展開してきた東南アジア各国にとって，自国通貨の対米ドル・レートの下落は米ドル建て債務の負担増を意味するに他ならない．また自国通貨の下落は輸入品価格の上昇を招くことから，中間財・資本財の多くを先進国からの輸入に依存する東南アジア諸国にとって大きな痛手となった[1]．こうした経済危機によるマクロ経済への影響以外に，農産物貿易と国内農業生産への影響も看過することはできない．なぜならば，為替変動が農産物の輸出入価格に直接作用するのみならず，輸入生産投入財の価格変動を通じて農業経営にも影響を及ぼすからである[2]．

　東南アジア諸国の多くが農業機械や化学投入財を先進国からの輸入に依存している状況を勘案すると，これら諸国通貨の下落は，輸入生産投入財の価格上昇を通じて生産コストの上昇を誘発しよう．この結果，農民が何らかの政治的な需要行動——例えば補助金制度の拡充や生産物価格の引き上げ要求——を起こす可能性が高まることになる．その一方で，賃金財である食料価格の上昇は一般消費世帯，中でもエンゲル係数の高い貧困世帯の困窮化を招くことになる（Economic Planning Unit [1998], Pinstrup-Andersen [1985], Rosegrant and Ringler [2000]）[3]．この帰結として，消費者からも食料の安定的供給を意図した国内食料生産の拡大を要求する動きが活発化すると予想される．

　つまり，生産者と消費者の両サイドから，国内農業保護要求が強まることに

なる（食料安全保障論の高揚）．このような状況に対処するために，政治家・官僚（政府）は，農民や消費者（有権者）および彼らの利益団体からの諸要求を満たすべく，農業保護政策の導入など何らかの政治的な供給行動をとると予想される．

そこで本章では，わが国と同様に食料純輸入国であるマレーシアの事例から，アジア経済危機[4]が国内食料価格の動向や農業経営に及ぼした影響を解明すると同時に，公共選択アプローチの概念を援用しつつ，同国における食料安全保障を意識した食料増産への取り組みと農業保護政策の強化について分析することを目的とする．

ここで，本章の構成を示せば次のとおりである．第2節において，アジア経済危機とマレーシア通貨（リンギ）の動向を素描した後に，第3節において，通貨不安による食料価格の上昇が食料政策の立案に影響が大きかったことを指摘する．第4節では，マレーシアの穀物消費量の4分の3を供給する米部門に議論を限定して，米生産者側からの政治的な需要行動を分析する．第5節においては，公共選択アプローチの概念的枠組みを提示した後に，マレーシアにおける農業保護政策の強化について政治経済学的解釈を行う．そして最後の第6節では，本書の内容を要約した後に，東南アジアにおける食料安全保障と食料生産計画の策定に当たり，マレーシアの経験から得られるであろう政策的含意を検討する．

第2節　アジア経済危機とマレーシア通貨の動向

最初に本論に入る前に，予備知識として，アジア経済危機下におけるマレーシア通貨リンギの動向を素描しよう．

1997年5月から約2ヵ月間，タイの経済運営不信に端を発するバーツ売りに対して，マレーシアの中央銀行は，シンガポール，香港，タイの通貨当局と協調介入を行った（木村［1998］）．しかし，過度の通貨防衛による国内経済への影響を懸念したマレーシア政府は，リンギ売りがファンダメンタルズを無視

第7章　アジア経済危機と農業保護　153

図7-1　アジア通貨の対米ドル為替レートの推移

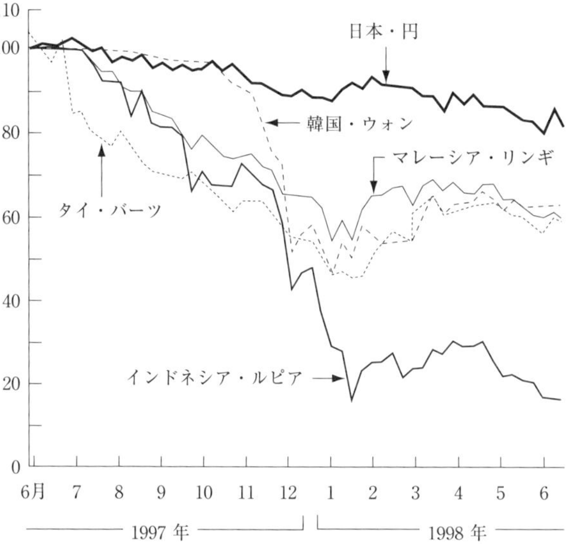

注：97年6月2日のレートを100とした時の指数で表示．
資料：朝日新聞1998年7月3日．

した一過性のものであるとの判断に立って，同年7月中旬にドル連動制を放棄した．その後，1米ドル＝2.5リンギ前後で比較的安定して推移してきた対米ドル・レートは，急速なドル高・リンギ安基調に転じた（図7-1）．そして1998年1月上旬には，変動相場制に移行して以来の最安値である1米ドル＝4.7リンギの最安値を更新した．

表7-1　ポートフォリオ投資額の推移

（単位：100万リンギ）

	流入額	流出額	純流入額
1991	19,346	21,274	−1,928
92	60,935	53,043	7,892
93	187,779	162,128	25,651
94	238,454	224,425	14,029
95	106,414	101,054	5,360
96	144,933	136,167	8,766
97	148,784	180,422	−31,638
（第1四半期）	47,510	45,739	1,771
（第2四半期）	41,955	52,516	−10,561
（第3四半期）	35,820	53,278	−17,458
（第4四半期）	23,499	28,889	−5,390

資料：マレーシア中央銀行のデータベース．

このようなマレーシア・リンギの対米ドル・レート急落の直接的要因として，1990年代に大量に流入した外国短期資本がごく短期間に連鎖反応的に海外に流出したことが指摘できる．表7-1に短期資本（ポートフォリオ投資）の流出

入額の推移を示した．この表から明白なとおり，経済危機が発生した1997年第2四半期以降に，多額の短期資本が海外に流出したことが読み取れる．1992～96年間の短期資本純流入額（流入額—流出額）の累積額が616億9,000万リンギであったのに対して，97年第2四半期～第4四半期間の純流出総額は334億1,000万リンギであった．つまり，1992～96年の5年間に流入したネットの短期資本額のうち，半分以上がわずか9ヵ月間に海外に流出したことになる．マレーシアの国内総生産額が1,306億リンギ（1996年），外貨準備高が583億リンギ（98年6月時点）であったことと比較すると，短期資本の海外流出額がいかに大きかったかが理解できよう．このような現象が特定の投機筋によって誘発されたかどうかは別にして，短期資本の大量流出がリンギ下落の直接的原因であるという見方は妥当性が高いと考えられる．

　もちろん，タイの金融不安がマレーシア国内の外国短期資本の流出を助長したことは明白であろう．しかしここで留意すべきことは，表面的には好調を持続していたかにみえたマレーシア経済も，経常収支の赤字拡大や金融制度の未整備以外に，不動産・株式への過剰投資や行き過ぎた大型公共事業の実施によってバブル経済が深刻化するなど，近隣諸国における金融不安の影響を受けやすい経済構造上の問題点を有していたことである[5]．

　さらに，1980年代に実施された政策がバブル経済の深刻化を助長した可能性もあることには注意が必要である．その具体的な一例をあげることにしよう．1980年代半ばに，マレー人企業家の育成を主たる目的とした低利融資制度が導入された．しかし，実際に融資を受けたマレー人実業家の多くは，政府の意図に反して，その融資を工業部門ではなく不動産や株式などに投資したといわれている（平戸［1992］，山田［1995］）．この結果，1980年代半ば以降不動産価格と株価は急上昇し，1990年代以降外国短期資本の不動産・株式市場への大量流入と相まって，バブル経済の深刻化を助長したといえる．そして，このような状況下にあって，タイの経済運営不信を契機に不動産・金融バブル崩壊による資産価値の下落と企業・銀行の連鎖倒産に対する不安感から，短期資本が海外に流出しリンギも売り込まれた．つまり，少なくともマレーシアの場合，

経済危機を外的要因のみによって説明するだけでは不十分であろう[6]．

やや冗長になったが，次に，米ドル以外の通貨に対して，リンギがどのような傾向をたどったかに目を転じよう．対米ドル・レートと同様に，円，英ポンド，豪ドル，香港ドル，シンガポールドルなど経済先進国通貨に対しても軒並みリンギ安基調にある．例えば，1997年6月末日と98年7月8日の為替レートを比較すると，米ドル，英ポンド，日本円，シンガポールドルに対するリンギのレート下落率は，それぞれ40％，38％，26％，28％であった．

しかしこれとは反対に，タイやインドネシアなど近隣諸国の通貨に対しては，それら通貨が米ドルに対してリンギよりも切り下がったことから，リンギ高基調に推移している（前掲図7-1）．つまり，マレーシア・リンギの動向を要約すると，シンガポールと香港を含む経済先進国通貨に対してはリンギ安基調，シンガポールを除く東南アジアの近隣諸国通貨に対してはリンギ高基調にあると要約できる[7]．

第3節　食料価格の上昇と食料増産への取り組み

1．食料と農業投入財の貿易構造

次に，為替変動が農業投入財の輸入価格と国内食料価格に及ぼした影響を検

表7-2　マレーシアの食料輸出入額の推移

(単位：100万リンギ)

	食料 (SITC 0+1)			貿易合計		
	輸出額	輸入額	収支	輸出額	輸入額	収支
1990	3,486	4,844	−1,358	79,645	79,119	526
91	3,821	5,563	−1,742	94,499	100,832	−6,333
92	3,954	5,869	−1,915	103,657	101,439	2,218
93	4,160	6,207	−2,047	121,238	117,405	3,833
94	4,583	7,024	−2,441	153,921	155,922	−2,001
95	4,915	8,447	−3,532	184,986	194,345	−9,359
96	5,300	9,588	−4,288	197,027	197,281	−254
97	6,050	10,705	−4,655	221,283	220,799	484

資料：Department of Statistics. *Import and Export Statistics*.

表7-3 農業生産資材の純輸入額

(単位:100万リンギ)

	肥料	農薬	農業機械	合計
1990	430.5	40.8	63.8	535.1
91	325.7	50.8	60.3	436.8
92	342.2	45.3	61.0	448.5
93	467.2	55.0	69.3	591.5
94	494.9	38.7	67.0	600.6
95	554.2	4.5	94.9	653.6
96	552.2	10.4	125.5	688.1

資料:*FAOSTAT* およびマレーシア中央銀行のデータベースを利用して推計.

討しよう．その後に消費者からの食料増産要求と政府の対応について述べることにする．まず手始めに，食料と農業投入財の貿易額の推移と貿易構造を一瞥しよう．

表7-2に示したとおり，前者の食料輸入額（標準国際貿易コード〈SITC〉0+1）は1990年以降一貫して増加基調にあり，97年の輸入額は過去最高の107億リンギであった．また，食料輸入額がその輸出額を大幅に上回る速度で増加していることから，食料輸入による赤字額は急速な増加基調にある．例えば1990年に13億6,000万リンギであった食料貿易の赤字額は，97年には46億6,000万リンギまで急増している．つまり，それは人口増加率をはるかに上回る速度で増加している．

また農業投入財の貿易も，食料貿易と同様に入超であると同時に，貿易赤字額は増加基調にある．表7-3に示したとおり，農業投入財（肥料，農薬，農業機械）の純輸入額は，食料純輸入額に比べると相当に小さいものの，1991年の4億4,000万リンギから96年の6億9,000万リンギへと増加している．また，畜産業の成長に伴って，アメリカからの大豆輸入量が急増するなど[8]，飼料穀物の輸入額も増加基調にある．

上述の議論を要約すれば，食料と農業投入財の貿易はともに入超であり，かつ貿易赤字額は拡大基調にあるといえる．

それでは次に主要貿易国を明らかにすることによって，食料と農業投入財の貿易構造への理解を深めることにしよう．主な特徴点を列挙すれば次のとおり

である．①主食である米，果実・野菜，水産物は近隣諸国，中でもタイとインドネシアからの輸入依存度が高い．②果実・野菜，水産物の輸出先はシンガポール，台湾，香港，日本などアジア経済先進国・地域である．③小麦，畜産物，飼料用穀物は米国，オーストラリア，ニュージーランドなど経済先進地域からの輸入依存度が高い．④化学肥料や農業機械は日本や米国などの経済先進地域からの輸入が多い．

このような貿易構造と為替変動の特徴を考え合わせると，為替変動によって不利化すると考えられるのは，リンギ安基調にある先進国からの投入財，小麦，飼料穀物，畜産物の輸入である．これに対して，リンギ高基調にある国からの輸入（米，野菜，水産物などの主要食料輸入）とリンギ安基調にある国への輸出（野菜，水産物，畜産物輸出）は有利化する可能性がある．

しかし，不況に直面している日本や他のアジア諸国への食料輸出量の減少や近隣諸国からの食料輸入価格の上昇（それら諸国における輸入投入財の価格上昇，経済混乱，インフレ，エルニーニョ現象による降水量不足に起因）などの影響も勘案すると，為替変動による食料貿易への影響は短期的にはデメリットの方が大きかった可能性が高い．事実，現時点において入手可能な統計数値をみる限りにおいて，食料輸入額が経済危機以後に急増している反面，その輸出額は1997年10月以降停滞基調にある．加えて，輸入依存度の高い家畜飼料や化学投入財の小売価格は軒並み倍以上に高騰している．

2. 食料価格の動向

それでは，ここで経済危機・為替変動による食料価格への影響に議論を移そう．図7-2に，消費者物価指数の動向を示した．この図をみる限りにおいて，季節変動と旧正月・ハリラヤ[9]の double festive season による要因を考慮すると，為替変動による国内食料価格への影響は一見不明瞭である．例えば，野菜と果実の価格上昇は，モンスーン期（10～2月）の生産減少による季節要因と旧正月・ハリラヤ（1～2月）の需要拡大による影響が考えられる．また水産物価格は，通貨不安が始まる以前から上昇基調にあったことから，価格上昇は

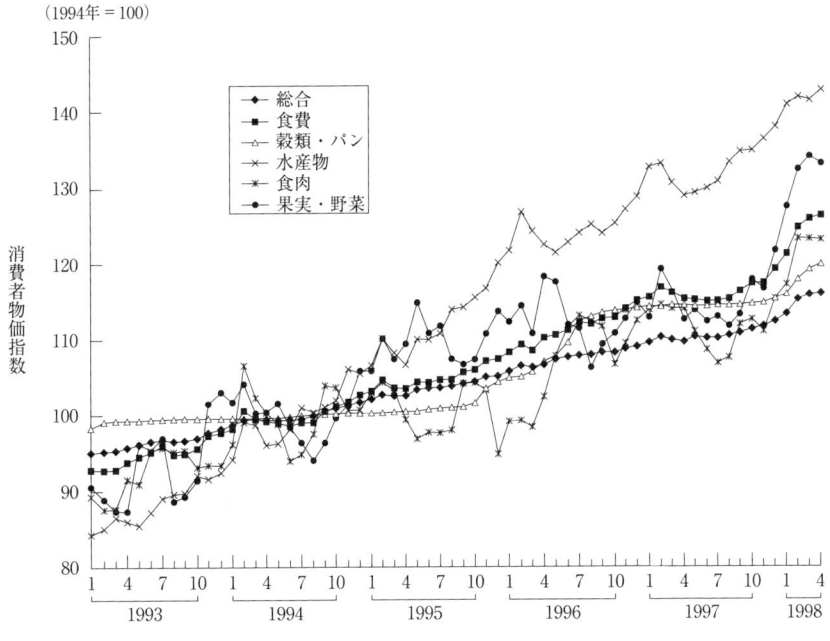

図7-2　西マレーシアにおける消費者物価指数の動向

(1994年=100)

凡例：
- ◆ 総合
- ■ 食費
- △ 穀類・パン
- × 水産物
- ＊ 食肉
- ● 果実・野菜

資料：Department of Statistics. *Consumer Price Index*, various issues.

他の要因によると考えることも可能であろう[10]．

しかしながら，1997年後半以降に政府による一部食料価格の統制が行なわれたにもかかわらず[11]，経済危機が発生した1979年7月以降，食料価格は以前よりもより急速に上昇している．また，例年であれば，旧正月・ハリラヤの後には下落傾向に転ずるはずの食料価格が，1998年3月以降も緩やかな上昇基調にある．これらの事実は，経済危機・為替変動が食料価格を引き上げる方向に作用した可能性を示唆している[12]．

3. 消費者からの食料増産要求と政府の対応

上述した食料輸入額の増加と食料価格の上昇に加えて，通貨不安に端を発する経済成長率の鈍化という状況下にあって，食料の安定的供給（＝食料価格の安定）を意図した国内農業の保護と食料増産を求める世論が高揚している．確

かに，食料輸入額が総輸入額に占める割合は 5 ％程度にしか過ぎない．工業部門を主導力とした急速な経済成長を遂げてきたマレーシアが，インドネシアのように外貨不足等の理由によって直ちに食料輸入が困難になるとは考えにくい．しかし，食費は最大の家計支出項目であり，家計費の約35％を占めている．それ故に，景気後退に伴う所得上昇の鈍化に直面している消費者が食料価格の上昇により敏感に反応するのは当然のことであろう．

例えば，新聞の投稿欄には，一般読者から，食料の国内生産拡大や政府による食料価格の統制を主張する手紙が多数掲載されている．これに加えて，マレーシア人の農業経済研究者の間でも，市場経済論を論理的根拠とする農業保護削減を主張する意見が後退し，国内食料増産のために農業保護水準の引き上げ（あるいは補助金制度の強化）を主張する意見が大勢を占めつつある[13]．

また，今年 3 月には，価格上昇に反発した消費者グループと複数の労働組合[14]が，食肉の中で最も消費量の多い鶏肉の不買運動を起こしている．ここで特筆すべきことは，全国教職員組合（NUTP；National Union of the Teaching Profession）もこの不買運動に同調したことである[15]．マレーシアでは，教職員組合は政権与党 UMNO の最も重要な支持母体の 1 つである．このことは，同国において文部大臣が首相，副首相，大蔵大臣に次ぐ重要な政治ポストであるとみなされていることからも確認できる．つまり，鶏肉価格の上昇に反発した不買運動の高揚は，単なる労働者集団の反発ではなく，政権与党の選挙結果に一定の影響力を有する支持母体からの政治的な需要行動が背景にあったといえる．それ故に，与党（政治家）がこのような動きに敏感に反応したであろうことは容易に推察できる．

事実，消費者や消費者団体・労働組合からのエスカレートする食料増産要求に対して，国会や予算委員会において，都市部選出の議員を中心に，政府は食料増産のための具体的施策を早急に講ずるべきである，との意見が多数出された．

また，農業政策の決定に影響力のある有力政治家や農業大臣は，経済危機発生直後には高い生産コストを理由に食料増産に否定的であった．しかし，彼ら

の間でも,徐々に短期的のみならず中長期的にも食料生産基盤の強化や農業保護の強化を図るべきであるとの意見が大勢を占めつつある[16]．

これを受けて,政府は,低湿地開拓による大規模稲作経営の導入[17],国有地における農業生産[18],魚の養殖[19],耕作放棄地の再開発[20],錫採掘場跡の農地利用[21],食料基金制度の融資基準の緩和[22],各州政府による生産緑地指定の奨励[23]などの食料増産計画を推進中である．さらに,農業投入財価格の下位安定のために,輸入依存度の高い化学肥料・農薬や家畜飼料を国内で代替生産するための試験研究が積極的に推進されている[24]．

また1999年に公表された第3次国家農業政策では,第1次・第2次農業政策に比べて,国内食料生産の強化により重点が置かれている．少なくとも,このことによって,短中期的には食料増産を柱とする農政が展開されることになると推察される．

第4節 農業経営の悪化と農民の政治的需要行動

前節で指摘したとおり,為替変動の影響によって,化学投入財や家畜飼料の価格は大幅に上昇した．このため,農業経営は急速に悪化した．例えば,マレーシア最大の穀倉地域であるムダでは,1990～97年間に生産者米価が据え置かれたうえに,1 ha当たり稲作経営費は1,400リンギから2,904リンギに大幅に上昇したという[25]．また,家畜飼料(トウモロコシや大豆粕など)の価格上昇[26]による経営難から,7つの州において合計206の養鶏業者が廃業に追い込まれ,50の養鶏業者が20～75％の経営縮小を余儀なくされたと指摘されている[27]．このような農業経営の悪化に伴って,農民から政府に対して補助金制度の拡充や生産者価格の引き上げなどを要求する動きが活発化した．

このような農民側からの要求に対して,1996年に公表された第7次マレーシア5ヵ年計画において,市場原理の導入や食料管理制度にかかる赤字の解消,補助金支出額の削減を農政の基本方針に据えたマレーシア政府は,いかなる具体的な対応をとったのであろうか．この点を明らかにするために,本節では,

穀物消費量の約4分の3,総カロリー摂取量の約3分の1を供給している米部門に議論を限定して,農民からの諸要求とそれに対する政府の対応について検討することにしよう.

序章において触れたように,マレーシアでは「稲作農民の政治力」が無視できないことから,農民からの何らかの要求が,彼らを支持基盤とする政治家や利益団体を通じて農業政策の立案に反映されやすい状況がある.このような状況を念頭に置きつつ,簡単に稲作補助金と生産者米価の決定をめぐる1990年代半ば以降の動向を要約しておこう.生産投入財の価格が上昇基調にあった1996年以降,すでに農業省内部において,従来の肥料補助制度の強化あるいは新たな投入財補助制度の導入などの措置が検討されていた.

しかし,1997年4月に農民から出された生産者米価の引き上げ要求に対して,副首相兼蔵相(当時)のアンワルは,生産者米価(あるいは米価補助金)の引き上げ圧力による消費者米価の上昇が下位所得階層に大きなマイナスの影響を及ぼすとの理由から,生産者米価の引き上げに対して否定的であった[28].農業省の国会担当官も,同年5月の国会答弁において,稲作補助金の引き上げは農家所得の向上あるいは貧困撲滅への効果が小さいことから,農家経済の改善を図るうえで補助金増額よりも稲作経営近代化を推進した方が農家所得向上にはより効果的であると述べている[29].同年6月にもアンワルは,化学肥料の追加的補助と機械賃貸料の一部補填の実施を検討中であると表明したものの,生産者米価の引き上げには否定的な見解を再表明した[30].当初,政府がかたくなに米価引き上げ要求を却下した背景には,第7次マレーシア計画が農業補助金制度の見直しを農政の基本方針としていたことがあろう.

しかし,リンギ下落に伴う生産投入財価格の高騰によって,稲作農民や農民団体による生産者米価の引き上げと補助金増額の要求が一気に高まった.例えば,1997年末に開かれたクダー州農民機構公団の集会において,投入財価格の高騰を論拠に生産者米価の引き上げを主張した同公団のある役員は,政府の対応しだいでは農民の選挙ボイコット(与党支持の拒否)の可能性を示唆した[31].これに呼応する形で,マレーシア最大の稲作地域では農民デモが計画

されるなど[32]，政府・与党に対する農民側の要求・圧力は一気に高まった．

このような度重なる農民側の要求に対して，予算委員会などにおけるマレー人農林族議員からの投入財補助制度の拡充・生産者米価の引き上げ要求が出され，政府に対してさまざまな政治的圧力が加えられた．この圧力に屈する形で，1997年12月末に化学肥料の追加無償配布と生産者米価の引き上げなどが決定された．具体的に公表された施策は，2億2,000万リンギ相当の化学肥料の追加無償配布，種籾の政府売却価格の据え置き（価格の約30％は政府補助），100 kg 当たり 5.4 リンギの生産者米価引き上げ，精米業者に認められていた deduction rate の引き下げなどである．この決定によって，第7次計画によって唱道された農業補助金支出の削減は，少なくとも同計画期間中である 1996～2000年の間，事実上放棄されることになった[33]．

第5節　農業保護強化の公共選択論的解釈

1.　公共選択アプローチの概念枠組み

第3節と第4節の議論から明白なとおり，マレーシア政府は，以前と比較して食料安全保障を意識した国内食料生産の奨励や生産物価格の引き上げなど，農業保護の強化を図っている．それでは農業保護水準，より具体的には，農業補助金の給付額や生産物の支持価格は，どのようなメカニズムによって決定されるのであろうか．本節では公共選択アプローチの概念的枠組みを用いて，このメカニズムを解読していくことにしよう．

最初に議論を単純化するために，政権与党（政治家）は選挙における得票数最大化を目指して政策の選択を行い（Downs [1957]）[34]，選挙での争点は農業問題のみであると仮定する[35]．この場合に，例えば与党が農業保護水準をどの程度引き上げるか（あるいは引き下げるか）は，その政策選択によって与党が得ると期待される限界収益（MR）と，それに必要と予想される限界費用（MC）との関係によって決定される．

この関係を速水［1986］に倣って図示すれば図7-3のとおりとなる．この図において，MRは農業保護水準の引き上げによる与党の限界的得票数，MCはそれによる限界的損失票数を表す．政権与党は，保護水準引き上げによって，より多くの農民票を得ることが期待できる反面，そのことによって消費者からの支持票を失うと予想される．このような条件下において，補助金の水準xと与党の得票数Pとの関係は次の式によって表現できる．

図7-3　農業保護水準の決定メカニズム

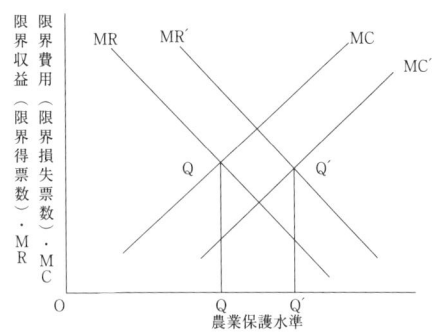

資料：速水（1995）の図1-3を簡略化した．

$$P = \int_0^x (MR - MC) dx$$

この式および図7-3から明白なとおり，与党が得票数最大化を目指して合理的に行動するならば，両線の交点Qにおいて与党の得票数は最大化される．というのは，交点Qの左側（MR>MC）では農業保護水準の引き上げによって，交点Qの右側（MR<MC）では保護水準の引き下げによって，与党はより多くの得票数を期待できるからである．したがって，与党が得票数を最大化するように合理的に行動した場合には，保護水準はOQとなる．

2. 農業保護強化の政治経済的解釈

それでは次に，本節1.の議論を念頭に置きつつ，農業保護政策の強化について公共選択論的解釈を行うことにしよう．

第3節において指摘したとおり，食料輸入額の増加に加えて，食料価格の上昇に直面した有権者や消費者団体から，食料価格の安定を目的とした国内食料生産の拡大を求める要求が強まった．このことは，食料増産を目的とした農業保護の強化に対して，彼らの反対が弱まったことを示唆している．概念的には，

政権与党にとって，従来と比べてより少ない損失票で農業保護水準を引き上げることが可能になったことを意味する．つまり，政治家の限界費用線が右方シフトしたといえる（図7-3におけるMCからMC′への移動）．

また農民側からの政治的な需要行動は，投入財価格の上昇を論拠とする補助金制度の拡充と生産者価格の引き上げであった．選挙ボイコットやデモ実施の示唆，農民団体による政府批判など，農民側から政府に対してさまざまな圧力が加えられた．経済危機下において農業経営の悪化が農民の最大関心事であったが故に，この問題が農村部の選挙においてより重要な争点になると予想された．このことから，政治家の限界収益線は右方シフトしたと考察される（図7-3におけるMRからMR′への移動）．

これらの考察結果から，新たな農業保護水準は，$OQ'-OQ$だけ上昇したことが図7-3から視覚的に理解できる．それでは，経済危機から回復するであろう中長期において，新たな農業保護水準であるOQ'は維持されるのであろうか．とくに今回の経済危機のような不確定要因を排除すれば，投入財価格が安定しさえすれば農民の政治的要求も沈静化しよう．つまり，MR′がMRに逆戻りする可能性があるといえる．しかし，農業保護水準の引き下げは即座に農家の経済水準の低下を意味することから，MR′からMRへのシフト（農業保護水準の低下）が起これば再び農民からの政治的圧力が増大すると予想される．つまり，限界収益線は上方弾力的・下方硬直的であるといえよう．

さらに第3節で指摘したとおり，有権者や消費者団体からの要求もあって，今回の経済危機を教訓に食料生産基盤の強化が中長期的な農政の基本方針に取り込まれる結果となった．これらの諸事情を勘案すれば，少なくとも政治家の得票数最大化原理を仮定する限りにおいて，農業保護水準は容易には低下しない可能性が高いと考察できる．

第6節　むすび——アジア経済危機の教訓

本章では，わが国と同様に食料純輸入国であるマレーシアの事例から，アジ

ア経済危機が国内食料価格の動向や農業経営に及ぼした影響を解明すると同時に，公共選択アプローチの概念を援用しつつ，同国における食料安全保障を意識した食料増産への取り組みと農業保護政策の強化について分析を行った．

主な論点を整理すると次のとおりである．

① マレーシア通貨の動向は，経済先進国通貨に対しては下落基調，逆にシンガポールを除く近隣諸国通貨に対しては切り上がった．

② 食料貿易は輸入額が輸出額を上回る速度で増加していることから，赤字拡大基調にある．通貨変動による食料貿易への影響は未だ不明瞭であるが，先進国からの小麦粉と畜産物の輸入は不利になると予想される．さらに農業投入財や飼料穀物の輸入価格上昇によって，物価上昇や農業経営の悪化が引き起こされる危険性がある．また，食料輸入額は増加基調に推移する反面，その輸出額は輸出先国の需要減によって停滞する可能性があり，今後食料貿易の赤字がより一層拡大すると予想される．

③ 上記②に加えて，食料価格の上昇に直面している有権者や消費者団体から，食料価格の安定のために国内食料生産の拡大を求める要求が強まっている．このことは，食料増産を目的とした補助金制度の強化に対して，彼らの反対が弱まっていることを示唆している．つまり概念的には，政治家の限界費用線が右方シフトしたといえる．

④ また農民側からの政治的な需要行動は，投入財価格の上昇を論拠とする補助金制度の拡充と生産者価格の引き上げであった．選挙ボイコットやデモ実施の示唆，農民団体による政府批判など，農民側から政府に対してさまざまな圧力が加えられた．経済危機下においては，農業経営の悪化が農民の最大関心事であり，この問題が農村部の選挙において最大の争点になると予想された．このことから，政治家の限界収益線は右方シフトしたと考察される．上述の③とこの結果から，農業保護が強化されることとなったと考察される．

最後に，やや冗長になるが，東南アジア諸国，より一般的には開発途上国における食料安全保障と食料生産計画の策定に当たり，マレーシアの経験から得

られるであろう政策的含意について検討して，本章を締めくくることにしよう．

　東南アジア諸国では，急速な工業化と都市化の進展に伴って若年労働力の農業離れが進み，程度の差はあっても，農業担い手不足や担い手の高齢化問題が顕在化しつつある．加えて，これら諸国では，農業＝斜陽産業という短視眼的な考えから，食料の安定的供給と食料価格の安定という重責を担う食料生産部門の重要性が軽視される傾向にある．さらには，新古典派的な農業開発論を論理的根拠として，農業部門にも市場原理の導入が積極的に図られている．この結果，農業補助金制度の見直しのみならず，農業試験研究費の削減や土地基盤整備への財政支出削減などによって，農業生産基盤の弱体化が進行している[36]．1997年7月以降の経済危機を契機とした食料価格の上昇は，このような農業生産基盤の弱体化によって助長された可能性もあろう．

　少なくとも，本章において取り上げたマレーシアでは，経済危機とそれに伴う食料価格の上昇を契機として，食料や農業投入財の輸入依存体質への反省から，食料増産のための諸施策が実施されようとしている．東南アジア経済が再び高度成長の軌道に戻る時期については専門家の意見が分かれるところである．いずれにせよ，その時期がいつになるにせよ，今回の経済危機によって，食料安全保障の観点から，どの程度の食料自給率を維持していくのか，食料生産量の目標値をどの程度に定めるのかは，古くて新しい政策課題の1つであるということが改めて認識された．

　WTO体制下において，今後，開発途上国や食料純輸入国であっても，農産物市場の自由化をより一層推進していくように求められる可能性がある．しかし，アジア経済危機の経験が示唆するとおり，為替変動などの外的要因を契機に，途上国の食料事情が急速に悪化する可能性を否定することはできない．それ故にこそ，途上国の食料問題や食料安全保障を議論する上で，マレーシアによる食料増産への取り組みは，大変参考にあるであろう．マレーシアと同様に，東南アジア各国が食料安全保障を念頭に置いた食料生産計画を策定することが，当該地域における食料需給バランスの安定化に資すると同時に，さらなる政治的安定および経済的発展に繋がっていくのではないだろうか．

注

1) 自国通貨の下落によって，短期的にはJカーブ効果により貿易収支が悪化するものの，中長期的には輸出が増加し輸入は減少して貿易収支が改善する可能性もある．例えば坂東［1998］は，アセアン諸国において，為替レートの下落が輸出増加に結び付くまでには2年程度かかると予測している．事実，マレーシアの商品輸出（merchandize export）額は，1998年に前年比7.5％の減少であったが，99年には前年比10.1％の増加であった（Asian Development Bank［2000］）．こうした事情もあって，1999年に入り，マレーシア経済は急速な「V字型回復」を遂げており，2000年第1四半期には11.7％（実質ターム）の高い成長率を達成している（斉藤［2000］，向山［2000］）．
2) わが国における為替変動と農業投入財価格との関係については，尾関［1996］を参照されたい．
3) Rosegrant and Ringler［2000］は，IFPRIのIMPACTモデルによって，アジア経済危機が世界の食料需給・価格と栄養摂取量に及ぼす影響を予測している．その予測結果によると，経済危機の影響によって，2020年には，東・東南・南アジア諸国において栄養不良の乳幼児数がベースラインの予測値（アジア危機の影響が皆無であったケース）である9,200万人から1億1,000万人に増加するとしている．
4) 1970年代以降，マレーシアは計4回の経済危機を経験している．すなわち，第1次石油ショック（73～74年），第2次石油ショック（79～81年），85年の景気後退，そして今回の経済危機（97年～）である．このうち，85年の景気後退は他の経済危機と性格が異なってデフレ不況の色彩が強く，事実消費者物価指数はマイナス成長であった（Okposin and Cheng［2000］）．なお，97年のアジア経済危機に対するマレーシア政府の財政・金融政策については，Mohamed and Syarisa［1999］に簡明にまとめられている．
5) 1990年代に短期資本が流入したマレーシア側の要因として，次の点が指摘できる．部品や投入財を海外に依存した組立型産業の育成や威信発揚型建設事業の推進によって，経常収支の赤字は拡大基調にあった（木村［1998］）．しかし直接投資や長期資本のみでは，この拡大する経常収支赤字を埋め合わせることができなかったことから，短期資本への依存度が急速に高まることとなった．
6) アジア開発銀行の年次報告においても，同様の見解がなされている（Asian Development Bank［1999］）．
7) ただし，1999年以降リンギとタイ・バーツ間の為替レートは経済危機以前の水準に戻っている．
8) *Business Times* 紙，1997年3月21日．
9) ハリラヤは，イスラム教徒が祝う断食明けのお祭りである．

10) 経済危機以前から水産物価格が上昇基調にあった理由として,人口増加,外国人労働者の流入,健康志向の高まりによる魚需要の増加によって,需給バランスの逼迫度合いがより一層深刻化したことがある(*New Straits Times* 紙,1997年6月24日).魚消費量が年率5.1%で上昇しているのに対して,マレーシア国内の漁獲高は年率3.1%でしか増加していないという(*New Straits Times* 紙,1997年9月9日).なお,1995~2010年の間に,1人当たり魚消費量は40 kg から60 kg に増加し,総消費量は84万トンから171万トンに急増すると予想されている.しかし,2010年時点でのマレーシア国内の漁獲高は144万トン程度と予想されており,約16%は輸入に依存することになるという(*New Straits Times* 紙,1997年10月23日).

11) 政府は,物価統制法によって食料品価格に上限値を設定することができる.現在では,特上米(super grade rice)を除く米などに上限価格が設定されている.また,食肉消費量の6割以上を占める鶏肉の価格上昇に対処して,1997年末に上限価格が設定された.統制価格品目の中で,実態の需給バランスにあわせるべく,鶏肉,砂糖,小麦粉,練乳の上限価格引き上げが閣議決定された(*Business Times* 紙,1997年12月11日).

12) 為替変動による価格上昇が比較的明確に現れたのが食肉価格である.例えば,鶏肉生産コストの73%は飼料費であり,輸入飼料価格の高騰が鶏肉価格の上昇の主たる原因であるという指摘が,農業大臣によってなされている(*New Straits Times* 紙,1997年12月9日).なお,1998年に入り,エルニーニョ現象による降雨不足から国内米生産量が減少し,消費者米価は上昇基調に推移した.この対策として,政府は精米・籾米の州間移動を禁止するなどの措置を講じた(*Star* 紙,1998年7月3日).

13) *Star* 紙,1998年7月21日.マラヤ大学のPazim Othmanは,WTO体制下にあっても,マレーシアは,EUや米国と比較して農家1戸当たり補助金支給額が少額であることから,補助金制度の強化に対して懸念する必要はないと主張している.なお,彼は最近の論文(Pazim [2000])の中で,「稲作補助金はGATT協定違反の可能性があるが,米生産を維持していくために補助金制度は存続していかざるをえない」と述べている.

14) 具体的には,マレーシア労働組合評議会(Malaysian Trade Union Congress)と公務員労働組合評議会(Cuepacs)である.

15) *Star* 紙,1998年3月4日.

16) *Business Times* 紙,1998年2月13日および *Star* 紙,3月12日.

17) 例えば,BERNAS 社(前身は日本の食糧庁に相当する連邦米穀公団,1997年に完全民営化)はサラワク州において大規模稲作経営を行っている(*Business Times* 紙,1998年4月16日).なお農業省は,大規模稲作を経営する民間企業に対して,税制上の優遇措置の導入を検討中である(*Star* 紙,1998年2月22

第7章　アジア経済危機と農業保護　169

日）．
18) *Business Times* 紙，1998 年 2 月 20 日および *Star* 紙，4 月 14 日．
19) 例えば，ノルウェーとマレーシアの民間企業が共同で，マラッカ海峡において大規模な養殖事業を行う計画がある（*Business Times* 紙，1998 年 3 月 14 日）．なお現時点では，マレーシアの総漁獲高のうち 25% 程度が養殖によるものである（*New Straits Times* 紙，1997 年 9 月 9 日）．
20) 一部の州（土地問題は，連邦政府ではなく州政府に決定権がある）では，土地流動化の促進によって耕作放棄地の再開発を図るべく，耕作希望者に対して土地一時占有権（TOL）を付与することが検討されている（*Star* 紙，1998 年 2 月 26 日）．
21) *New Straits Times* 紙，1998 年 2 月 18 日．
22) *Business Times* 紙，1998 年 3 月 12 日および *New Straits Times* 紙，3 月 17 日．
23) *New Straits Times* 紙，1998 年 3 月 25 日．
24) 例えば，輸入飼料であるトウモロコシと大豆粕に代替するものとして，国内生産可能なサツマイモとティラピア（魚の一種）の利用可能性について研究が進められている（*New Straits Times* 紙，1998 年 5 月 24 日）．また，農業省は，各州政府に対してトウモロコシを 8,000 ha 程度作付けすることを要請中である（*New Straits Times* 紙，1998 年 7 月 14 日）．
25) *Utusan Malaysia* 紙，1998 年 12 月 8 日．
26) 1997 年に 1 袋当たり 30 リンギであった家畜飼料の価格は，56 リンギに急上昇した（*Star* 紙，1998 年 4 月 15 日）．またトウモロコシと大豆粕の価格は，1997 年 6 月から 98 年 1 月の間におのおの 40% と 60% も上昇した（*Sun* 紙，98 年 4 月 8 日）．経営費に占める飼料費は約 70% 程度であることから，飼料価格の上昇は養鶏業者の経営に及ぼす影響は大きい．なお，養鶏業者に対する救済措置として，従来中間業者が得ている利益を生産者に還元すべく，生産者から消費者への直販制度が奨励されている（*New Straits Times* 紙，1998 年 5 月 27 日）．
27) *New Straits Times* 紙，1998 年 5 月 14 日および *Business Times* 紙，1998 年 5 月 27 日．養鶏業者の経営難の背景には，飼料価格が政府の価格統制品目に入っていないからであるという主張もある．鶏肉の生産物価格の上昇は政府によって厳しく統制されている．これに対して，飼料価格の動向は需給事情や為替レートなどに依存しており，経済危機の発生後，飼料価格は生産物価格を上回る率で上昇した．このため，生産者売り渡し価格の引き上げが 1998 年 3 月に認められたものの，養鶏業者は出荷時に鶏 1 羽当たり 1 リンギの損失を被っていたという（*Star* 紙，1998 年 4 月 15 日）．
28) *Star* 紙，1997 年 4 月 24 日．
29) *New Straits Times* 紙，1997 年 5 月 8 日．マレーシアでは，米農家の貧困撲滅

のために，生産者米価の引き上げが実施されてきた．しかし，その恩恵は主に大規模層に厚く配分されたことから，絶対的貧困層の滞留問題は未だに解消されていない（Ishida and Azizan [1998]）．

30) *Business Times* 紙，1997年6月9日．
31) *New Straits Times* 紙，1997年12月7日．
32) *Star* 紙，1997年12月14日．
33) ただし，1997年に実施された生産者米価の引き上げ額が小さかったことから，90～99年間に生産者米価は実質的に20%程度下落している．このことが，99年総選挙においてマレー系与党UMNOが大幅に勢力を後退させた一因となったと考えられる（詳細は第8章を参照）．
34) 選挙における政党の行動原理に関しては，得票数最大化以外にも，有力な候補者との得票格差最大化，得票率最大化などが考えられる．詳細な議論は，Aranson *et al.* [1974] を参照のこと．
35) 選挙における争点の多次元化（多次元空間理論）に関しては，小林 [1988] に簡単に要約されている．
36) Anderson *et al.* [1997] の研究によると，農業試験研究活動が停滞した場合には，国際市場において穀物価格が上昇し世界全体の厚生水準は低下するという．また，国際稲研究所（IRRI）は，農業生産基盤が弱体化する一方で，アジア地域の米需要が2010年には30%も上昇することから世界の米需給事情が逼迫化する可能性を指摘している（*Star* 紙，1998年7月9日）．

第8章　農民票と稲作補助金
―― 1999 年総選挙を事例として ――

第 1 節　はじめに

　政権与党は，より多くの農民票を獲得することを目的として，1970, 80 年代に稲作補助金のための歳出額を大幅に増やした．しかし 90 年代に入り，政治財である稲作補助金の引き上げは自由化，補助金削減という時代的要請から難しくなっている．こうした状況の変化によって，政府と農民とのパトロン＝クライアント関係――政府が農民に補助金を支給する見返りに，農民が政府を支持するという関係（第 6 章を参照）――は，90 年代以降脆弱化した可能性がある．稲作選挙区における選挙結果が与野党間の勢力バランスに大きな影響を及ぼす以上，稲作農民の政党支持がどのように変化したかを検討することは重要である．そこで本章では，主に 1999 年総選挙の結果を詳細に検討することによって，90 年代における稲作政策の展開が農民の投票行動に及ぼした影響を考察する．

　ここで本章の構成を示せば次のとおりである．第 2 節において，99 年総選挙の結果を簡単に紹介する．そのうえで，第 3 節において，稲作地域の選挙区に絞って選挙結果をより詳細に分析する．第 4 節では，これらの分析結果を踏まえつつ，1990 年代における稲作政策の展開が 99 年総選挙に及ぼした影響を考察する．そして最後の第 5 節において本章の取りまとめを行う．

第2節 1999年総選挙の結果

　1999年11月29日に,マレーシアにおいて独立後10回目の総選挙が実施された.マハティール現政権[1]下における5回 (1982, 86, 90, 95, 99年) の総選挙の中で,今回の総選挙が最も国内外から注目を浴びた.なぜならば,アジア経済危機による景気後退に加えて,次期首相の最有力候補と見なされていたアンワル (Anwar Ibrahim) の失脚と当局による同氏への暴力事件などが選挙結果に大きな影響を及ぼすと予想されていたからである.

　ここで選挙結果を先取りすると,与党連合の国民戦線 (BN) は3分の2以上の絶対安定多数[2]を確保したものの,国民戦線の実権を掌握している統一マレー人国民組織 (UMNO) は大幅に議席数を減らした.かわって議席数を急増させたマレー系野党全マレーシア・イスラム党 (PAS) が,下院において第3回選挙 (1964年) 以来の野党第1党に返り咲いた.とくに,PASの議席拡大が顕著であったのは稲作地域を含む農村選挙区であった.複合民族国家であるマレーシアにおいて,最大多数派のマレー人有権者が農村部に多数居住するという特殊事情を考慮すると,農村部における野党勢力の拡大は大きな政治的意味を持つ.

　ここで,95年総選挙以降の主な政治動向について説明しておこう.とくに注目される出来事は,①マレー系野党46年精神党 (S46 ; Semangat 46) の解党 (1996年),②当時副首相兼蔵相であったアンワルの失脚 (98年),③アンワル支持派を中心とした国民正義党 (KEADILAN ; Parti Keadilan Nasional) の結成 (99年),そして④西マレーシアにおける主要4野党 (PAS, KEADILAN, DAP, PRM[3]) の連合結成 (99年) である.順次,ごく簡単に説明を加えておこう.

　最初に,46年精神党 (S46) の解党について取り上げよう.S46は1988年にUMNO総裁選に敗れたラザレイ元蔵相 (Razaleigh Hamzah) とその支持者がUMNOを脱退して結成した政党である.1990年と95年総選挙では,同党は,反マハティールという立場からPASと連合を組み,90年以降PASととも

にクランタン州連立政権を担ってきた．しかし，支持率の低下や党内部の派閥争いなどから 1996 年に解党し，党総裁のラザレイと多くの党員（下院・州議会議員を含む）が UMNO に復党した．この結果，下院 5 議席が野党サイドから UMNO に移ったことから，議会における UMNO の PAS に対する政治的優位が一層鮮明となった．

　しかし，こうした UMNO の政治的優位は，上記②から④に列挙した「アンワル要因（Anwar factor）」によって失われることになる．当時副首相兼蔵相であったアンワルは，マハティールの経済・社会政策に批判的であったとされる．とくにアジア経済危機の対処法をめぐり，両者の政策指向の違いがより鮮明になった．このことから両者の確執が深まり，結果的にアンワル解任→UMNO 追放→職権乱用と異常性行為容疑によるアンワル逮捕へと事態は急展開を遂げた[4]．

　これに対して，アンワル支持者たちは，権力者の職権乱用や汚職の一掃を主張するアンワルの改革（reformasi）運動を引き継ぐ形で，1999 年 4 月に国民正義党（KEADILAN）を結成した（中村正志［2000］）．党総裁にはアンワル夫人のワン・アジザ（Wan Azizah）が選出された．さらに，アンワル殴打事件を契機として政府・マハティール批判が強まる中で，PAS と KEADILAN に加えて，最大の華人系野党である民主行動党（DAP）と人民党（PRM）が民族横断的な野党連合・代替戦線（BA；Barisan Alternative）を結成した．このことによって，マレーシア政治史上，初めて民族横断的な与党連合（BN）と野党連合（BA）が政権を争うことになった．

　与野党連合は，ともに統一選挙公約を公表している．与党連合の選挙公約は現状維持を，野党連合のそれは政治改革を主張する内容となっており，両者の政策選好は極めて対照的であった（中村正志［2000］）．

　こうした政治動向を念頭に置きつつ，99 年総選挙の結果をみていくことにしよう（表 8-1）．与党連合は下院の議席数を 162 から 148 に減らしつつも，絶対安定多数を確保している．しかし，与党連合 BN の実権を掌握している UMNO は 89 議席（79 議席）から 72 議席（60 議席）に大幅に議席数を減らし

表 8-1　1995, 99 年総選挙における各党の獲得議席数

	下院		州議会	
	1995	1999	1995	1999
与党・国民戦線	162	148	339	281
統一マレー人国民組織(UMNO)	89	72	231	176
マレーシア華人協会(MCA)	30	28	71	68
マレーシア・インド人会議(MIC)	7	7	15	15
マレーシア人民運動(GERAKAN)	7	7	22	22
サラワク統一ブミプトラ党(PBB)	10	10	−	−
サラワク統一人民党(SUPP)	7	7	−	−
サラワク・ダヤク族党(PBDS)	5	6	−	−
サラワク国民党(SNAP)	3	4	−	−
その他与党・BN下無所属	4	7	−	−
野党	30	45	55	113
代替戦線	−	42	−	113
全マレーシア・イスラム党(PAS)	7	27	33	98
民主行動党(DAP)	9	10	11	11
国民正義党(KEADILAN)	−	5	−	4
マレーシア人民党(PRM)	0	0	0	0
46年精神党(S 46)	6	−	11	−
サバ統一党(PBS)	8	3	−	−
その他野党・無所属	0	0	0	0
合計	192	193	394	394

注：数字の「0」は候補者を立てるが議席を獲得できなかったことを意味する．また，「−」は，立候補者を立てなかったことを意味する．
資料：*New Stratis Times* 紙, 1999 年 12 月 1 日. *Star* 紙および選挙管理委員会のホームページ上で公表された選挙データ．

ている（カッコ内は西マレーシアのみの結果）．これとは対照的に，マレー系野党 PAS は 7 議席から 20 議席増の 27 議席を獲得しており，第 3 回選挙（1964 年）以来の野党第一党となった．また下院議員選挙と同様に州議会議員選挙においても，UMNO の議席数は 231 から 176 に減少している．その一方で，PAS は 65 議席増の 98 議席を獲得するなど大躍進を遂げた．

　ここでマレー系与野党の得票数に注目しよう．中村正志［2000］の計算によると，西マレーシアにおいて，マレー系与党 UMNO の得票数が 183 万 8,000 票であったのに対して，マレー系 3 野党（PAS, KEADILAN, PRM）のそれは 177 万 3,000 票であったという．

　それでは，UMNO はマレー人票の過半数を獲得したのであろうか．このこ

とを明らかにする際に重要となるのは，非マレー人票（とくに華人票）の動向である．今回の選挙においても，大半の華人有権者はUMNO支持に回ったと考えられている（中村正志［2000］）．なぜならば，華人有権者の多くは，イスラム原理主義を党是とするPASが勢力を伸長させることに強い懸念を抱いていたからである．したがって，UMNO候補が立った選挙区において，約20％を占める非マレー人有権者（その90％以上が華人有権者）の大半はUMNOを支持したと考えられる．このことを勘案すると，逆にマレー人有権者の過半数はマレー系野党支持に回った可能性が高いと推察される．つまり皮肉にも，UMNOは，マレー系政党でありながら，自らの支持母体であるはずのマレー人ではなく非マレー人の支持により依存することによって，多くの議席を獲得したといえよう．

こうした99年総選挙の結果を踏まえて，次節において，稲作地域における選挙結果を詳述しよう．

第3節　稲作地域における選挙結果

1. クダー州

クダー州はムダ灌漑地域を抱えるマレーシア最大の穀倉地帯である．ムダ地域の総水田面積は約9万7,000 haであり，約4分の3がクダー州に，残りの約4分の1がプルリス州に属している[5]．

ムダ地域は，直播や収穫作業の機械化などの省力技術がいち早く導入されるなど，栽培技術面においてマレーシアで最も先進的な稲作地域として有名である．事実，ムダ地域における雨期作と乾期作の1 ha当たり籾米収量は，全国平均の2,865 kgと3,484 kgを大幅に上回る4,532 kgと3,901 kgであり，マレーシアの主要稲作地域の中では北西スランゴール地域に次いで高い（統計データは1994〜98年の平均値）[6]．このことから容易に推察されるとおり，ムダ地域の単位面積当たり稲作所得は全国平均を大きく上回っている．具体的に

データを示すと，1990年農業センサスおよびムダ農業開発公団（MADA）の調査結果によると，1 ha 当たり稲作所得はムダ地域を除く西マレーシアでは約 2,000 リンギ，ムダ地域では約 2,500 リンギであった（Jabatan Pertanian [1994], Wong [1995]）．

これに加えて，ムダ地域における農家1戸当たり水田経営面積は1.99 ha であり（Wong [1995]），ムダ地域を除く西マレーシアの平均経営規模である1.06 ha を大きく上回っている（Jabatan Pertanian [1994]）．こうした事実を勘案すると，ムダ地域の農家の稲作所得は全国トップクラスにあると推察できる．

また，クダー州は食料供給基地であると同時に，中央政界に強い影響力を持っていることで知られる．同州は，最大多数派のマレー人の人口比率が高く，かつマレー人の有権者数が多い．例えば95年総選挙時点において，マレーシアを構成する1連邦直轄区と13州のうち，クダー州のマレー人有権者数は54万 4,000 人であり，ジョホール州（57万 6,000 人），クランタン州（57万人），スランゴール州（54万 9,000 人）に次いで多かった[7]．

さらに，これら諸州において，マレー人有権者が過半数を占める下院選挙区の数を比較すると，クダー州が14選挙区であったのに対して，ジョホール州は13選挙区，クランタン州は14選挙区，そしてスランゴール州は10選挙区であった[8]．序章で指摘したとおり，マレーシアでは，各民族集団をベースとして政党が形成されていることから，マレー人有権者が過半数を占める選挙区では，国民戦線の実権を掌握しているマレー系政党 UMNO から候補者が選出されるのが一般的である．実際に99年下院議員選挙を例とすると，各州におけるUMNO候補者の数は，クダー州13人，ジョホール州13人，クランタン州14人，スランゴール州9人であった．この例から，UMNOの候補者数とマレー人有権者が過半数を占める選挙区の数は，ほぼ同じであったことが確認できる．

ところで，これら諸州のうち，UMNO候補者の数が最も多いのはクランタン州である．しかし同州はマレー系野党 PAS の政治勢力が強い．このため，

従来の選挙では，クダー州とジョホール州が最も多くの UMNO 下院議員を供給してきた[9]．こうした政治的背景もあって，クダー州は，ジョホール州とともに中央政界に強い影響力を保持している．このことは，歴代首相4名のうち初代首相のラーマン（Abdul Rahman）と現首相マハティールの2名が同州出身者である事実から容易に確認できる[10]．また，マハティール現政権において，首相に次ぐ影響力を保持しているダイム（Daim Zainuddin）蔵相兼特別相など，同州は有力政治家を多数輩出している．

このように中央政界への影響力が強いクダー州においても，1970年代にイスラム原理主義思想が農村部に浸透するに伴って，一時的に野党 PAS が勢力を拡大した時期があった．しかし，第7～9回の下院議員選挙（おのおの 1986，90，95 年に実施）において，野党候補者は全員落選しており，80 年代半ば以降 UMNO を中心とした与党連合の国民戦線が安定的な支持を得ていた．

稲作地域の選挙区には，下院 15 議席中 5 議席，州議会 36 議席中 12 議席が配分されている．これら稲作選挙区における 95 年総選挙の結果をみると，与党 UMNO が下院 5 議席のすべてと，州議会 12 議席中 10 議席を確保していた．これに対して，野党サイドは，PAS 総裁のファジル（Fadzil Mohd Noor）が Kuala Kedah 下院選挙区において UMNO の候補者に敗れるなど，州議会の 2 議席を辛うじて確保したに過ぎなかった（表 8-2）．

しかし 97 年末には，経済危機による農業投入財価格の高騰などによって，経営状態が急速に悪化したムダ地域の稲作農民がデモを行うなど，稲作補助金制度に対する不満が高まった（農民デモと補助金制度への影響については第 7 章を参照）[11]．

また 96 年 3 月には，11 年間にわたってクダー州主席大臣を務めたオスマン（Osman Aroff）が解任され，後任にマハティール首相の信任が厚い元農業大臣のサヌシ（Sanusi Junid）が任命されるという憶測が流れた．これに対して，UMNO のクダー州議会議員の多くが，マハティール首相に対してオスマンの解任に反対を表明するなど[12]，党中央部とクダー州支部との間に軋轢が発生した．さらに 99 年総選挙の候補者人選に当たり，慣例に反して一部選挙区に

表8-2 稲作選挙区における各政党の獲得議席数(州別)

下院議員選挙

州	1995				1999			
	UMNO	PAS	S46	合計	UMNO	PAS	KEADILAN	合計
プルリス	2	0	0	2	2	0	−	2
クダー	5	0	−	5	0	5	−	5
クランタン	1	4	2	7	0	6	1	7
トレンガヌ	1	−	0	1	0	1	−	1
ペナン	3	0	0	3	2	0	1	3
ペラ	3	0	0	3	2	1	0	3
スランゴール	2	−	0	2	2	0	−	2
合計	17	4	2	23	8	13	2	23

州議会議員選挙

州	1995					1999				
	UMNO	MCA	PAS	S46	合計	UMNO	MCA	PAS	KEADILAN	合計
プルリス	10	1	0	0	11	7	1	3	0	11
クダー	10	−	2	−	12	6	−	6	−	12
クランタン	3	−	13	5	21	0	−	21	−	21
トレンガヌ	3	−	0	0	3	0	−	3	−	3
ペナン	8	−	0	0	8	7	−	0	1	8
ペラ	5	−	0	−	5	3	−	2	0	5
スランゴール	3	1	0	−	4	1	1	2	−	4
合計	42	2	15	5	64	24	2	37	1	64

注:数字の「0」は候補者を立てるが議席を獲得できなかったことを意味する.また,「−」は,立候補者を立てなかったことを意味する.
資料:New Stratis Times 紙,1999年12月1日.Star 紙および選挙管理委員会のホームページ上で公表された選挙データ.

おいて序列を無視した人選が行われたことなどから,UMNOの一部党員の間に不満があがっていた[13].このようなクダー州UMNOの内部対立に加えて,アンワルの失脚問題やアジア経済危機による景気後退,政治集会(ceramah)等を通じた野党PASの積極的な政治活動などの影響が,野党連合BA——とくにPAS——にどれだけ有利に働くかが注目されていた.

ここで,99年総選挙の結果を稲作地域の選挙区に絞って検討していこう.下院議員選挙において,与党UMNOは,前回の選挙で確保していた5議席をすべて失っている(表8-2).これに対して,UMNOが候補者を立てた稲作地域以外の下院8選挙区において,同党は,前回の議席数を8議席から3議席減らしたものの,5議席を獲得している.このことから,獲得した下院議席数の点において,野党PASは稲作以外の選挙区よりも稲作選挙区において勢力を

より拡大させたといえる．

　このように PAS が躍進した稲作選挙区の下院議員選挙では，クダー州の UMNO 青年部長や 3 選を目指していた UMNO の現職候補 2 名を含む有力政治家が相次いで落選したのに対して，過去 5 回連続して下院議員選挙に落選していた PAS 総裁のファジルが初当選を果たしている[14]．PAS が有力候補者（党総裁，青年部長，広報部長）を立てた Pendang 地区，Pokok Sena 地区，Kuala Kedah 地区に関しては，投票前から UMNO の苦戦がある程度予想されていた．ところが，従来の選挙において UMNO の支持率が高かった Jerlun 地区と Yan 地区においても，UMNO の候補者が PAS の新人候補に相次いで敗れたことは，UMNO サイドにとって予想外であったといえる．事実，当時クダー州主席大臣であったサヌシは，UMNO の敗北が予想外であった選挙区として，これら 2 選挙区をあげている[15]．

　このような下院議員選挙の結果と同様に，州議会議員選挙においても，UMNO は議席数を 10 から 6 に大幅に減らしている．これに対して，野党 PAS は，かつて同党が議席を確保していた Langgar 選挙区のみならず，従来 UMNO の支持が強かった Ayer Hitam, Anak Bukit, Pengkalan Kundor の各選挙区においても議席を獲得するなど，2 から 6 に議席数を増やした[16]．

　こうした稲作地域における野党 PAS の躍進と与党 UMNO の支持後退という現象[17]は，得票率の変化にも如実に表れている．95 年と 99 年選挙における UMNO の得票率（稲作選挙区のみ）を比較すると，下院議員選挙では 54.6% から 48.0% に，州議会議員選挙では 56.8% から 48.8% に低下している．この選挙結果から明白なとおり，クダー州の稲作選挙区において，与野党間の勢力関係は逆転したと考えられる．

　以上の議論を総括すれば，マレーシア最大の穀倉地帯であるムダ灌漑地域において，UMNO が獲得議席数を大幅に減らした一方で，マレー系野党 PAS が大幅に勢力を伸ばしたことは明白である．

2. プルリス州

　プルリス州はマレーシアで最も面積が小さく，かつ人口が最も少ない州であることから，中央政界への影響力は小さい．事実，アンワル失脚後の組閣人事（99年1月）において，プルリス州選出の議員は合計28の大臣級ポストに誰1人として任命されなかった[18]．しかし，同州の南半分がマレーシア最大の稲作地域であるムダ灌漑地域に属しており，総就業者数に占める稲作従事者の人口比率はマレーシアで最も高い．このことから，プルリス州は，マレーシアの州の中で稲作地域への議席配分比率が最も大きく，下院3議席中2議席と州議会15議席中11議席が稲作地域の選挙区に振り分けられている．

　プルリス州はもともとUMNOへの支持が強い地域であり，過去9回の下院議員本選挙において，PASを含む野党が議席を獲得したことは1度もない．また，州議会の議席についても，第7回総選挙（1986年実施）以降UMNOがすべての議席を独占している．しかし，1998年7月に実施されたArau地区の下院議員補欠選挙において，PASの候補者が予想外の勝利を収めたことから，今回の選挙では与党UMNOの苦戦がある程度予想されていた[19]．このような予想の下に，与党からは，下院議員候補として，前プルリス州主席大臣，住宅・地方政府省の副大臣などの有力政治家が立候補したことから，与党がどれだけ議席，支持票を確保できるかが注目されていた．

　稲作地域の選挙区に絞って99年総選挙の結果をみると，UMNOは，98年補欠選挙で失ったArau地区の下院議席を奪回したものの，95年選挙と比較して，同党の得票率は大幅に減少している．その一方で，PASが州議会の3議席を確保するなど支持を拡大したことが読み取れる（表8-2）．過去9回の州議会議員選挙において，PASが2議席以上を確保したことはない．このことを勘案すると，とくに農民票の比率が高いGuar Sanji選挙区とSanglang選挙区において，PASがUMNOから議席を奪った点は注目に値しよう[20]．

　こうした稲作選挙区におけるPASの躍進は，得票率の変化からより明確に確認することができる．95年と99年総選挙におけるUMNOの得票率を比較す

ると，下院議員選挙では 67.3% から 54.9% に，州議会議員選挙では 64.4% から 52.8% に急落している[21]．このように，UMNO は 99 年選挙において大幅に得票率を低下させたが，辛うじて過半数の支持票を得ている．しかし，有権者の約 17%（下院議員選挙区の場合）を占める非マレー人が現実路線派の UMNO 支持に回ったと推察されることから，マレー人有権者の間では，UMNO と PAS の支持率はほぼ拮抗していたか，あるいは PAS の支持率の方が高かったと考えられる．

このような状況を総じて判断すると，99 年総選挙において，UMNO の支持が比較的強かったプルリス州の稲作地域（ムダ灌漑地域の北部）においても，PAS は支持を大幅に拡大させたと考えられる．

3. クランタン州

クランタン州は，ムダ灌漑地域に次ぐ面積を誇るクムブ地域（総水田面積約 3 万 2,000 ha）とクマシン・スメラ地域（同 9,500 ha）を擁している．しかし，ムダなどの先進的稲作地域に比べて両地域の単収は低い．具体的に雨期作と乾期作の 1 ha 当たり籾米単収（1994〜98 年の平均値）を示すと，クムブ地域は 3,500 kg と 3,471 kg，クマシン・スメラ地域は 2,908 kg と 2,285 kg であった（前述のとおり，ムダ地域は 4,532 kg と 3,901 kg）．さらに農家 1 戸当たり稲作経営面積も全国平均をやや下回っている．これに加えて，農外就業機会が相対的に少ないことなどから，ムダや北西スランゴール地域と比較して稲作農家の所得水準は概して低い．

このような事情も一因となって，クランタン州は西マレーシアの中で最も貧困世帯比率が高い経済後進地域となっている[22]．また，マレー人の人口比率が高いクランタン州は，マレーシアの中で最もイスラム原理主義思想が浸透している地域である．こうした背景もあって，同州ではイスラム色の強い政策を志向する PAS への根強い支持があり，過去 9 回の州議会議員選挙において，同党は 6 回も第 1 党となって州政権を担っている[23]．PAS は，党内の派閥争いなどの影響から 1970 年代後半から 80 年代半ばにかけて一時的に勢力を後退

させた．しかし 90 年と 95 年総選挙では，UMNO を離脱したラザレイ元蔵相率いる S46 と連合を組むことによって，下院議員，州議会議員選挙の両方に圧勝している．

しかし前節で述べたとおり，96 年に PAS とともに州政権を担っていた S46 が解散し，総裁のラザレイと多くの党員（下院・州議会議員を含む）が UMNO に復党した．さらに，UMNO のクランタン州選挙対策委員長として 80 年代に辣腕を振るったラザレイが，99 年総選挙では再びそのポストに任命された．クランタン州王家の子息である有力者ラザレイが野党陣営から与党陣営に鞍替えしたことから，与党 UMNO サイドからはクランタン州政権の奪回も可能であるという強気の発言が目立った[24]．

また選挙戦略として，与党サイドは，クランタン州の経済後進性の原因が 10 年間に及ぶ PAS 州政権の不適切な経済運営にあるとの主張をもとに，UMNO 州政権下での経済開発の推進を強調した．これに加えて，クランタン州主席大臣であるアジズ（Nik Abdul Aziz Nik Mat）の「イスラム国家樹立」発言に対して，徹底的な批判を加えた．さらに，非マレー人の首相就任を容認するアジズ発言に対しても，マレー人の特権的優位性を放棄する発言として厳しく批判した．こうしたアジズ批判は，選挙の争点をアンワル問題から逸らす意味合いがあったと推察される．

これに対して，PAS は，前回選挙終了後から小規模な政治集会を頻繁に開き[25]，さらに同党機関誌を通じた積極的な政治活動を行っていた．加えて全候補者を同州出身者で固めるなど，地域に根ざした選挙戦略を採用した．このような与野党両陣営の選挙戦略が，PAS の牙城であるクランタン州の選挙結果——とくに州議会議員選挙の結果——にどのような影響を及ぼすかが注目されていた．

こうした状況を念頭に置きつつ，次に稲作選挙区に着目して選挙結果を分析していくことにしよう．クムブとクマシン・スメラ両地域ならびにその周辺の稲作地域に対して，下院 14 議席中 7 議席と州議会 43 議席中 21 議席が配分されている．これら稲作選挙区における 95 年総選挙の結果をみると，表 8-2 に

示したとおり，PAS と S46 の野党連合が下院 7 議席中 6 議席（4 議席），州議会の 21 議席中 18 議席（13 議席）を得ている（カッコ内は PAS の獲得議席数）．

これと比較しつつ 99 年総選挙の結果をみると，野党連合 BA がさらに勢力を拡大したことが容易に確認できる．UMNO は 95 年総選挙において確保した下院 1 議席と州議会 3 議席をすべて失い，稲作地域の選挙区において全候補者が落選している．中でも UMNO サイドにとって予想外であったのは，Peringkat と Pasir Mas 下院選挙区において，当時農村開発相であったアンワル・ムサ（Annuar Musa）と総理府，副大臣であったイブラヒン（Ibrahim Ali）[26]が得票率でおのおの 13% と 22% の大差をつけられて落選したことであろう．とくに，クランタン州内において，ラザレイに次ぐ UMNO の有力政治家であるアンワル・ムサの落選は，経済開発による貧困撲滅・所得向上という UMNO の選挙公約が，クランタン州の有権者にはほとんど受け入れられなかった可能性を示唆している．このことは，少なくともクランタン州において，開発資金の投入による集票力に限界があったことを意味している．

また UMNO の議席数減少から明白なとおり，95 年と 99 年選挙における UMNO の得票率は，下院議員選挙では 43.2% から 35.6% に，州議会議員選挙では 42.4% から 35.6% に低下している．このような選挙結果の検討を要約すると，もともと野党の支持基盤であったクランタン州の稲作選挙区全域において，UMNO の支持率はさらに低下し，野党連合——とくに PAS——が勢力を着実に拡大させたといえる．

4. トレンガヌ州

トレンガヌ州は，クランタン州と同様にマレー人の人口比率が高く，かつ貧困世帯比率が高い地域である．石油関連産業以外の州経済の中心は農業と漁業である．稲作に従事する農家数は多いものの，経営規模は零細であり，かつ水田地域は分散している．このため，主要稲作地域に指定されているのは州北部に位置するブスッ灌漑地域のみである．同地域の総水田面積は 5,140 ha と主要稲作地域の中では最も小さい．こうした地理的条件もあって，トレンガヌ州

では主要稲作地域への選挙区の配分は，下院8議席中1議席，州議会32議席中3議席にとどまっている．

トレンガヌ州では，イスラム原理主義の思想が農村部に比較的浸透していることから，PASが一定の勢力を保持してきた．しかし1959年に実施された第1回州議会議員選挙において，PASは単独第一党になったものの，それ以降前回の選挙まで常にUMNOに第一党の座を譲ってきた．このような過去の選挙結果に加えて，99年6月には，稲作選挙区であるBesut地区において，同地区支部長の更迭人事をめぐってPAS内部に対立が生じるなど[27]，概して与党UMNOに有利な条件がそろっていた．このことから，与党サイドは，32の州議席中3分の2以上の議席は確保できると予想していた[28]．

これに対して，野党PASは，同州Marang下院選挙区選出のアワン（Hadi Awang）副総裁を中心に，かなり早い時期から地道な選挙活動を行っていた．

ここで99年総選挙の結果について，稲作地域の選挙区に限定して開票結果をみよう．表8-2に示したとおり，大方の予想に反してPASがすべての議席を獲得している．Kampung Raja選挙区から立候補した次期トレンガヌ州主席大臣の有力候補者（当時，企業家開発省，副大臣）や現職候補者が相次いで落選し，反対に野党PASの候補者が全員当選している．与党UMNOの得票率も，下院議員選挙では95年の56.6％から99年には45.4％に，州議会議員選挙では95年の56.6％から99年の44.9％に10ポイント以上も低下している．このことから，同州においても，他の稲作地域と同様に，野党PASが勢力を大幅に拡大させたことが確認できる．

5. ペナン州

ペナン州はイギリス植民地時代から商業の盛んな港町として栄えてきたこともあり，華人の人口比率が相対的に高い．しかし，主に北部スブラン・プライと中部スブラン・プライに稲作地域があり，主要稲作地域の1つに指定されている（総水田面積約1万ha）．この稲作地域に，下院11議席中3議席と州議会の33議席中8議席が配分されている．

ペナン州は，マレー人の人口比率が小さいものの，中央政界に一定の影響力を保持している．例えば，98年に失脚したアンワルや次期首相候補とされるアブドゥラ（Abdullah Ahmad Badawi）副首相はスブラン・プライ稲作地域の出身者である．

ペナン州は華人系野党 DAP の勢力が強く，その反動としてマレー人の与党支持が非常に強い地域である．事実，下院議員，州議会議員選挙において，マレー系野党 PAS が議席を獲得したことがあるのは78年総選挙の時のみである．また95年選挙において，UMNO は稲作地域の下院選挙区において，3選挙区とも70%以上の支持票を集めて圧勝している．州議会議員選挙においても，8議席中4議席は80%以上の得票率で勝利を収めている．これらの事実から，ペナン州の稲作地域は UMNO の強力な支持地域であったことが確認できる．

しかし今回の選挙では，失脚したアンワルが同州稲作地域の出身者であったことから，野党連合 BA に属するマレー系政党（PAS と KEADILAN）がどれだけの支持を得るかが注目されていた．

1999年の選挙結果を稲作地域に限ってみると，失脚したアンワルの夫人が立候補した Permatan Puah 下院選挙区と，やはりアンワルの影響力が未だに残るとされる Permatang Pasir 州議会選挙区において，野党連合は議席を確保したに過ぎない．UMNO は，下院3議席中2議席と州議会8議席中7議席を得ている．しかしここで注意すべきことは，UMNO の得票率が他の稲作地域と同様に大幅に低下したことである．95年選挙と99年選挙を比較すると，UMNO の得票率は，下院議員選挙では77.2%から53.3%に，州議会議員選挙では77.0%から56.3%に低下している．

さらにここで注意すべき点は，他の稲作地域と比較して，ペナン州の稲作地域では華人有権者の比率が相対的に高いことである．華人有権者の多くは，イスラム原理主義的な政策を志向する PAS あるいは PAS と連合を組む KEADILAN を嫌い，現実路線を重視する UMNO を支持したと推察される．

このような事情を勘案すると，ペナン州においても，やはり相当の農民票が与党から野党に流れたと指摘できよう．

6. ペラ州

ペラ州は，イギリス植民地時代から錫鉱山の開発が進んだことから，華人の人口比率が比較的高い．ペラ州の稲作地域はペナン州に隣接しているクリアン灌漑地域，州中央部のスブラン・ペラ地域，州南部のスンガイ・マニ地域の3ヵ所である．このうち，クリアン地域が規模的に最も大きい．

稲作地域の選挙区への議席配分は，下院23議席中3議席，州議会52議席中5議席である．かつてPASはクリアン地域において支持を得ていたが，1980年代以降は与党が議席を確保している．今回の総選挙において，野党連合は下院1議席，州議会3議席を確保するなど，支持を拡大している．この結果から，同州の稲作地域においても，野党支持が拡大したと考えられる．

7. スランゴール州

下院14議席中2議席と州議会の48議席中4議席が，スランゴール州の北西部に位置する稲作地域（北西スランゴール総合農業開発地域）の選挙区に配分されている．この地域は，ムダ地域に次ぐ先進的な稲作地域として有名であり，灌漑施設の整備状況や農家1戸当たり水田経営面積，農外就業機会の点で，他の稲作地域よりもかなり恵まれた状況にある．このことから，他の稲作地域と比較して農家の所得水準は相対的に高く，したがって耕作放棄率はかなり低い．さらに，同地域のマレー人稲作農民の多くはインドネシアからの移民（とくにジャワ系が多い）であり，イスラム原理主義の影響が小さい地域である．このことから，1970年代から有権者に占める与党UMNOの党員比率が高く，西マレーシアの中でUMNOの支持が最も強い地域の1つであった．事実，95年総選挙において，与党連合は70％以上の得票率で圧勝しており，とくに下院の2議席は80％以上の支持票を集めていた．

しかし1999年総選挙の結果をみると，下院議員選挙において，与党UMNOは2議席を確保したものの，得票率はともに50％台前半であり，95年選挙と比較すると野党PASが大幅に支持率をアップさせている．とくにSabak Bernam 選挙区では，PAS の得票率は 16.4% から 31.6% アップの 48.0% に急上昇している．同選挙区から立候補した UMNO の候補者は，スランゴール州諮問委員会（EXCO）の農業担当委員長を歴任するなど，州議員（Sungai Air Tawar 地区選出）を 4 期務めた大物農林族議員である[29]．このような有力政治家が立候補したにもかかわらず，野党の勢力拡大を阻止できなかった．

一方，州議会議員選挙においても，4 議席中 2 議席が野党の勝利に終わっており，与党が議席を確保した選挙区においてもその得票率は軒並み 50% 台にとどまっている．華人の人口比率が高い Sekinchang 地区[30]を除く他の選挙区において，PAS が軒並み 50% 前後の得票率を得ている．とくに稲作に従事する有権者の比率が高い Sungai Besar 選挙区と Sungai Burung 選挙区において，PAS が UMNO から議席を奪った点は注目に値しよう．

ここで留意すべきことは，UMNO の党員の中に野党に票を投じた者がいた可能性である．この事実は，かつて円滑に機能してきた与党の集票マシーンが，1999 年総選挙においては有効に機能しなかった可能性を示唆している．これらの事実を総じてみれば，今回の選挙において，スランゴール州の稲作農民は，与党支持から野党支持に回った可能性が高いと結論できる．

第 4 節　選挙結果と稲作政策への影響

前節の議論を念頭に置きつつ，稲作選挙区におけるマレー系与野党間の獲得議席数について取りまとめることにしよう．

表 8-3 に，与党 UMNO と野党 PAS の獲得議席数を，稲作選挙区とそれ以外の選挙区に分けて示した．UMNO の獲得議席数は，下院では 17 議席から 8 議席に，州議会では 42 議席から 24 議席に大幅に減少している．逆に，野党 PAS は，下院では 4 議席から 13 議席に，州議会では 15 議席から 37 議席に大幅に勢力を伸ばしている．この結果，稲作選挙区におけるマレー系与野党間の勢力関係は逆転し，野党 PAS が過半数の議席を制したことが確認できる．

それでは，稲作選挙区におけるマレー系与野党間の勢力逆転は，全体の選挙

表 8-3 UMNO と PAS の獲得議席数

	稲作選挙区		非稲作選挙区	
	1995	1999	1995	1999
下院				
UMNO	17	8	72	64
PAS	4	13	3	14
州議会				
UMNO	42	24	189	152
PAS	15	37	18	61

資料：*New Stratis Times* 紙，1999年12月1日．*Star* 紙および選挙管理委員会のホームページ上で公表された選挙データ．

表 8-4 稲作選挙区における与党 UMNO の得票率と獲得議席数

	UMNO の得票率（％）	稲作選挙区における獲得議席数		
		与党UMNO	野党	合計
1969	51.9	11	7	18
78	54.9	16	4	20
82	58.8	16	4	20
86	58.1	20	1	21
90	53.1	15	6	21
95	57.9	17	6	23
99	45.8	8	15	23

資料：選挙管理委員会が公表している選挙結果および新聞報道をもとにして，著者が計算した．

結果にいかなる影響を及ぼしたのであろうか．UMNO が失った議席数を稲作選挙区とそれ以外の選挙区に分けて比較すると，下院の稲作選挙区では9議席減，非稲作選挙区では8議席減であった．つまり，UMNO が議席を失った選挙区の半数が稲作地域に位置していたことになる．また州議会議員選挙においても，UMNO が失った55議席のうち，約3分の1に相当する18議席が稲作選挙区であった．このことからも，稲作選挙区における UMNO の勢力後退が選挙結果に大きな影響を及ぼしたといえる．こうした議論を総じてみると，UMNO の議席が大幅に減少した原因の1つとして，稲作地域におけるマレー系与野党間の勢力逆転があったと考えられる．

それでは，どうして，稲作選挙区において与野党間の勢力逆転が起こったのであろうか．1990年代における稲作政策の展開と稲作選挙区の選挙結果との間には，何か因果関係があるのであろうか．稲作政策の中でも，財政面および政治的観点から最も注目されるのは稲作補助金制度である．第3章において指摘したように，1970年代の農政転換に伴って，稲作補助金制度は大幅に拡充された．その結果，財政面からみると，稲作補助金制度の中核をなす肥料補助制度と米価補助金制度だけで，農業関連歳出額の約20％近くを占めている．農業部門の総付加価値額に占める稲作部門の割合はわずか4～5％程度である．これらの事実を併せて判断すると，稲作補助金制度への歳出額は顕著に突出し

ているといえる．

もちろん，1970年代に補助金制度が拡充されるにつれて，稲作選挙区における与党の支持率は急上昇した（表8-4）．下院議員選挙を例にとると，稲作選挙区におけるUMNOの得票率は，1969年の51.9％から78年には54.9％，82年には58.8％まで上昇した．また，82年選挙以降95年選挙までの間，

表8-5 生産者米価の推移

	生産者米価 (リンギ/ピクル)	消費者物価指数 (1994年=100)	実質米価
1990	45.0	85.2	52.8
91	45.0	88.9	50.6
92	45.0	93.1	48.3
93	45.0	96.4	46.7
94	45.0	100.0	45.0
95	45.0	103.4	43.5
96	45.0	107.0	42.1
97	48.3	109.9	43.9
98	48.3	115.7	41.7
99	48.3	118.9	40.6

注：実質米価＝生産者米価÷消費者物価指数×100．
資料：石田（1999）．

与党の内部分裂とラザレイのUMNO脱党，S46の結成による影響が大きかった90年選挙を除くと，UMNOは稲作選挙区において58％前後の支持率を得ていた．つまり第6章において明らかにしたように，農政転換の過程において，補助金支給をインセンティブとしたUMNOによる支持基盤の強化に対して，農民はその見返りとして政権与党を支持するという構図が形成されていったといえる．

しかし，99年総選挙の投票結果を分析した結果，稲作選挙区において，政権与党は議席数および得票率を大幅に減少させたことを指摘した．この選挙結果は，多くの農民票が与党から野党に流れたことを意味している．その背景として，「アンワル要因」以外に政治財である農業補助金の引き上げが，市場原理の導入，補助金削減という時代的要請から困難となっていることがあろう．事実，政府が定める生産者米価は，消費者物価指数によって実質化すると，1990年以降どちらかというと下落基調にある（表8-5）．アジア経済危機による投入財価格の上昇に対処するために，1997年に生産者米価が引き上げられた（第7章参照）．しかし，その引き上げ幅が不十分であったことから，生産者米価は1990～99年の間に実質ベースで約23％も低下している．その一方で，単収の年平均増加率は1～2％程度と低い．加えて，97年のアジア経済危機に伴う通貨変動によって，輸入依存度の高い化学投入財の価格が大幅に上昇した

ことから，稲作生産コストは上昇基調に推移していた．つまり，これらの事情を勘案すると，とくに90年代後半以降，稲作農家の経営状況は悪化の一途をたどっていたと推察できる．

こうした事情に「アンワル要因」による政治不信が加わって，農民と政権与党との協調関係が脆弱化したと考察できよう．両者の関係が政治財である補助金を通じて結ばれている以上，少なくとも生産コストや物価の上昇に見合うだけの補助金引き上げが実施されない限り，両者の協調関係は維持されないと推察される．稲作選挙区における与党UMNOの得票率は，補助金制度が拡充された70年代に上昇し，補助金が一定の水準で維持されていた80年代には高位安定的に推移していたが，補助金制度の見直しが本格化した90年代半ば以降に急落した．このような補助金制度と与党の支持率との関係をみると，稲作農民は，補助金と票とのバーターを前提として，ある程度合理的な政治行動をとっていたと考えることができよう．

いずれにせよ，今回の選挙結果から，現農政が目指す農業補助金制度の見直し（縮小）は，農民の与党離れを加速化する可能性が高いことから，政権与党にとってより実施困難な状況になったといえる．

第5節　むすび

本章では，1999年マレーシア総選挙（下院議員・州議会議員の両選挙）の結果について稲作地域の選挙区を中心に分析し，さらに選挙結果が今後の稲作政策の展開に及ぼす影響についても考察した．得られた知見を要約すると，次のとおりである．

第1に，99年総選挙において，与党連合の国民戦線（BN）は絶対安定多数を確保したものの，与党連合の実権を掌握している統一マレー人国民組織（UMNO）は議席数を大幅に減少させた．この事実に加えて，大半の華人有権者が与党に投票したと推察されることから，マレー人有権者の過半数が野党支持に回ったと考えられる．

第2に，アンワル失脚に伴う政治不信に加えて生産者米価の引き上げが不十分であったことから，マレー系与野党間の勢力バランスに大きな影響を及ぼす稲作選挙区において，UMNOは得票率・議席数を大幅に減らした．その一方で，マレー系野党——とくにイスラム党（PAS）——が大躍進を遂げた．UMNOが議席を失った選挙区の半数近くが稲作地域に位置していた．このことから，UMNOの議席減の要因として，稲作地域における与野党の勢力逆転があったと考えられる．

　最後に，多くの農民票が与党から野党に流れた背景として，政治財である農業補助金の引き上げが，市場原理の導入・補助金削減という時代的要請から困難となっていることがある．いずれにせよ，与党UMNOにとって，稲作選挙区における支持率低下によって，稲作関連の補助金制度を縮小することは一層困難になったと考えられる．なぜならば，補助金カットを実行すれば，稲作農民の与党離れが加速化する可能性が高まるからである．さらに，与党連合内におけるUMNOの影響力低下を阻止するためにも，マレー系与野党の支持が相対的に拮抗している稲作選挙区において，UMNOは支持を回復する必要がある．こうした状況下にあって，今後，UMNOを中心とする現政権がどのような稲作政策を展開していくのか大いに注目される．

注
1) マハティールは，病気療養のために引退した第3代首相フセイン（Hussein Onn）の後任として，1981年7月に第4代首相に就任した．
2) この絶対安定多数の基準は，連邦憲法を改正するために，下院において3分の2以上の賛成を得る必要があることに由来する．連邦憲法の改正は何度も行われてきたが，マハティール現政権下では，スルタン・国王の権限縮小と免責特権の廃止（1988年，92～93年）ならびに司法権の規定変更（88年）にかかる憲法改正がとくに有名である（法律上の論点整理についてはLee［1995］に詳しい）．
3) PRMの正式名称はParti Rakyat Malaysia（マレーシア人民党）である．
4) アンワル前副首相の失脚・逮捕については，中村［1999］に詳しい．
5) ムダ灌漑地域は4つの地区（division）に分割して管理されている．第1地区のみがプルリス州に位置しており，第2～4地区はクダー州に属している．
6) 各年次の単収データは，マレーシア農業局（Jabatan Pertanian）のホームペー

ジ（http://agrolink.moa.my/doa）から入手した．
7) 本文で示したマレー人有権者数は，新聞報道の資料をもとに推定した値であり，実際値とは多少異なる可能性がある．
8) 都市部ほど華人有権者の比率は高い．これに加えて，マレー人居住者が多い農村部に有利な議席配分が行われている．このため，都市部の人口比率が高いスランゴール州やジョホール州では，農村地帯であるクランタン州やクダー州と比較して，マレー人有権者の数に比べて彼らが過半数を占める選挙区数は相対的に少ない．
9) 例えば，95年下院議員選挙に当選したUMNOの候補者数を比較すると，クダー州とジョホール州がともに13名であったのに対して，スランゴール州とクランタン州はおのおの8名と2名であった．
10) ジョホール州は，UMNOの創設者であるオン（Onn Ja'aar）や彼の長男である第3代首相フセインなどの有力政治家を輩出している．
11) *New Sunday Times* 紙，1997年12月21日．
12) *New Straits Times* 紙，1996年3月25日および *Far Eastern Economic Review* 誌，1996年4月11日号．最終的に，マハティール首相の決断によって，サヌシが96年6月にクダー州主席大臣に任命された．
13) *New Straits Times* 紙，1999年12月6日．
14) 今回の選挙において，PASが下院の野党第一党となったことから，同党総裁のファジルが野党サイドの代表に選出された．この代表ポストは連邦憲法によって規定された公式ポストであり，毎月2,000リンギの手当が支給される．
15) *New Straits Times* 紙，1999年12月1日．これら選挙区以外に，Sik地区での敗北も予想外であったという．なお，同地区を制したPASの候補者は著名な作家兼文学者であるシャーノン・アーマド（Shahnon Ahmad）である．
16) Langgar選挙区（選挙区の見直しが行われた82年以前はLanggar-Limbong選挙区）は，PASが69年から86年選挙まで5回連続して議席を確保するなど，かつて同党の支配が非常に強い地域であった．
17) クダー州におけるPAS躍進の要因として，ファジル総裁は「アンワル要因」よりもUMNOのクダー州支部における内部対立——とくに主席大臣の交代劇を起因とする対立——が大きかったと述べている（*New Straits Times* 紙，1999年12月2日）．
18) プルリス州選出の議員の中で，Padang Besar地区選出のアズミ（Azmi Khalid）下院議員が住宅・地方政府省の副大臣に任命されただけであった．ただし，アズミは，当時農村開発相であったアンワル・ムサが99年下院議員選挙に落選したことから，総選挙後の組閣人事（99年12月）において，同氏の後任として農村開発相に任命された．
19) Arau地区は稲作が盛んな地域である．同地区の出身者である現プルリス州主

席大臣は稲作農家の出身である．1995年下院議員選挙では，UMNOの候補者が63.5％の得票率で圧勝している．1998年補欠選挙において，UMNOの候補者が落選した原因として，彼がプルリス州主席大臣の実弟であったことから，与党の縁故主義的人選に対する批判票がPASに流れた可能性が指摘されている（*New Sunday Times*紙，1998年7月12日）．

20) UMNOの選挙対策関係者は，投票前から両選挙区においてPASに敗北することを予想していたという（*New Straits Times*紙，1999年12月1日）．

21) Indera Kayangan州議会選挙区は稲作選挙区ではあるが，与党連合からはUMNOではなくMCAの候補者が出馬した．このことから，同選挙区を除く10選挙区のデータを用いて，稲作地域におけるUMNOの得票率を計算した．

22) マレーシア全体の貧困世帯比率は1997年時点で6.1％であった．これに対して，クランタン州のそれは19.2％と全国平均を大きく上回っている（*New Straits Times*紙，1999年7月29日）．

23) 1974～77年の間，PASは与党連合に加盟していたことから，同期間中はPASとUMNOの連立政権がクランタン州を治めていた．

24) ラザレイは，与党連合が州議会の43議席のうち最低20議席は獲得できると予想していたという（*New Straits Times*紙，1999年12月1日）．またマハティール首相自身，クランタン州議会議員選挙において，与党連合が過半数の議席を制するかどうかは半々の確率である，と選挙前に述べていた（*New Straits Times*紙，1999年11月29日）．

25) PASのクランタン州選挙対策委員長は，選挙活動の50％が政治集会によると述べている（*New Sunday Times*紙，1999年10月3日）．

26) 95年下院議員選挙で落選したイブラヒンは，上院議員に任命された後に，アンワル失脚に伴う組閣人事（98年11月）において総理府副大臣に任命された．

27) *New Straits Times*紙，1999年6月28日，同年7月15日．

28) *New Straits Times*紙，1999年12月1日．

29) この議員は，1997年にタイブ州主席大臣（当時）がオーストラリアからの不正送金疑惑で失脚したときに，有力な後任候補の1人であったとされる．

30) スキンチャンは，華人農家が効率的な稲作経営を行い，高収量・高収益をあげていることで有名な地域である．

第Ⅳ部
稲作地域における貧困問題

第9章 マレー人稲作村における貧困撲滅と所得分配

第1節 はじめに

　1970年代以降，農業政策の方針が農民搾取から農民保護に転換されるに伴って，農業部門の貧困解消が具体的な政策課題としてクローズ・アップされた．とくに農業部門のサブセクターの中でも，マレー人従事者の割合が高く貧困世帯比率が高かった稲作部門——稲作農民の95％がマレー人であり，絶対的貧困世帯比率は88.1％（1970年時点）——が，貧困撲滅プログラムの対象となったのはごく当然の展開方向であった．稲作部門の貧困撲滅のために，生産者米価の引き上げ，米価補助金制度や化学肥料の無償配布制度の導入，灌漑排水施設の補修，農業技術普及制度の拡充などの具体的措置が講じられた．

　これと同時に，農村部から都市部への労働力流出による稲作担い手不足に対処すべく，直播や農業機械化の奨励によって省力化が積極的に推進された．さらには，農外就業機会を創出するために，公務員・公団職員の定員増，農村工業の育成，工業立地の地方分散などの施策が講じられた．

　こうした諸施策が稲作村に及ぼした影響は，主に次の3点によってもたらされたと要約できる．つまり，①農業近代化による技術革新，②その農業技術革新に伴う伝統的労働慣行の変化（より一般的には制度的変化〈institutional change〉），そして③農村労働市場の変化である．これら諸変化が村落レベルにおいて，貧困撲滅と所得分配にいかなる影響を及ぼしたかを解明することは，単にマレーシアの稲作政策を評価する判断材料を提供するにとどまらない．それは，農業技術革新を中核とした農村開発が農村経済に及ぼす影響や，農村部に経済発展のダイナミズムが波及することによって誘発される農村社会の構造

変化を考察する際にも,貴重な知見を提供しうると考えられる.そこで本章では,具体的に農村調査を行うことによって,農業近代化による技術革新とそれに伴う労働慣行の変化,そして農村労働市場の変化が農家の所得水準と所得分配に及ぼした影響を解明することを目的とする.

このために調査対象地域として,タンジョン・カラン灌漑地域のサワ・スンパダン地区とスンガイ・ブロン地区を選んだ(調査地域の概要については,第6章第2節を参照のこと).これら地域を調査対象とした理由は次のとおりである.①タンジョン・カランは主要穀倉地域の1つを形成しており,農政転換が行われた1970年代初頭以降,同地域では農業近代技術が急速に普及したこと,②首都クアラルンプールや工業団地が立地している通称クラン・バレイ[1]に最も近く,かつ同地域内には小規模ながら工業団地が設立されるなど,他の主要穀倉地域と比較して農村労働市場の変化を誘発する要因がより多く整っていたこと,③同地域の稲作経済に関する豊富な先行研究が利用できること.調査期間は1991年3~6月であり,著者自ら農家の面接調査を行った.

ここで,本章の構成を示して前置きを終えることにしよう.第2節において,調査対象農家の概要を示す.第3節では,政府の米価政策の動向も考慮しつつ農業技術革新による稲作経営(より具体的には稲作所得)への影響を解明するために,米生産の経済・経営分析を行う.第4節では,制度的変化に伴う農業労働需要の変化と農村労働市場の変容に焦点を当てつつ,農外就業機会(農外所得)が貧困撲滅と農家間の所得分配に及ぼした影響を検討する.第5節では前節の議論を踏まえて,調査地域における貧困撲滅と所得分配について考察し,第6節で本章の取りまとめを行う.

第2節　調査対象農家の概要

1. 調査農家の水田所有・経営面積

　土壌条件などによるバイアスを回避するために，特定のブロックに集中することがないように無作為に調査対象農家を抽出した．調査農家戸数は，スンガイ・ブロン地区48戸，サワ・スンパダン地区39戸の合計87戸であった．調査農家1戸当たり水田所有面積と水田経営面積（＝自作地＋借入地－貸付地）をみると（表9-1），両地区とも3〜5.9エーカー層が最も多く約半数を占めている．これは，入植時に一律3エーカーの水田が入植者に対して均等に配分されたことに起因している．

　平均水田経営面積は，サワ・スンパダン地区では5.54エーカー，スンガイ・ブロン地区では5.65エーカーであった．5〜10％の調査農家が12エーカー以上の比較的大規模な稲作経営を行っており，サワ・スンパダン地区とスンガイ・ブロン地区における最大稲作経営規模はおのおの21エーカーと18エーカーであった．マレーシア農業省による大規模かつ緻密なサンプル調査（Narkswasdi and Selvadurai [1968]）によると，1960年代半ばに10エーカー以上の稲作経営を行っていた農家はサワ・スンパダン地区で0％，スンガイ・ブロン地区でも5％に過ぎなかった．さらに両地区合わせて209戸の調査農家には，15エーカー以上の稲作経営を行っていた農家は1戸も含まれていなかった．このことからタンジョン・カラン地域ではムダ地域と同様に（Lim [1985]），近代的・省力的な農業技術が普及した1960年代後半以降に大規模な稲作経営農家が出現してきたと考えられる．

表9-1　調査対象農家の水田所有・経営面積の分布（1990年）

面積 （エーカー）	サワ・スンパダン		スンガイ・ブロン	
	所有面積	経営面積	所有面積	経営面積
〜 2.9	14(35.9)	5(12.8)	10(20.8)	2 (4.2)
3.0〜 5.9	19(48.7)	16(41.0)	26(54.2)	26(54.2)
6.0〜 8.9	2 (5.1)	9(23.1)	9(18.8)	11(22.9)
9.0〜11.9	4(10.3)	7(17.9)	1 (2.1)	4 (8.3)
12.0〜	0 (0.0)	2 (5.1)	2 (4.2)	5(10.4)
合計	39(100)	39(100)	48(100)	48(100)

資料：調査データ．

2. 経営形態

次に稲作経営形態に話題を移そう．表9-2に，経営形態別に平均水田経営面積を示した．タンジョン・カラン地域の自作農，自小作農，小作農の比率はおのおの56％，26％，17％であり，半数以上の調査農家が自作農であった．1960年代後半における経営形態別比率は自作農60％，自小作農25％，小作農15％であった（Selvadurai [1972]）．このことから，60年代後半以降の約20数年間に，稲作経営形態には大きな変動はなかったと考えられる．

ところで，40～50％の農家が自小作農あるいは小作農として水田を借りていることは，地主層の存在を示唆している．しかし，フィリピンのアシェンダのような大地主は存在せず，後継者不足や男子労働力が農外就業に従事していることなどの理由によって，稲作経営を中断または放棄した小・中規模層の農家が主に地主層を形成している[2]．

経営形態別に平均水田経営面積を比較すると，自小作農の経営規模が最も大きく，サワ・スンパダン地区で9.09エーカー，スンガイ・ブロン地区で9.13エーカーであった．しかしここで注意すべきことは，大規模経営を行っている自小作農の単収（土地生産性）が自作農と小作農の単収を凌駕していることである．つまり，政府が農業部門再生の中核として位置付けている「企業家的農家」像に最も近いのが自小作農であるといえる．

その一方で，政府が推進しているグループ・ファーミングの成果はあがっていない．調査地域においてもグループ・ファーミングが行われており，調査農家の約4分の1が参加していた．しかし，参加農家と非参加

表9-2 調査農家の経営形態別水田経営面積と単収(1990年)

	農家戸数 (戸)	平均経営面積 (エーカー)	平均単収 (guni/lot)
スンガイ・ブロン			
自作農	29(60.4)	4.52	68.5
自小作農	12(25.0)	9.13	69.6
小作農	7(14.6)	3.64	66.1
サワ・スンパダン			
自作農	20(51.3)	4.16	57.5
自小作農	11(28.2)	9.09	69.5
小作農	8(20.5)	4.63	61.3

注：1 guni＝60 kg，1 lot＝3エーカー．
資料：調査データ．

農家間に生産性・収益性格差は認められなかった．それ故に，集団経営の促進ではなく大規模経営農家の育成が，マレーシア稲作再生の鍵を握っていると考えることもできよう（この点に関しては第4章を参照）．

3. 米以外の栽培作物

ところで途上国では，生存維持水準ぎりぎりの所得しか得ていない大多数の農民は，危険分散のために農業の複合経営形態をとる場合が多い．調査地域において，生存維持水準（マレーシアの概念で言えば貧困所得水準〈Poverty Line Income〉）を下回る農家はごくわずかであるが（本章第5節参照），家計補助と危険分散のために米以外の農作物を栽培している農家が調査両地区合わせて38戸（44％）存在した．主な栽培作物はココヤシ，カカオ，油ヤシ，コーヒーなどの商品作物と主に自家消費を目的としたバナナであった[3]．しかし，栽培面積の零細性，低生産性，そして生産物価格の下落基調・下位安定などの諸理由から，これら作物栽培から得られる農業収入が農業所得あるいは農家所得に占める重要性は小さい[4]．

4. 家族構成

調査農家1戸当たりの平均家族構成員数は，スンガイ・ブロン地区では5.6人，サワ・スンパダン地区では6.5人であり，西マレーシアの平均的家庭よりも家族数はやや多い．しかし拡大家族は意外と少なく核家族が主である．

世帯主の平均年齢はスンガイ・ブロン地区43.2歳，サワ・スンパダン地区42.2歳であり，1960年代以降農家家計における世帯主の高齢化はほとんど進展していない．マレーシアの主要穀倉地域であるムダ地域ですら，すでに世帯主の平均年齢が50歳を越えていることと対比すれば，調査地域において農業担い手の高齢化問題が顕在化していない状況は特筆に値する．他の主要穀倉地域と同じく，若年層が都市部に大量流出している調査地域において，農業担い手の高齢化問題が顕在化しなかった背景として，土地生産性が高くかつ比較的豊富な農外就業機会に恵まれていたことから，他の稲作地域と比較して農家の

所得水準が高く後継者問題が深刻化していないことが指摘できる[5]．

次に世帯主の就学年数であるが，調査両地区の平均は6.8年であった．独立後，政府は工業化促進のみならず，主に農村部に居住するマレー人の社会的地位向上のために積極的にマレー人子弟の教育水準の向上を図ってきた．このため，若年層ほど就学年数が長くなる傾向がある[6]．1966年に実施されたサンプル調査によると，教育をまったく受けていない農民の比率は，スンガイ・ブロン地区では14％，サワ・スンパダン地区では27％であり，小学校を卒業したものはそれぞれ9％と2％にしか過ぎず，さらに中学校を修了したものは1人もいなかったという（Narkswasdi and Selvadurai [1968]）．これに対して，調査時点の1991年では，教育をまったく受けていない農民は調査農家の世帯主のうち2人のみであった．20〜30歳代に限れば高校や短大（college）・大学卒業者もおり，若年層の教育水準の向上は，後述する農業技術の急速な普及のみならず農外就労，さらには若年層の都市部への流出を急増させた1要因となったと推察される．

第3節　稲作技術変化と稲作所得

本節では，農業近代化が稲作経営ひいては稲作所得に及ぼした影響を分析する．そのためにまず最初に，調査地域における稲作技術の変化を素描しよう．

表9-3　調査地域における農業技術変化

(単位：％)

	1966		1990	
	サワ・スンパダン	スンガイ・ブロン	サワ・スンパダン	スンガイ・ブロン
トラクター耕起	3	9	100	100
直播	0	0	100	100
化学肥料使用	10	53	100	100
			(64)	(88)
殺虫剤使用	22	73	85	90
除草剤使用	n.a.	n.a.	100	100
コンバイン収穫	0	0	100	100

注：カッコ内の値は，政府からの無償配布肥料以外に自費で化学肥料を購入した農家の比率である．また，1966年の値はNarkswasdi and Selvadurai (1968)から著者が計算した．

1960年代半ば以前の調査地域では，伝統的農法が支配的であった．しかし二期作が開始された60年代後半以降，急速に伝統的農法から近代的農法への転換が起こった（表9-3）．こうした農法転換を特徴付けるのは，化学投入財の使用と近代品種の導入（いわゆる種子・肥料技術の普及〈いわゆる「緑の革命」〉）ならびに省力技術の導入であった．各農業技術の普及について順次簡単に説明を加えることによって，それらの技術が土地生産性の向上およびコスト削減に大きく貢献したことを指摘しよう．

1. 化学投入財の使用と土地生産性の向上

まず手始めに，土地節約技術である化学投入財の使用状況からみていくことにしよう．化学肥料を使用している農家比率は，表9-3に示したとおり，1960年代半ば〜90年の約20数年間に飛躍的に上昇した．90年時点において，すべての調査農家が政府から化学肥料の無償配布（1エーカー当たり窒素肥料40kg，NPK混合肥料80kg）を受けていたことから，最低でも1エーカー当たり120kgの化学肥料が投入されていた．さらに驚くべきことに，政府の無償配布以外に自費で化学肥料を購入している農家も多く，その比率はサワ・スンパダン地区で64%，スンガイ・ブロン地区では実に88%に達していた．

このような化学肥料の普及に加え，殺虫剤の使用率も1966〜90年間に，サワ・スンパダン地区では22%から85%に，スンガイ・ブロン地区では73%から90%に急増している．そして90年時点では，すべての調査対象農家が除草剤を使用していた．さらに，94%の調査農家が農業局奨励の近代品種であるMR84を栽培していた．これら化学投入財の多投や近代品種の導入の他にも，病害虫の発生や雑草の繁茂による生産性へのマイナス要因を軽減するために，各農家は，農業普及所から提示された栽培日程に従って米栽培を行っていた．また化学投入財とは関係ないが，耕起作業における機械化の進展につれて耕起回数が増加し，圃場の均平化による単収増加の効果も少なからずあったことを付言しておく[7]．

こうした化学投入財の使用増，近代品種の導入，そして肥培・圃場管理の向

上によって単収は顕著に向上した．サワ・スンパダン地区とスンガイ・ブロン地区における1966～90年間の単収変化をみると，前者は2,358 kgから2,808 kg，後者は3,816 kgから4,122 kgにそれぞれ急増している．このような単収の向上に加えて，生産者米価が大幅に引き上げられたことから（第3章と第4章を参照），グロスの稲作所得が大幅に向上したことは容易に想像できる．事実，サワ・スンパダン地区とスンガイ・ブロン地区の平均粗稲作所得は，1966年時点と比較して90年にはそれぞれ5.8倍と5.0倍に上昇している（同期間中の物価上昇は約2.3倍であった）．

以上の議論から，化学投入財の使用増加などによって土地生産性ひいては稲作所得が増加したと考察できる．

2. 省力技術の導入とコスト削減効果

次に，いわゆる省力技術である農業機械化と直播の普及が，生産コストに及ぼした影響を考察しよう．1990年時点では，すべての調査農家が耕起・収穫作業の機械化と直播を行っていた．調査地域における省力技術の始まりは，1960年代後半に始まった耕起作業のトラクタリゼーションであった[8]．この耕起作業の機械化が進展した背景には，二期作の導入に伴って収穫作業と耕起・田植作業の時期が重なったために労働需要の急増によって農業労賃が高騰し，この結果耕起作業における農業機械の導入が相対的に有利となったことがある．つまり，1960年代後半の農業機械化の進展は，稲作部門内における二期作の導入という栽培方法の変化に誘発されたものであった．

これに対して，1980年代初頭～半ばに急速に普及した直播と収穫作業の機械化は，耕起作業の機械化と同様に，農業労賃の高騰に誘発された技術変化ではあった．ただし，この時期における農業労賃の高騰は，稲作部門内の栽培方法の変化ではなく農業部門から工業部門への労働力移動による農業従事者の減少という，マクロ経済のダイナミズムに稲作部門が巻き込まれたことによって発生した点で1960年代と大きく異なる．

その理由はどうであれ，直播と収穫作業の機械化が，農業局の積極的かつ効

表 9-4 労働節約技術の導入に伴う労働投入量と雇用労働依存度の変化

	労働投入量 (man-day/lot)	雇用労働への依存度	
		サワ・スンパダン (％)	スンガイ・ブロン (％)
移植法	25.8(1975)	40(1966)	66(1966)
直播法	1/4～1(1990)	13(1990)	38(1990)
耕起（人力）	22.5(1975)	32(1966)	48(1966)
耕起（トラクター）	1～2(1990)	90～(1990)	90～(1990)
収穫（人力）	25～(1975)	n.a.	n.a.
収穫（コンバイン）	3～5(1990)	100(1990)	100(1990)

注：カッコ内は調査年．1966年と75年のデータは，Narkswasdi and Selvadurai (1968) と Fredericks and Wells (1978) からの引用である．

率的な普及活動によって，わずか3年程度というごく短期間にほぼすべての農家に普及した点は特筆に値する．農業近代化の推進過程において，新技術——とくに農業機械化技術——は危険回避的な小農ではなく，より企業家的性格を有する大農によって受容される傾向がある（Binswanger [1984]）．この当然の帰結として，新技術の恩恵を享受した大農がより一層経済水準を向上させていくにつれて，大農と伝統的農法から脱却できない小農との所得格差が拡大していく可能性がある．しかし調査地域では，所有・経営規模に関係なく，ごく短期間にほぼすべての農家に直播と収穫作業の機械化技術が受容されたということは，農業近代化の過程で起こりうる農家間の所得格差拡大を回避・抑制したことを意味しており，農業普及の成果として評価されるべきであろう[9]．

それでは，こうした省力技術の導入によって，労働投下時間と雇用労働への依存度はどのように変化したのであろうか．表9-4に示したように，田植えが行われていた1970年代半ばには，1ロット（3エーカー）当たり幼苗の準備に7.14 man-day，苗の移植に18.69 man-day，合わせて25.83 man-dayの労働力が投下されていた（Fredericks and Wells [1978]）．これに対して，移植法から直播法に移行していた1990年には，種籾の準備と播種に要する労働投下時間は1ロット当たり2～8時間に大幅に短縮された．かかる劇的な労働時間の短縮によって，肥料散布機を用いれば3～4ロット（9～12エーカー）程度の直播作業を1日で終えることが可能となったことから，雇用労働力を利用した農

家の比率はサワ・スンパダン地区では 40%（1966 年）から 12.8%（90 年）に，スンガイ・ブロン地区では 66%（66 年）から 37.5%（90 年）に減少した．このことから，かつて収穫作業と並んで最も労働集約的かつ雇用労働への依存度が高かった幼苗の移植作業が労働節約的な直播技術に代替されたことによって，雇用労働力への需要は大幅に減退したと考察できる．

このような雇用労働力への依存度低下をもたらした移植法から直播法への技術変化とは対照的に，耕起と収穫作業の機械化は雇用労働への依存度を飛躍的に高めることになった．多くの個別農家が農業機械を購入しうるだけの資金的余裕がない東南アジアでは，農家が農業機械を保有する第三者に農作業を依託するのが一般的である．マレーシア稲作もこの例外ではない．すでに調査時点において，ほとんどの農家は耕起・収穫作業を第三者に委託していた．ここでいう第三者（作業受託者）とは，民間業者（Swastar），農業機械に投資しうるだけの資金的余裕のある大農，政府機関（地域農民機構）の三者を指す．

こうした雇用労働への依存度の高まりはあったものの，耕起作業と収穫作業に要する労働投下時間は，1970 年代半ば～90 年の間に 1 ロット当たりおのおの 22.5 man-day から 1～2 man-day，25 man-day から 3～5 man-day に大幅に短縮された．この結果，雇用労働需要が大幅に減少したことは容易に想像できる．例えば Jaafar and Piei［1978］は，収穫作業の機械化によって稲作栽培に要する総労働投下量の約 32% が削減されたと予測している．

この耕起・収穫作業の機械化と直播の導入よる雇用労働需要の減退は，農業賃労働に依存する零細農にとってはまさに雇用機会の喪失を意味する．その一方で，一般生産者にとっては，農業労賃の高騰による経営費上昇を抑制するというプラスの側面があったことは指摘するまでもない．

念のために，省力技術の導入に伴うコスト抑制効果を確認するために，表 9-5 に各経営費目の変化を示した．なおマレーシアでは，農業省によって経営調査が行われていないことから，わが国の『稲作経営調査』に相当するような統計書は出版されていない．このことから，1970 年代半ばにイギリス人研究者（Fredericks and Wells［1978］）が行った経営調査データと著者の調査デー

表9-5　調査地域における経営費の変化

(単位：リンギ/lot)

	1990		1975	経営費の変化 (a)/(b)
	スンガイ・ブロン	サワ・スンパダン (a)	サワ・スンパダン (b)	
水利費	0.0	0.0	19.8	—
種苗費	88.7	96.3	16.2	5.9
肥料費	136.8	107.0	141.6	0.8
農薬・除草剤費	246.6	260.8	15.9	16.4
耕起費	160.4	142.5	104.1	1.4
播種・移植費	7.2	3.6	33.0	0.1
収穫・脱穀費	332.2	320.8	96.0	3.3
運搬費	101.4	119.2	15.6	7.6
地代	231.8	287.6	30.6	9.4
その他	64.9	147.1	n.a.	—
合計	1370.0	1484.9	472.8	3.1

注：その他には，農機具の原価償却費などが含まれる．なお，1975年のデータはFredericks and Wells (1978) を用いて計算した．

タを比較することによって，各経営費目がどのように変化したかを検討しよう．

比較結果を示した表9-5から，とくに顕著に上昇した費目は人的労働力のみに依存している運搬作業（圃場から集荷ポイントまでの運搬）費であったことが確認できる．物価が比較対象期間中に約1.5倍に上昇したのに対して，運搬費は実に7.64倍に上昇している．運搬作業への投下労働時間の変化が小さいことを考慮すれば，農業労賃が約5倍に高騰したことが読み取れよう．

運搬費の変化と最も対照的なのは田植・直播作業にかかわる費目である．1975年時点において1ロット当たり33.0リンギであった移植・幼苗準備費（直播費）は，90年には3.6リンギに大幅に低下している．このことは，Fujimoto [1990] も指摘しているように，直播導入によって労働投下時間が大幅に短縮されたことに加えて，雇用労働への依存度が低下したことにも起因している．

また耕起・収穫作業の機械化によるコスト抑制効果も顕著であった．前者の耕起作業の場合，耕起回数が増加したにもかかわらず，耕起費は名目ベースでもほとんど上昇していない[10]．ここで留意すべきことは，耕起作業の請負料が1970年代後半以降90年までの間にまったく変化していないことである．こ

の背景には，政府系機関の地域農民機構（PPK）が1980年代初頭に耕起作業の請負市場に参入したことがある．PPKは，その下部組織である農業機械センター（Pusat Mesin Pertanian）を通じて乗用型トラクターを保有し，グループ・ファーミングの参加農家に対して，優先的に耕起作業の受託サービスを行っている．調査農家には21戸のグループ・ファーミング参加農家が含まれていたが，そのうち18戸が耕起作業をPPKに委託していた．このことから，グループ・ファーミング参加農家の多くがPPKのトラクター賃貸サービスを利用していたと推察できる．

1990年時点において，グループ・ファーミング参加農家の総水田経営面積はサワ・スンパダン地区では約1,450エーカー，スンガイ・ブロン地区では約2,600エーカーであった（農業普及所の推定値）．これは各地区の総水田面積の約3分の1〜4分の1に相当している．このことから，PPKが耕起作業の最大受託者であったことが容易に理解できる．また，こうしたPPKの市場参入によって，トラクター賃貸市場においては供給過剰基調が持続している．さらに調査地域における耕起作業請負の約4分の1を受託している同機構がプライス・リーダーとしての機能を果たすことによって，作業請負料の上昇に歯止めがかかったと推察される．つまり，耕起にかかるコストの抑制は，耕起作業の機械化による省力化のみならず政府系機関の市場介入の貢献が大きかったのである．

この一方で，収穫作業の費用は3.34倍に上昇している．耕起作業の最大受託者であるPPKは，収穫作業の受託をごく小規模にしか行っていない．マレーシアの稲作地域では，わが国のような小型コンバインではなくアメリカのコーンベルトでも使用されている大型コンバインが用いられている．このため，大型コンバインを購入しうるだけの資金的余裕がある民間業者（華人が多い）が収穫作業の主たる受託者となっている．それでは収穫作業の請負料が耕起作業のそれよりも大きい上昇率を示したのはなぜであろうか．請負業者や農業普及員によると，これはトラクターが稲作のみならず土木工事にも転用可能なのに対し，コンバインは米の収穫作業にしか使用できないことから，コンバイン

賃貸市場ではトラクター賃貸市場のような供給過剰が発生していないことが関係しているとのことであった[11]．

しかし，1970年代半ばの伝統的農法である手刈りによって収穫作業を行うと倍以上の費用がかかることから，収穫作業の機械化もコスト抑制効果があったといえる．圃場管理を目的として農業労働者を雇用した場合，彼らの日当は1ロット当たり約25リンギであった．この賃金水準を用いることによって，仮に収穫作業を伝統的農法である手刈りで行った場合の費用を推定すると，1ロット当たり約625リンギ（25 man-day×25リンギ）となる．もちろんこの推定値は，ある農家が労働集約的な手刈りを行ったとしても農村労働市場の需給バランス（ひいては賃金水準）にほとんど影響は与えない，という仮定のもとでしか成立しない．もしすべての農家が伝統的収穫法を採用するならば農業労賃は即座に上昇し，収穫費がこの推定値をはるかに上回ると容易に想像できる．それ故にこそ，収穫作業の機械化によるコスト抑制効果は大きかったと考えることができる．

以上の議論を総じてみると，収穫作業の機械化と直播の導入，そして政府機関によるトラクター賃貸市場への参入は，農業労賃が高騰している状況下にあって，コスト上昇の抑制効果があったと考察できる．

第4節　農村労働市場の変容と農外所得

1．技術革新・農村労働市場の分節化・労働慣行の変化と所得分配への影響
　　——諸説整理

開発途上国の農村部において，農外就業が貧困世帯——その大多数が規模の零細性ゆえに十分な農業所得を得ていない小農あるいは土地なし農家——にとって重要な所得獲得機会であることは，すでに多くの研究によって指摘されている（Anderson and Leiserson [1980]，Oshima [1994]）．こうした農外所得の絶対的所得水準に対する重要性に加えて，それが有する所得格差（相対的

貧困)の是正作用を看過することはできない.なぜならば,アジア各国の研究事例から,一般的に零細小農ほど農外所得への依存度が高く,この結果農外所得が農業経営規模の格差に起因する相対的所得格差を是正する方向に作用することが指摘されているからである (Fredericks and Wells [1978], Shand [1987]).また,マクロ経済レベルにおいても,農家世帯の農外所得向上が,農工間所得格差(より具体的には農家世帯と都市勤労者世帯間の所得格差)を是正する方向に働いたという指摘がなされている.

こうした農外所得の重要性は,マレーシアが1960年代半ば以降に経験したような,人的労働に全面的に依存した伝統的農法から化学投入財の使用や農業機械のような省力技術の導入を含む近代的農法への転換局面において,より一層強調されるべきであろう.

一般的に,耕起・収穫作業の機械化が進展すると,雇用労働力への依存が強まることが報告されている (Ahmad [1976]).また高収量品種の導入によって圃場管理に要する雇用労働力需要が顕著に増加する,つまり在来種に比べて高収量品種の雇用吸収的性格が強いことが指摘されている (Barker and Cordova [1978]).これに加えて,土地節約的技術が雇用吸収的であり,その技術導入によって雇用労働力依存度が増加することも明らかにされている.

しかし,農業機械化の進展は人的労働投入量を極端に減少させることから,貧困層や土地なし農家に貴重な雇用機会を提供してきた農業賃労働への需要は程度の差こそあれ減退することになる (Ahmad [1976], Barnard [1981], Walker and Kshirsagar [1985]).こうした雇用労働需要の減少に加え,農業機械は通常高価な投入財であるために富裕層によって保有されることが多く,賃作業料金が貧困層から農業機械を保有する富裕層に支払われることになる.また富裕層は,農業機械の導入によって規模拡大が容易になることから,小作地を引き上げて自ら耕作する傾向がある.さらには雇用労働者のモラル・ハザードによる高い取引費用が発生しうる状況下にあっては,農業機械化がより加速化され農業雇用労働への需要がより一層減少する可能性も否定しえない.

また技術革新の過程において,互酬的な労働慣行や相互扶助的な紐帯が崩壊

し，そのことによって土地なし層や貧困零細農家が絶対的貧困層として滞留し続ける可能性もあろう．ギアツが提示した「貧困の共有」や「農業インボリューション」，あるいはスコットの「パトロン＝クライアント関係」によって特徴付けられる農村共同体に内在する相互扶助的な生存維持機能は，貨幣経済・商品経済の浸透やその他外的環境の変化に伴って徐々に消滅していくことになる．こうした農村社会の変容過程において，相互扶助的・互酬的な農業労働慣行も後退することを余儀なくされよう．事実，調査地域においても，交換労働（gotong royong）の慣行は1970年代半ば以降急速に衰退していった．

いずれにせよ，農業雇用労働の減少と互酬的労働慣行の崩壊に伴う当然の帰結として，農業賃労働に代替する雇用機会が創出されなければ農村内部での就業機会は減少し，小農の貧窮化によって小農―大農間の所得格差が拡大する可能性が強い．しかしその反面，非農業部門における雇用機会が十分に創出されれば，農家は省力化された労働力を再投下することが可能となり，所得格差が是正される可能性もある．それ故に，農村の貧困問題を考察するうえで，農外所得の重要性を看過することはできないのである．

それでは次に，農外就業機会の背後にある農村労働市場に目を転じることにしよう．農村労働市場は，従来ルイスやラニス＝フェイ等の二部門経済発展モデルに代表される都市労働市場との対比において論じられることが多く，農村労働市場自体が詳細に論じられることはごく稀であった．しかし，農外就業機会が農家経済にとって絶対的にも相対的にも重要な意味を持ちうる以上，農村労働市場に関する詳細な議論を避けて通ることはできない．とくに都市経済のダイナミズムが農村部に波及している地域では，都市労働市場と同様に農村労働市場もその細部はそれぞれ排他的なサブ・マーケットによって構成されている，つまり農村労働市場が分節化（segmentation）している可能性が高い．

このような議論から，農外所得・農外就業機会のみならず，それを規定する農村労働市場そのものが研究対象として非常に重要であることが理解できよう．こうした点を踏まえつつ，次に調査地域における農外就業の実態と農外所得への影響についてみていくことにしよう．

2. 調査地域における農外就業と農外所得

家族構成員のうち1人以上が農外就業に従事している兼業農家の比率は，サワ・スンパダン地区 53.8%（21戸）とスンガイ・ブロン地区 68.8%（33戸）であった．このうち2名の農外就業従事者がいた兼業農家は6戸であったことから，農外就業従事者は合計 60 名であった．

表 9-6 に，年齢別に農外就業の職種構成を示した．ここで留意すべきことは，学歴や特殊技能の修得有無によって，農外就業の職種が次の3つの属性に類型化できることである．つまり，①学歴・特殊技能を要しない単純肉体労働者——農業労働者，漁師，大工[12]，警備員，②所与の特殊技能の修得が要求される農業労働者——（初歩的なトラクター修理が可能な）トラクター運転手，③一定水準以上の学歴・特殊技能修得を要する労働者——公務員，公団職員，工場労働者，トラクター技師，事務員など，である．ところで，ここでとくに注意を要するのは，上記類型化の定義から明白なように，属性②，属性③から属性①への転職は容易であるが，その逆は学歴あるいは特殊技能の修得という資格制限があることから排他的であり，各類型間の労働移動は不可逆的である

表 9-6　年齢別・職業別農外就業の実態（1990 年）

	年齢層					就学年数 （年）	平均年齢
	20歳代	30歳代	40歳代	50歳以上	合計		
農業労働者							
単純肉体労働者	3	7	11	7	28	6.0	42.8
トラクター運転手	1	3	0	0	4	6.0	29.3
漁師	0	0	0	1	1	3.0	51.0
小計	4	10	11	8	33	5.9	41.4
非農業労働者							
公務員	3	8	5	1	17	10.1	36.2
工場労働者	1	2	0	0	3	9.0	27.7
トラクター技師	3	0	0	0	3	11.0	22.0
大工	0	0	1	1	2	6.0	48.5
警備員	0	0	0	1	1	11.0	34.0
小売商	0	1	0	0	1	5.0	55.0
小計	7	11	6	3	27	9.7	38.6
合計	11	21	17	11	60	7.6	40.1

資料：調査データ．

第9章 マレー人稲作村における貧困撲滅と所得分配 213

ということである．このことは要するに，農村労働市場が学歴等の資格によって分節化されていることを意味している．このような農村労働市場の分節化が進展した背景，ならびにその所得分配への影響に関して論じる前に，分節化されたおのおのの農村労働市場の特徴を把握することにしよう．

そこで上の類型化に従って，農外就業従事者の年齢別特徴を明らかにするために，各年齢層ごとに単純肉体労働従事者（属性①）の割合を比較しよう．各年齢層におけるその割合は，20歳代27%，30歳代33%，40歳代71%，50歳代以上91%であった．この結果から，明らかに高齢層ほど学歴・特殊技能を要しない単純肉体労働に従事する者の比率が高く，かつ40歳未満層（20歳代と30歳代）と40歳以上層（40歳代と50歳代以上）の間でとくに顕著な差が認められる．そこで念のために，40歳以上層と40歳未満層に分けて両者を比較しよう．40歳未満層の場合，その3分の2が一定水準以上の学歴・特殊技能を要する労働（属性②と③）に従事しており，残りの3分の1が単純肉体労働（属性①）に就労していた．これとは対照的に，40歳以上層の4分の3は単純肉体労働に従事しており，残りの4分の1のみが一定水準以上の学歴・特殊技能を要する労働に従事していた．

それでは40歳以上層と40歳未満層の間で比較的明瞭な農外就労の相違がみられる原因は何であろうか．その原因を解明すべく，属性②と③の農外就業機会がいつ頃創出されたのかという労働需要サイドの変化と，最も重要な資格である教育水準（学歴）の向上あるいは都市部への労働移動という労働供給サイドの変化に触れておくことにしよう．

1960年代までは公務関係の仕事は官公庁の職員や警察官，軍人などごく一部に限定されていた．しかし1970年代以降，マレー人の経済的地位の向上を意図した公務員定員数の拡大が図られた．この一環として，1970年以降に政府機関が新設されたが，調査地域においてもそれらの支店・出先機関が設置された[13]．さらには農村部における教育水準の向上を目的として多くの小・中学校が新設され，既存の小・中学校においても教職員の追加採用が積極的に行われた．また1970年代に入り，政府による工業部門の地方分散奨励や都市部

における高い労賃水準を嫌った製造工場が調査地域の近郊で操業を開始した[14]．その結果，1970年代以降，公務員および工場労働者の雇用数は急増した．このように一定の学歴を要する労働需要の拡大を充足したのが，所要の教育課程を修了した若年労働者であった．なぜならば，すでに第2節で指摘したとおり，年齢と就学年数との間には明確な反比例の関係が認められるからである．つまり，40歳以上層と40歳未満層の間で比較的明瞭な農外就労の相違がみられる原因は，相対的に教育水準が高い20～30歳代層が新たに創出された雇用機会に吸収された結果であるといえよう．

　ところでここで特筆すべきことは，省力技術の導入によって農業賃労働需要は大幅に減少したものの，とくに一定の学歴を有する若年労働力が農村部での雇用促進政策によって新たに創出された農外就業機会に投下されたことから，低学歴を特徴とする高齢者が農業賃労働から一気に締め出されることがなかった点である．つまり，労働節約的技術が農業雇用労働への需要を大幅に減退させたものの，若年労働者は新たに創出されたより高い給与水準が保証された労働市場に参入したことから，高齢労働者と若年労働者間で大幅な減少基調にあった農業雇用労働をめぐっての競合が生起しなかったと考えることができる．調査農家および農業普及員の一致した見解は，省力技術が導入された調査時点においても，健常者であれば農業労働は容易にみつけることができるとのことであった．

　しかし，分節化された各労働市場における雇用形態および賃金率の相違に起因した所得格差の問題を看過することはできない．農業賃労働は不定期雇用であり昇級制度も整備されておらず，さらに賃金率も低い．このため，一定の教育・特殊技能を要する就労から得られる報酬と比べると，農業賃労働収入は低くならざるをえない（表9-7）．事実，農外就業形態別に年間収入をみれば，低賃金・不定期雇用を特徴とする農業賃労働からの収入は相対的に低い．これに対し，定期雇用の非農業労働は農業労働よりも賃金水準が高い．さらに，非農業労働は経験年数に伴って労賃が上昇していくことから，年齢が上昇するにつれて農業労働者と非農業労働者間の賃金収入格差は拡大基調にある．このこ

とは，賃金収入を年齢と就学年数に回帰することによっても確認しうる．農業労働者と非農業労働者に分けて年間賃金収入を計測した結果は以下のとおりである．

表9-7　年齢別・職種別の年間賃金収入（1990年）

	就学年数(年)		年間賃金収入(リンギ)	
	40歳未満	40歳以上	40歳未満	40歳以上
農業労働者				
単純肉体労働者	8.1	4.9	2,858	1,870
トラクター運転手	6.1	—	4,210	—
漁師	—	3.0	—	1,200
非農業労働者				
公務員	11.5	7.5	5,765	6,847
工場労働者	9.0	—	4,848	—
大工	—	6.0	—	7,200
警備員	11.0	—	5,200	—
小売商	—	5.0	—	5,000

資料：調査データ．

農業賃労働者：年間賃金収入＝5,792－127.8(年齢)－61.9(就学年数)
　　　　　　　　　　　　　　　(1.865)　　(－0.624)　　　　(－1.264)

　　$R^2 (adj) = 0.108$

非農業賃労働者：年間賃金収入＝－9,220＋688.9(年齢)＋233.2(就学年数)
　　　　　　　　　　　　　　　　(－0.956)　(10.62)　　　　(3.822)

　　$R^2 (adj) = 0.452$

この計測結果から明白なとおり，年間賃金収入を決定する要因として，農業賃労働者の場合には，年齢と就学年数の各変数は統計学的に有意ではない．これに対して，非農業賃労働者の場合には，これら2変数が大きく影響していることが確認できる．このことは，非農業賃労働が昇給制度の確立された定期雇用であることを裏付けている．このような状況に加えて，絶対的貧困者の多くが高齢・低学歴であることから，農外就業においても低報酬・不定期雇用を特徴とする雑業にしか従事できない．一定の教育水準を有する者は，昇給制度が整備された定期雇用に就業しており，今後中・高学歴取得者と高齢・低学歴の貧困者との間の所得格差が徐々に拡大していく可能性がある．

　最後に，稲作技術革新に伴う労働慣行の変化がどのような影響を及ぼしたのかを明らかにして本節を締めくくることにしよう．農業機械化が進展する以前は，互酬的労働慣行である交換労働（gotong royong）が広範に行われていた．

また水田経営者が農業労働者を雇用する場合，個人的繋がりによって労働者が選ばれるのが一般的であった．このような「顔」の見える雇用関係が相互扶助的な側面を有していたことは明らかである．しかし農業機械化の進展は，この雇用関係を大きく変えることになった．なぜならば，雇用労働者の選定は，水田経営者ではなく農業機械を保有する賃作業受託者が行うようになったからである．つまり農業賃労働に就労しうるかどうかは，かつてのような水田経営者と農業賃労働者の個人的関係から，賃作業受託者と農業賃労働者との関係に置き換えられることになった．

さらに大きなインパクトを与えたのは耕起作業と収穫作業の機械化である．これら作業は伝統的に女性労働力への依存度が高かった．つまり，これら作業の機械化による雇用労働需要の減少が意味することは，農業雇用労働における女性労働への需要が減少したことを意味している．確かに若年層が新たに創出された労働市場に参入したことから希少化した農業雇用労働をめぐって高齢層と若年層が競合するということはなかった．しかし，機械化に伴う絶対的な雇用需要量の減少によって，とくに転職ができない低学歴な高齢女子労働者が影響を受けた点は重要である．

第5節　貧困撲滅と所得分配

1. 絶対的貧困の解消

前節までの議論を念頭に置きつつ，本節では調査地域における貧困撲滅と所得分配について論じることにしよう．手始めに稲作政策の最重要課題である農家の絶対的貧困撲滅がどの程度達成されたのかを検証しよう．

サワ・スンパダン地区とスンガイ・ブロン地区における調査農家の年間平均所得はおのおの8,085リンギと1万824リンギであった．Narkswasdi and Selvadurai［1968］によると，1966年時点における各地区の平均所得は1,439リンギと1,988リンギであったことから，66～90年間に所得水準は両地区とも

名目で5倍以上に向上した．物価上昇を考慮して実質化しても約2倍に増加したことがわかる．1990年時点の所得水準は，統計局が算定した貧困所得水準（年間約4,200リンギ）を大幅に上回っており，この貧困水準未満の所得しか得ていない農家の比率（いわゆる絶対的貧困世帯比率）はサワ・スンパダン地区で13％（5戸），スンガイ・ブロン地区では8％（4戸）にしか過ぎなかった．1966年時点の貧困所得水準を消費者物価指数や統計局の発表資料をもとに算出すると，年間約1,600リンギとなる．つまり，66年時点における調査地域の平均所得は，貧困所得水準とそれほど大差なかったのである．一般的な所得分布の歪みを考慮すれば，その時点において，少なくとも半数近くの農家が絶対的貧困状態にあったと推定できる．これらの事実は，かつて1970年代にクローズ・アップされた稲作農家の絶対的貧困問題が，少なくとも調査対象地域のタンジョン・カランにおいてはかなりの程度解消されたことを示唆している．実際，所得水準の向上と絶対的貧困の大幅解消は農家によっても認識されており，ほぼすべての調査農家が1970年代以降生活水準が顕著に向上したと回答した．しかし，完全に絶対的貧困が撲滅されたわけではなく，後述の本節の3.で指摘するとおり絶対的貧困層の滞留という難題が残されていることには注意すべきである．

ところで，どのような所得項目が農家の所得向上に貢献したのであろうか．マレーシア農業省の調査データ（Narkswasdi and Selvadurai [1968]）と比較すると，1966年と90年の両時点とも農家所得に占める重要性が最も高いのは稲作所得と賃金収入（wage earning）[15]であり，これら所得の急増が農家所得の増加の大半を説明しているこ

表9-8 調査農家の所得構成（1990年）

(単位：リンギ)

	サワ・スンパダン	スンガイ・ブロン
農業所得		
稲作所得	5,150.1	6,302.3
その他農業所得	526.9	789.7
小計	5,677.0	7,092.0
農外所得		
賃金収入	2,208.4	3,358.8
機械賃貸・地代収入	0.0	294.3
送金・年金	138.5	62.5
その他農業所得	61.5	16.7
小計	2,408.4	3,732.3
世帯所得（合計）	8,085.4	10,824.3

資料：調査データ．

とが明らかとなる（表9-8）．サワ・スンパダン地区とスンガイ・ブロン地区における稲作所得は，1966～90年間におのおの8.5倍と4.3倍になった．また各地区の賃金収入は，3.2倍と10.7倍に増加した．前節までに指摘したとおり，このような稲作所得と賃金収入の向上は，技術革新による土地生産性の向上，省力技術によるコスト削減効果，生産者米価の引き上げと農外就業機会の拡大という諸要因によってもたらされたものである．

　なお，社会福祉制度や公的扶助制度が確立していない途上国では，親類縁者や子供からの送金（remittance）が生存維持水準にある農家の経済水準向上に寄与するのみならず，所得格差の是正にも一定の効果があることが指摘されている（Oberai and Singh [1980]）．しかし調査地域では，送金の総額はごくわずかであった．このことは決して家族の絆が弱まったからではなく，調査地域の農家は，すでに生存維持水準をはるかに上回る所得水準を得ていたために送金に依存する必要がなかったからであろう．

2. 農外所得と相対的所得格差の是正

　それでは絶対的貧困の次に，相対的貧困（所得格差）の解消について論じることにする．

　ここで，稲作経営規模と所得水準との関係に着目することによって，農外所得が実際に農家間の所得格差の是正に貢献したかどうかを検討しよう．表9-9の右端列から稲作経営規模と農外所得が農家所得に占める比率の間には明白な逆相関関係が認められる．とくにサワ・スンパダン地区の場合，経営規模が大きくなるにつれて，農外所得の相対的重要性が低下しているのみならず，農外所得の絶対額も低下傾向にある．一方，スンガイ・ブロン地区では，農外所得の絶対額と経営規模間に必ずしも明確な逆相関関係は認められない．しかし，零細経営層（3エーカー未満層）の農外所得への依存度が最も高く，大規模経営層（9エーカー以上層）のそれが最小であり，やはり経営規模と農外所得の相対的重要性の間には反比例の関係が認められる．このことから，農外所得が稲作経営規模の格差に起因した階層間所得格差を是正する方向に働いたと考え

第9章 マレー人稲作村における貧困撲滅と所得分配

表9-9 水田経営規模別の所得水準（1990年）

(単位：リンギ)

	稲作所得	米価補助金支給額(a)	農外所得(b)	合計所得(c)	補助金の比率(a)/(c)	農外所得の比率(b)/(c)
サワ・スンパダン						
～2.9	550	487	3,420	3,970	12.3	86.1
3.0～5.9	3,115	1,862	2,225	5,340	34.9	41.7
6.0～8.9	5,927	3,666	2,151	8,078	45.4	26.6
9.0～	10,181	6,331	1,560	11,741	53.9	13.3
スンガイ・ブロン						
～2.9	1,530	865	4,000	5,530	15.6	72.3
3.0～5.9	3,752	1,928	2,326	6,078	31.7	38.3
6.0～8.9	7,331	3,850	5,601	12,932	29.8	43.3
9.0～	13,282	7,296	3,860	17,142	42.6	22.5

注：稲作以外の農業所得，送金，年金などは含まれない．それ故に合計所得は，世帯所得とは一致しない．
資料：調査データ．

表9-10 ジニ係数の計測値（1990年）

	稲作所得	農業所得	農家所得
サワ・スンパダン	0.357	0.368	0.302
スンガイ・ブロン	0.388	0.358	0.355

注：農家所得＝農業所得＋農外所得．
農業所得＝稲作所得＋その他農業所得．
資料：調査データ．

られる．

このことを別の角度から確認するために，所得不平等度の代表的指数であるジニ係数を稲作所得，農業所得，農家所得に分けて計測した（表9-10）．稲作所得と農業所得のジニ係数が農家所得のそれよりも小さいことから，農家所得の方が稲作所得や農業所得よりもより平等に分配されていることがわかる．この事実からも農外所得が稲作所得と農業所得における所得格差を是正する方向に作用したことが確認できる．この点に関しては，やや冗長になるが，簡単な計量分析によっても裏付けることができる．調査農家の世帯主が農外就業に従事するか否かを決定する要因を明らかにするために，プロビット・モデルを計測した[16]．その計測結果は次のとおりである．

$$EMP = 7.457 - 0.352\,AGE + 0.002\,AGE^2 + 0.090\,EDU + 0.267\,POP$$
$$(2.514)\quad(-2.750)\quad\quad(2.511)\quad\quad(1.319)\quad\quad(3.332)$$

$$-0.127\,RIC + 0.049\,OTF + 1.005\,OTI$$
$$(-2.510)\quad\quad(0.537)\quad\quad(1.636)$$

Log-likelihood at convergence $= -46.080$

ただし,
　　　EMP：世帯主の農外就業有無（yes＝1）
　　　AGE：世帯主の年齢（年）
　　　EDU：世帯主の就学年数（年）
　　　POP：17歳未満の家族数（人）
　　　RIC：水田経営面積（エーカー）
　　　OTF：水田以外の農地面積（エーカー）
　　　OTI：その他収入の有無（yes＝1）

　上記の計測結果において，独立変数 RIC の係数は負（5％水準で有意）の値をとっている．このことは，水田経営規模が拡大するにつれて世帯主が農外就業に従事する可能性は低下するということを意味している．

　以上の議論から，農外所得が稲作経営規模に起因した所得格差を是正する方向に作用したことは明白である．

3. 絶対的貧困層の滞留

　最後に留意すべきことは，貧困水準未満の所得しか得ていない絶対的貧困世帯が存在していることである．生産者米価の引き上げや農外就業機会の拡大など，農家経済を取り巻く状況は確実に改善された．それにもかかわらず，稲作農家の絶対的貧困が未だに解消されない原因はどこにあるのであろうか．この点について考察を加えることによって，貧困解消の目標にさらに一歩近づくための糸口を探ることにしよう．

　絶対的貧困層が貧困状態から脱却できない要因を明確にするために，貧困世帯とそれ以外の世帯の比較を行った（表9-11）．この比較から浮き彫りになる貧困世帯の特徴は，稲作経営規模の零細性，低学歴・高齢な世帯主，そして農外所得水準の低さである．もちろん農外所得水準の低さは，世帯主の低学歴・高齢による農外就労の困難性（教育と年齢との間には負の相関関係が認められることに注意されたい）に起因していることは明らかである．上に提示したプ

表9-11 絶対的貧困世帯と非貧困世帯の比較（1990年）

	家族数(人)	世帯主(年)		稲作経営(エーカー)		農外所得(リンギ)
		年齢	就学年数	経営面積	所有面積	
貧困世帯	6.67	49.3	3.0	1.64	0.47	1,878
非貧困世帯	5.89	42.0	7.5	6.66	3.88	3,426

資料：調査データ．

ロビット・モデルによる分析からも，高齢者ほど農外就業に従事する確率が低くなるという結果が得られた．

農外就労の困難性に加え，低所得水準に起因した資金不足から稲作経営の規模拡大（小作地拡大あるいは農地購入による規模拡大）も困難である．なぜならば，十分な貯蓄あるいは抵当物件を有しないために金融機関から融資を受けることができない貧困世帯は，収穫前に決済される小作料支払いができず，小作地を拡大できないからである．このような状況を勘案すれば，貧困世帯の多くが貧困状態から脱却できずに今後も絶対的貧困層として滞留する可能性は高い．

それでは，貧困層の所得水準向上のためにいかなる施策を講じうるのであろうか．第3章でも詳述したとおり，マレーシア政府が実施してきた主な施策は，稲作所得向上を意図した生産者米価の引き上げであった．確かにコスト一定の条件下において，生産物価格の上昇が所得向上に結び付くことは容易に理解できる．しかしここで注意すべきことは，大規模経営層ほど絶対額においてより多くの稲作補助金を受け取っているばかりでなく，稲作所得への相対的依存度が高いことから農家所得に占める稲作補助金の割合が高くなる傾向があることである（表9-9）．また，生産者米価の引き上げに伴う小作料の上昇によって，資金不足の貧困世帯が小作地面積を拡大することがより一層困難になるばかりでなく，既存の借入地の小作料上昇によるコスト増という弊害すら予想される．これに対して，資金的余裕のある大農・中農にとって，小作地の拡大による規模拡大は相対的に容易であり，生産者米価の引き上げの恩恵をより享受することが可能となる．このことは，稲作補助金が絶対的・相対的な両面において大農に有利に分配されていたことを示唆している．こうした状況下にあって，生

産者米価の引き上げによる恩恵は大農・中農により有利に配分されることは明らかであり，貧困層にはその恩恵が必ずしも十分に行きわたらない可能性が指摘されねばならない．それ故にこそ，安易な生産者米価の引き上げは，貧困世帯の小作地拡大の困難性を高めるのみならず，大農―小農間の相対的所得格差を拡大させる危険性を内包しているのである．

しかしOzay［1988］が提唱している農地改革は，社会経済的コストを考慮すればまったく現実性のない政策オプションであることは明白である．大農・中農には政権与党のUMNO支持者が多く小農に野党支持者が多いという現実を考慮すれば，あえて政権与党が自らの支持者に不利になるような農地改革を実行するとは到底考えられない．

それから，政府が企業家的稲作農家の育成を目指している状況下にあって，貧困世帯に限定した稲作補助金制度の導入は必ずしも現実的選択肢とはいえない．また貧困世帯をターゲットとした貧困撲滅プロジェクトでも高齢貧困世帯のプロジェクト参加率は低調である（第10章参照）．このことから，高齢貧困農家の貧困撲滅がいかに困難であるかが理解できる．

こうした状況下にあって，絶対的貧困の軽減をより一層推進していくうえで，とくに高齢貧困世帯を対象とした所得再分配政策，具体的には公的扶助の給付などの福祉政策を導入する必要性があろう．マレーシアのある新古典派経済学者は，貧困農家の多くが高齢世帯であることから「時が貧困問題を解決する」ことから，とくに政策配慮は不要であると主張している（Sivalingam［1993］）．しかしながら，今後も新たな高齢貧困世帯が再生産される可能性を完全に否定することはできない．それ故にこそ何らかの形で所得再分配を意図した政策――例えば公的扶助制度――を実施することが肝要であろう．

第6節　むすび

本章では，タンジョン・カラン地域（北西スランゴール地域）のマレー人稲作村において，農業近代化の進展，それに伴う労働慣行の変化，そして農村労

働市場の変化が貧困撲滅と所得分配に及ぼした影響を解明することを主たる目的とした.

1960年代以降,米の栽培技術が顕著に向上した調査地域では,単収の増加,省力技術の導入によるコスト削減,さらに政府による生産者米価の引き上げによって,農家の稲作所得は急増した.加えて,雇用促進政策と工場の地方分散によって農外就業機会が拡大したことから農家の農外所得も順調に増加し,稲作経営規模に起因した農家間の所得格差の是正にも大いに貢献した.またここで特筆すべきことは,省力技術の導入によって農業賃労働需要は大幅に減少したものの,とくに一定の学歴を有する若年労働力が農村部での雇用促進政策によって新たに創出された農外就業機会に投下されたことから,高齢女性労働者を除けば低学歴・高齢者が農業賃労働から閉め出されなかった点である.農業技術革新と制度的変化という過渡期において生起しやすい階層間格差の拡大を抑制しつつ,農業近代化を軸とした農村開発を推進しえた点は高く評価されるべきであろう.

しかるに,政府の米価支持制度や化学肥料の補助制度は大規模経営層に有利に作用したと考えられ,必ずしも絶対的貧困層の所得向上には寄与しなかった.さらに,絶対的貧困者の多くが高齢・低学歴であることから,農外就業においても低報酬・不定期雇用を特徴とする雑業にしか従事できない状況にある.これに加えて,高齢貧困世帯の場合,省力技術の導入に伴う労働慣行の変化によって,高齢女性労働者が農業賃労働から閉め出される結果となった.これに対して,一定の教育水準を有する者は,昇給制度が整備された定期雇用に就業しており,今後中・高学歴取得者と高齢・低学歴の貧困者との間の所得格差が徐々に拡大していく可能性がある(労働市場の分節化とそれに伴う階層間所得格差の拡大).

結局,今回の調査結果が示唆することは,調査地域における農家の所得水準は大幅に向上したものの,絶対的貧困の撲滅はまだ完全ではないということである.絶対的貧困層は,支払小作料・地価が高騰している中で経営規模の拡大も困難であり,その世帯主が高齢・低学歴であることから農外所得の獲得機会

も限定されている．こうした状況下にあって，今後も彼らは絶対的貧困層として滞留する可能性が高い．それ故に，貧困高齢者世帯を対象とした福祉制度の導入などによる貧困対策が検討されるべきであろう．

注
1) クラン・バレイには，マレーシア最大のシャアラン工業団地があり，その近郊に位置するクラン港は電気製品・電子部品の積出港として繁栄している．首都クアラルンプールとスランゴール州の中心部に位置するクラン・バレイの経済水準は高く，その生活水準はシンガポールにやや劣る程度である．
2) 調査地域における農地流動性は高く，活発に水田の売買が行われている．したがって，資金的余裕のある農家が水田経営の規模拡大を図ることはそれほど困難ではない．例えば，調査農家の中で最も大規模経営を行っていた農家（21エーカーの水田経営）は，過去10年間に15エーカーの水田を購入したとのことであった．
3) 1970年代半ば以前に，米以外の農作物としてココヤシとバナナ以外の作物が栽培されることは希であった．しかし，北西スランゴール総合農業開発計画が開始された1978年以降，農家所得の向上および所得安定を目的として，農業局がカカオの苗木を希望者に無償で配布してココヤシとの混作を奨励したこともあり，現在ではココヤシとカカオや他の商品作物との混作栽培が広く行われている．
4) 米以外の農作物の栽培面積は次のとおりに分布していた．3エーカー未満27戸，3〜5.9エーカー7戸，6〜8.9エーカー4戸，9エーカー以上0戸．なお，米以外の農作物の生産性が低い原因として，生産物価格の低位安定あるいは下落基調のために農家の生産意欲が顕著に減退し，適切な肥培管理が行われていないことが指摘できる．適切な肥培管理を行い化学肥料などの投入財を適切量使用している農家とそうでない農家との生産性格差は，稲作のそれよりもはるかに大きい．
5) この他にも重要な要因として，耕地細分化を抑制する法的規制をあげることができる．調査地域では特例として，土地の売買・贈与・相続に関して1ロット（3エーカー）を最低単位とするように規定されている．実際にはこの法的規制は遵守されていないが，少なくとも耕地細分化に一定の歯止め効果があったのは事実である．さらに農村から都市への人口流出によって人口圧が軽減されたこともあって，後継者は1人か2人のケースが多い．このことも耕地細分化の抑制に一定の貢献をしたと推察される．
6) サワ・スンパダン地区とスンガイ・ブロン地区における各年齢層の就学年数は次のとおりである．サワ・スンパダン地区20歳代10.5年，30歳代8.5年，40

歳代6.1年，50歳代3.3年，スンガイ・ブロン地区20歳代8.8年，30歳代9.8年，40歳代6.4年，50歳代4.5年．このデータから若年層ほど学歴が高いことが読み取れる．

7) タンジョン・カラン地域では二期作が始まった1960年代半ば以前には土壌が軟弱なことから，トラクターおよび役畜による耕起作業はほとんど行われていなかった．当時最も一般的に行われていた移植前作業は，大鎌によって雑草を刈り取り，刈り取った草をある程度腐敗させた後に畦畔に集めるというものであった．耕起作業の機械化が土地生産性の向上には貢献しないという見方もあるが（Binswanger [1984]），少なくとも調査地域の場合，圃場均平化による栽培条件の向上を勘案すれば土地生産性の向上に貢献した可能性を否定することはできない．

8) 調査地域では1960年代〜70年代にかけて，歩行型耕耘機が主に用いられていた．しかし歩行型耕耘機は1980年代以降，50〜100馬力の乗用型トラクターに漸次代替されていった．わが国と比較して，マレーシアのトラクタリゼーションはごく短期間に急速に進展したといえる．なお，わが国において初めて役畜から動力歩行型耕耘機（power-tiller）への代替が起こったのは1930年代〜40年代初頭の岡山においてであった（Francks [1996]）．

9) マレーシアの技術普及は，普及員による農家訪問（lawatan）と農民の啓蒙を目的とした学習活動（latihan）——それぞれの頭文字をとって2L方式と呼称される——に重点を置いている（アズィザン・久守 [1993]）．

10) 当然のことながら，耕起回数が増加すれば作業請負賃は上昇する．具体的事例を示せば，1990年時点におけるPPKの耕起作業請負料の算定方式は，耕起初回80リンギ，その後耕起1回ごとに50リンギ追加である．なお，1960年代半ば以降の耕起作業請負料は次のとおりである（カッコ内は耕起回数）．1966年90リンギ（2回），75年125リンギ（2回），78年130リンギ（2回），180リンギ（3回），90年130リンギ（2回），180リンギ（3回）（Fredericks and Wells [1978], 堀井 [1979], Narkswasdi and Selvadurai [1968]）．

11) 事実，5戸の調査農家がクダー州からタンジョン・カラン地域に大型コンバインを持ち込んだ民間業者に収穫作業を委託していた．つまり，民間業者が長距離輸送のコストを自己負担してまで調査地域のコンバイン賃貸市場に参入してくるという現象は，そのコンバイン賃貸市場がどちらかというと売り手市場になっていたということを示唆している．

12) 農村部の大工が要求される技能水準は低いことから，伝統的肉体労働者に分類した．

13) 1970年以降に新たに設けられた出先機関および政府機関の具体例を幾つか列挙すれば次のとおりである．連邦農産物流通公団（FAMA）の支所，農業銀行支店，農業開発研究所の試験場，マレーシア国民大学医学部修所，農民開発小セ

ンター (Pusat Kemajuan Peladang Kecil), 州立図書館および病院・保健所, 連邦米穀公団 (BERNAS の前身) の精米工場, 北西スランゴール開発センターなどである.
14) 1970年以降, クアラ・スランゴール郡内での製造業従事者数は順調に増加している. 例えば資料としてはやや古くなるが, 1973～81年間に, 製造業従事者数は半島マレーシアの年平均 7.98% を上回る 17.20% で増加した (Koschatzky [1988]). またクアラ・スランゴール郊外の工業団地には日立などの日系企業も工場を操業中である. なお, 1990年5月にスキンチャン工業団地において操業を開始した華人系電気部品工場のマネージャーによると, タンジョン・カラン地域における工場労働者賃金は, クアラルンプール近郊の工業団地における賃金水準の6割程度である, とのことであった.
15) ここでいう賃金収入とは, 農業賃労働収入と農外賃労働収入の合計値である.
16) Lass and Gempesaw [1992] は, プロビット・モデルを用いて, アメリカにおける農家の農外就業決定メカニズムを分析している.

第10章　グラミン銀行方式による参加型貧困撲滅プログラムの成果と課題

第1節　はじめに

　開発途上国の農村部における貧困撲滅は，農村開発政策のみならず先進国による開発援助政策の最重要課題の1つである．このことは，農村部に偏重した人口分布と農業部門の相対的な低生産性を勘案すれば容易に理解できよう．また最近では，農村部への貨幣経済・市場メカニズムの浸透などによって，村落共同体内の互酬的な相互扶助制度が崩壊の危機に瀕している．これに加えて，制度金融が未発達な途上国では，十分な資金的余裕のない貧困層にとって，農地面積の拡大や自営業の拡張などの手段によって所得向上を図ることは極めて困難である．さらに，たとえ制度金融がある程度発達していたとしても，担保となりうる十分な資産を持たない貧困層にとって，制度金融から資金を調達することは不可能に近い．また，商業銀行にとっても，貧困層に対する小口融資は与信審査（selection），監視（monitoring），そして返済実行（enforcement）にかかる取引費用が大き過ぎることから，貧困層に融資を行うことはごく希である．それ故に，貧困の悪循環に陥った彼らは，絶対的貧困層として今後も滞留し続けると同時に困窮度合いをより一層強めていく可能性すらある．

　このような閉塞状況を打開する切り札として注目されているのがグラミン銀行方式による参加型貧困撲滅プログラムである[1]．このプログラムが注目される背景として，グループ連帯保証による貧困層への弾力的な低利融資や経営ノウハウを提供することにより，彼らの潜在能力と自立性を引き出すこと──エンパワーメント──を目標としていることが指摘できよう．また，途上国政府にとっても，貧困層のみを対象としたピンポイント型プログラムは，限られた

財源を貧困解消のためにより効率的に活用できるなどの利点がある．

そこで本章では，このグラミン銀行方式による参加型貧困撲滅プログラムの成果と課題について検討することにより，今後の開発援助政策を立案する際に参考となりうる基礎的知見を提供することを主たる目的とする．本章で取り上げるのは，貧困撲滅に成果をあげているとされるマレーシアのアマナ・イクティア（AIM；Amanah Ikhtiar Malaysia）である[2]．具体的な研究対象はスランゴール州サバ・ブルナン郡[3]において実施されている AIM プログラムであり，分析のために AIM 参加者 54 人と不参加者 58 人の合計 112 人から得た面接調査データ（調査実施年は 1994 年）を用いた．なお，調査対象者（全員女性）は，1986 年時点において，政府に貧困世帯として登録されていたことを付言しておく．

第 2 節　グラミン銀行方式による参加型貧困撲滅プログラム・AIM の概要

1.　AIM の設立経緯

1986 年に設立された AIM は，政府主導による「極貧世帯に対する開発プログラム（PPRT；Program Pembangunan Rakyat Termiskin）」の一環として実施されている．マレーシアでは 1957 年の独立以降積極的に貧困撲滅計画が実施されてきた．しかし，これらの計画は典型的な縦割り行政の弊害もあって非効率であった．また，急速な経済発展を遂げたにもかかわらず，農村の絶対的貧困が十分に解消できなかったとの反省から，農村開発に関係するすべての省庁が一致協力しつつ貧困撲滅を推進すべく PPRT が 1980 年代に導入された[4]．

この PPRT の中核をなす AIM は，バングラデシュのグラミン銀行による参加型貧困撲滅プログラムをほぼ忠実に模倣していることから，両者のシステムには共通点・類似点が多い[5]．両者の最大の共通点は，AIM あるいはグラミン銀行が 5 人 1 組の連帯保証グループの構成員に対して無担保の低利融資と経営

第 10 章　グラミン銀行方式による参加型貧困撲滅プログラムの成果と課題　229

図 10-1　AIM による共同経営グループへの融資と指導の手順

AIM 参加資格の確認	AIM 職員によるプログラム参加希望者の資格チェック．世帯所得及び家族1人当たり所得について聞き取り調査．
有資格者に対するオリエンテーション	有資格者に対して，AIM の目的や融資を受けるための手続きなどについてのオリエンテーションを実施．
連帯保証グループの形成	有資格者5人（同性，教育・所得水準が同水準であることが条件）で連帯保証グループを形成．
グループ・トレーニング	新しく結成された連帯保証グループに対して，AIM 職員が1日1時間のトレーニングを7日間にわたり実施．
支部の設置	2～6の連帯保証グループで支部を結成．毎週支部会議を開催．
経営プロジェクトの計画書提出と融資申請	連帯保証グループが，AIM に融資を受けて行う経営の具体的な計画書を提出．
融資承認	毎週開催される支部会議において融資承認の決定．
融資の支出チェック	融資1週間後に，AIM 職員が融資が計画通りに支出されているかどうかをチェック．
プロジェクト評価	最低3ヵ月に1回，AIM 職員が共同経営プロジェクトの評価を行う．また，プロジェクトが順調に進んでいる場合には，融資の更新が可能となる．

資料：著者作成．

ノウハウを提供することによって，貧困世帯の経済水準向上と彼らの自立支援を目的としているところにある．また両者とも，グループの構成員は経済水準・教育水準が同程度の同性であり，親類縁者が同一グループの構成員になることは原則的に禁じられている．なお原則的には，男性の参加も可能であるが，プログラム参加者は全員女性であり，男性の参加者は皆無である．

　ここでやや詳細に，連帯保証グループの形成と AIM 参加者への小口融資の手順について説明を加えておこう．図 10-1 に示したとおり，まず最初に，

AIM プログラムへの新規参加資格は，月平均世帯所得が 270 リンギ未満か家族 1 人当たり月平均所得が 54 リンギ未満である極貧世帯（hard-core poor）[6]に限定されている．有資格者は AIM 職員からプログラムの目的や所要の手続きについて説明を受けた後に，同性であり教育・経済水準が同程度の有資格者 5 名でグループを組織し，再度 AIM 職員から 7 日間にわたり 1 日当たり 1 時間のレクチャーを受ける．その後，数グループで 1 つの支部（センター）を形成し，AIM 職員の指導の下，毎週支部会議（センター・ミーティング）を開催して各参加者への融資額やその他さまざまな事項の決定を行う．こうした連帯保証制の導入と支部会議における融資案件の審査によって，AIM は与信審査や監視等に伴う取引費用をある程度削減することが可能となる．また，その支部会議において，参加者 1 人当たり毎週最低 1 リンギの半強制積立預金を行う．実際に融資を受けた AIM 参加者は，AIM 職員から定期的な査察を受けつつ経済活動を行い，融資期間終了後に再融資の資格審査を兼ねたプロジェクト評価が AIM 職員によって実施される．

　面接調査を行った AIM 参加者（全員が女性）が小口融資を受けて行った経営の内容は次のとおりである．①農業（稲作，バナナ栽培，養鶏など）32 人，②沿岸漁業 4 人，③自営業（服の仕立，食料品販売，農産物販売）18 人．①の稲作と②の沿岸漁業の計 13 人を除く残り 41 人は主婦業あるいは農業からの転職組である．この事実は，現金収入獲得のために十分に活用されてこなかった貧困世帯の女性労働力が，AIM プログラムの主たる担い手となっていることを意味している．つまり，AIM プログラムは，男性労働力に比べて機会費用の低い女性労働力を有効活用することによって，貧困世帯の所得水準向上を実現しようとしているといえよう．

　1995 年時点における AIM の事業規模は，支店数が 35, 職員数 450 人，プログラム参加者数 3 万 6,000 人，連帯保証グループ 7,541, センター数 1,592 であった（吉田 [1996]）．このことから，1986 年設立以降のごく短期間に AIM は急成長を遂げたことが確認できる．

　ここで，経営別に AIM からの融資額，融資継続期間，参加者の平均就学年

第10章　グラミン銀行方式による参加型貧困撲滅プログラムの成果と課題　231

表10-1　AIM融資の経営別比較（1994年）

	AIMからの融資額（リンギ）	融資継続期間（年）	参加者の平均就学年数（年）	AIM融資を受けた経営の月平均所得（リンギ）
農業	2,410	3.5	6.0	430
沿岸漁業	2,650	3.9	7.2	474
自営業	4,172	3.8	6.8	574

資料：聞き取り調査．

数，AIM融資プロジェクトの経営による月平均所得を比較すると，①農業はおのおの2,410リンギ，3.5年，6.0年，430リンギ，②沿岸漁業2,650リンギ，3.9年，7.2年，474リンギ，③自営業は4,172リンギ，3.8年，6.8年，574リンギであった（表10-1）．各経営間には融資継続期間に大きな隔たりはないが，平均学歴の高い自営業従事者が最も多くの融資額を受けていると同時に，経営からの所得も最大であった．この事実は，学歴と融資による所得創出効果との間に正の相関関係が存在している可能性を示唆している．

また，①の農業について詳細にみると，農作物（稲やバナナなど）の栽培プロジェクト参加者への平均融資額が2,912リンギであったのに対して，養鶏等の畜産プロジェクト参加者へのそれは1,290リンギであった．前者の農業経営面積（共有地を含む）は2.5エーカーと平均（1.6エーカー）を大きく上回っていた．これに対して，後者の多くは土地なし農民か0.5エーカー未満の零細小農であった．このことから，貧農が農地を必要としない畜産プロジェクトに参画することによって所得向上を目指していることが理解できる．

ところで，融資のための原資は，マレーシア・イスラム開発基金（Yayasan Pembangunan Islam Malaysia）と連邦政府から特別補助金として支給されている．また，AIMがNGOとして自立的な非営利の融資機関となるべく，職員への給与支払などの諸経費をカバーするために最低限必要な額を融資対象者から手数料という形で徴収している[7]．連邦政府は第7次計画期間中（1996～2000年）にAIMに対して2000万リンギの追加的財政支援を決定したが（Malaysia [1996]），年間だけで3億～4億リンギに達する稲作補助金支出に比べればかなり少額である．稲作補助金の多くが大規模農家により多く配分されているこ

とから，つねづね補助金引き上げによる貧困軽減への効果は小さいことが指摘されている（Hart [1989], Ishida and Azizan [1998]）．なぜならば，米価補助金と化学肥料補助は，それぞれ米生産量と水田経営面積にほぼ正比例して支給されているからである[8]．これに比べて，後述するとおり，AIM の貧困層のみを対象としたピンポイント型プログラムは，限られた財源で貧困撲滅に一定の成果をあげている．この意味において，AIM は財政事情の苦しい多くの途上国にも大いに参考になるであろう．

2. AIM の融資制度

AIM による貧困撲滅のための融資は，経済的支援融資と特別融資に大別される（表10-2）．まず最初に経済的支援融資であるが，これは AIM 参加者が実施する（あるいは融資を受けた後に実施しようとする）経営活動に対する融資であり，参加者の所得水準や融資返済実績によって融資上限額に3段階のステップが設定されている．第1段階として，参加者1人当たり500リンギを上限額とする返済期限50週の短期融資から始まり，返済実績によって最終的には上限額1万リンギ（調査地域における稲作農家の年間平均所得額とほぼ同額）・最長返済期限250週の融資を受けることが可能である．なお，融資は参加者個人に対して行われるが，ここでいう返済実績とは連帯保証グループとしてのものである．このような融資制度によって，債務不履行を起こすフリーライダーを早期に排除すると同時に，優良なプログラム参加者への経営支援を持続的かつ拡大的に実施することが可能となる．融資の手数料は融資上限額の5%以下になるように設定されており，消費者金融業者のみならず市中銀行の融資利息よりも相当低めに設定されている．こうした融資システムとグループ連帯保証制によって，いわゆる逆選択（adverse selection）[9] やモラル・ハザードの問題は生じていない．

第2に，特別融資とは，住宅融資と AIM 参加者の子弟のみを対象とした奨学金のことである．それぞれ AIM からの経済的支援融資の返済実績が特別融資を受けるための必須条件となっているが，いずれも市中銀行の融資利息より

第10章 グラミン銀行方式による参加型貧困撲滅プログラムの成果と課題

表10-2 AIMによる融資制度

		融資上限額	返済期限	手数料	融資資格
経済的支援融資	第1ステップ	1　500リンギ 2　1,000リンギ 3　1,500リンギ 4　2,000リンギ	50週 50週 50週 50週	25リンギ 50リンギ 75リンギ 75リンギ	月平均世帯所得が270リンギ未満か，家族1人当たり月平均所得が54リンギ未満．
	第2ステップ	2,000 ～5,000リンギ	選択可能 50週 75週 100週	100リンギ	融資の第1ステップ終了者であり，月平均世帯所得が405リンギ以上．
	第3ステップ	5,000 ～10,000リンギ	50～250週の間で選択	初年度200リンギ 次年度以降毎年100リンギ	融資の第1ステップか第2ステップ終了者であり，月平均世帯所得が600リンギ以上．
特別融資	教育融資	500リンギ	50週	25リンギ	経済的支援融資の返済終了者であり，就学者がいる者．
	住宅融資	2,000リンギ	200週	150リンギ	経済的支援融資の第3ステップ終了者．

資料：聞き取り調査．

も相当に低額な手数料負担しか課していない[10]．

　AIMの融資制度が市中銀行や消費者金融業者のそれと決定的に異なる点は，次の2点である．まず第1に，返済義務免除の規定が明文化されていることである．経済的支援融資と特別融資の両方とも，各参加者に貸し付けられるが，参加者が死亡した場合には，その親類縁者あるいは連帯保証グループの構成員には負債返済の義務はいっさい課されない．

　そして第2に，連帯保証グループの構成員の誰かが滞納した場合（死亡を除く）には，同じグループの構成員は毎週2リンギ，そして同じ支部に所属する他のメンバーは毎週1リンギを特別救済基金（Special Saving Fund）に支払う義務が発生する[11]．そして，滞納額と同額が特別救済基金に払い込まれるまで，上述の支払い義務を他の構成員が連帯責任として負うことになる．このような滞納に対する連帯責任の規定によって，自立心や責任感を強めたとする参加者が多く，参加者の参画意識を醸成する上で一定の成果があったといえる[12]．事実，AIM融資の返済率は98％前後の高水準にあり，ある参加者の債務不履行による他の参加者への負担は極めて小さい．

表10-3 融資継続期間と平均融資額(1994年)

融資継続期間	人数	平均融資額 (リンギ)	平均所得 (リンギ)
1年未満	2	500	590
1～2年	6	583	503
2～3年	5	2,500	708
3～4年	12	2,967	606
4～5年	11	1,900	736
5～6年	10	5,000	720
6年以上	5	6,800	1,335
不明	3	n.a.	
	54	3,088	

注:平均融資額には,不明者は含まれない.
資料:調査データ.

ここで表10-3に,調査対象者の融資額(調査時点)を融資継続期間別に示した.この表から明白なとおり,融資継続期間が長くなるほど融資額が増加基調にあることが読みとれる.また融資額ほど明確ではないが,継続期間と所得水準の間にも比較的強い正の相関が認められる.このことから,AIMによる貧困者を対象とした融資制度が参加者の経済的自立を促進する上で一定の貢献をしていることが確認できる.

第3節 プログラムの成果検討

1. 所得創出効果と絶対的貧困の軽減

AIM参加前(1986年)に230リンギであった参加世帯の名目月平均所得[13]は,調査時点の94年には貧困水準所得である405リンギを大幅に上回る699リンギまで急増している(表10-4).各世帯のAIM参加年が異なることから,1994年を基準年とする消費者物価指数によってデフレートしても,所得水準は実質的に約1.5倍になっている.

このような所得水準の向上に伴って,参加世帯の絶対的貧困世帯比率が急減したことは容易に想像できる.事実,1986年のAIM参加前には100%であった貧困世帯比率は,94年には14.8%(8世帯)まで激減している.これに対して,AIM不参加世帯の月平均所得と貧困世帯比率は328リンギと72.4%であった.かつて参加世帯と不参加世帯のすべてが月平均所得270リンギ未満の極貧世帯であったことを勘案すれば,前者の所得向上がいかに顕著であったかが理解できる.

第10章　グラミン銀行方式による参加型貧困撲滅プログラムの成果と課題　235

表10-4　調査対象者の所得水準と生活水準

		AIM参加世帯(n=54)				AIM非参加世帯 (n=58) (1994年)
		AIM参加前 (1986年)		AIM参加後 (1994年)		
月平均所得 (リンギ)		230		699.0		328.0
預金総額 (リンギ)		24.1		613.0		147.6
貧困世帯数		54	(100.0)	8	(14.8)	42 (72.4)
年齢(歳)				38.98		44.45
教育年数(年)				6.48		3.91
農地面積 (エーカー)	自作地	0.55		0.75		0.38
	借入地	0.10		0.46		0.02
	共有地	0.22		0.36		0.08
電気	個人用	41	(75.9)	49	(90.7)	
	共用	6	(11.1)	4	(7.4)	
	なし	7	(13.0)	1	(1.9)	
水道	個人用	31	(57.4)	44	(81.5)	
	共用	13	(24.1)	8	(14.8)	
	なし	10	(18.5)	2	(3.7)	
トイレ	水洗	2	(3.7)	4	(7.4)	
	簡易水洗	39	(72.2)	49	(90.7)	
	汲み取り	3	(5.6)	0		
	なし	8	(14.8)	1	(1.9)	
	不明	2	(3.7)	0		
屋根材質	トタン	45	(83.3)	49	(90.7)	
	アスベスト	4	(7.4)	4	(7.4)	
	ニッパ	4	(7.4)	0		
	不明	1	(1.9)	1	(1.9)	
壁材質	レンガ	1	(1.9)	1	(1.9)	
	セメント	2	(3.7)	6	(11.1)	
	木	42	(77.8)	43	(79.6)	
	木＋ニッパ	9	(16.7)	4	(7.4)	
テレビ	あり	42	(77.8)	53	(98.1)	
	なし	11	(20.4)	1	(1.9)	
	不明	1	(1.9)	0		
ラジオ	あり	43	(79.6)	50	(92.6)	
	なし	9	(16.7)	4	(7.4)	
	不明	2	(3.7)	0		

資料：調査データ．

　ここで参加世帯の所得構成を検討しよう．世帯所得の68.8％に相当する480.9リンギはAIM融資の経営プロジェクトからの収入である．この収入すべてをAIMプログラムの成果とすることはできない．というのは，AIM参加に

よる機会費用を計測することが困難であると同時に，1986年当時の世帯所得の内訳について詳細なデータが入手不可能であることから，AIM 融資によるネットの所得創出効果を抽出することが困難であるからである．しかし，養鶏等の畜産プロジェクトや自営業は，かつて家庭内労働に従事していた機会費用の低い女性が主たる担い手であり，その所得はほぼネットの所得創出であったと考えられる．また，稲作やバナナ栽培のような土地利用型農業プロジェクトに関しても，AIM 参加前に 1.1 エーカーであった参加世帯の経営面積は 2.5 エーカーに増加しており，低く見積もっても，農業プロジェクトからの所得の半分程度は，経営面積の拡大に伴う AIM 融資のネットの所得創出効果によると考えられる．これに加えて，不参加世帯の所得が伸び悩んでいることを勘案すれば，少なくとも多くの参加世帯は AIM からの融資と経営指導によって所得水準を大幅に向上させたことは明白である．

2. 預金額の増加と農地面積の拡大

上述の所得創出効果と同様に評価されるべき点は，参加世帯の預金額が大幅に増加したことである．表 10-4 に示したとおり，AIM 参加前にわずか 24.1 リンギであった預金総額は，AIM 参加による所得水準の向上もあって 613.0 リンギまで急増している．このような預金額急増の要因として，AIM による毎週最低 1 リンギの積立預金が大きかったことはいうまでもない．参加世帯の AIM 積立預金残高は，預金総額の約 44% に相当する 269.6 リンギであった．また，積立預金に対する負担感を感じる参加者は 1 人もおらず，逆に銀行窓口に出向く手間が省ける，家計支出への影響なく確実に預金ができるなどの利点をあげる者が多かった．

こうした預金額の増加に加えて，農地の所有面積と経営面積も拡大基調にある．共有地を除く農地所有面積と小作地面積は，おのおの 0.55 エーカーから 0.75 エーカー，0.10 エーカーから 0.46 エーカーに増加している．この結果，0.65 エーカーであった経営面積は 1.21 エーカーと倍近くに拡大しており，AIM の融資プログラムが農業所得向上に貢献した可能性を示唆している．ま

た，農地所有面積の拡大が土地資産額の増加をもたらしたことは指摘するまでもない．調査地域では，水田とココヤシ園の平均売買価格はそれぞれ 1 エーカー当たり 1 万 7,000 リンギと 7,000 リンギ程度であったことから（Kementerian Kewangan [1995]），低く見積もっても農地資産額のみで平均預金額を上回る千数百リンギは増加したことになる．

3. 生活水準の向上

所得水準の向上と預金額・農地資産の急増によって安定的な財政基盤が確立されたことから，AIM 参加世帯の生活水準が大幅に改善されたことは容易に想像できる．このことを表 10-4 において確認しよう．AIM 参加前後の生活水準を比較すると，参加世帯の電気，水道，水洗式トイレの普及率は軒並み 90％ を超えるまでに向上している．この普及率は，マレー半島部における全世帯の平均値と比較してもまったく遜色ない水準である．また，家屋の屋根・壁材質を比較しても，新築・改修の際には低品質とされるニッパの使用が減少する一方，中から高品質とされるトタン，セメント，ラタン（木材の一種）の利用が多くなっている．さらに，テレビやラジカセなどの耐久消費財の所有比率も明らかに上昇している．このような客観的な事実に加えて，51（94.4％）の参加世帯は AIM 参加後に生活水準が改善されたと認識しており，AIM 参加者自身によっても主観的にプログラムの成果が認識されているといえよう．

第 4 節　むすび——AIM プログラムの課題

前節までの議論を念頭に置きつつ，本節では貧困撲滅プログラムを推進していくうえで，今後課題となると思われる事項について整理することにしよう．

まず手始めに，AIM 参加者と不参加者の属性を比較することによって，不参加者の特徴を把握することにしよう．表 10-4 に示したとおり，参加者の平均年齢と教育年数はそれぞれ約 39 歳と約 6.5 年であり，不参加者と比較して約 5.5 歳若く教育年数が約 2.6 年長い[14]．つまり AIM 参加者の主たる構成母

体は，もともと自助努力によって経済水準を向上しうる潜在能力が高かった相対的に学歴の高い若年・中年者集団によって構成されていたといえる[15]．

次に，AIM 不参加者の中で，今後 AIM の貧困撲滅プログラムへの参加を希望する者は 58 人中 25 人であった．参加希望者とそうでない者との平均年齢と教育年数を比較すると，前者は 41.64 歳と 5.24 年，後者は 46.58 歳と 3.91 年であった．つまり，このことは，AIM 参加希望者は概して教育水準が相対的に高く若年・中年層が多いのに対して，AIM 参加に消極的な集団には高齢・低学歴を特徴とする高齢貧困者が多く含まれていたことを示唆している．それ故に現状のままでは，若年・中年層の貧困撲滅が進む一方で，高齢貧困者が今後も絶対的貧困層として滞留し続ける可能性が高く，何らかの高齢貧困者対策を講ずる必要があろう．また，AIM 参加に消極的な若年・中年貧困者の多くは，AIM の活動内容に関して正確な知識を得ておらず，AIM 融資の申請方法や手数料に関する十分な情報を持っていなかった．それ故に，今後より一層の貧困撲滅を進めていくうえで，AIM が不参加者に対して適切な情報提供を図っていくことが緊急の課題であろう．

最後に，吉田［1996］も指摘しているように，AIM は政府補助金への財政依存なくして自立的運営は不可能であり，また好調なマクロ経済から財源を容易に確保できたマレーシアであったからこそ導入しえた施策であった事実を看過すべきではなかろう[16]．やや皮肉なことであるが，途上国においては，マクロ経済の好不調が絶対的貧困撲滅の推進状況に大きな影響を及ぼすことは明白である．それ故に，低開発・貧困の悪循環に陥った途上国政府が独自の財源によってマレーシアの経験を模倣することは困難かもしれない[17]．しかしグラミン銀行方式が本章で論じたように一定の成果をあげていることを勘案すれば，この方式を放棄するのではなく，先進国ならびに国際機関による開発援助資金の一部が極度の財政不足に直面している極貧途上国の参加型貧困撲滅プログラムに投入されることの意義は大きいと考えられる．

注

1) ただし最近，グラミン銀行方式の問題点が指摘され始めている．例えば，バングラデシュのグラミン銀行では，融資返済率の悪化や外部からの補助金依存体質，参加者の脱退率の増加などが指摘されている（Karim and Osada [1998]）．
2) アマナ・イクティアの定訳はないが，「自立のための信託」という意味である．
3) 調査地域は，主要穀倉地域の1つとして有名な北西スランゴール農業開発地域に属する．調査地域の概要は第6章および第9章において詳述したので，本章では改めて述べることはしない．
4) AIMはPPRTの下で必要に応じて関連省庁からの支援を仰ぐことができる．例えば，農業技術普及に関しては農業局，農産物流通に関しては連邦農産物流通公団および郡政府の支援を得ることができる．このことがAIM成功の一因であると考えられる．
5) しかし，AIMとバングラデシュのグラミン銀行との相違点もいくつか散見される．例えば，AIMは非営利のNGO（非政府機構）であるのに対し，グラミン銀行はその名のとおり，ある種の金融機関である．
6) マレーシアでは，世帯所得が政府の設定した貧困水準所得（PLI）を下回る家族を絶対的貧困世帯と定義している．PLIは消費者物価水準や家族構成などを考慮して決定されている．例えば1994年時点の1世帯月当たりPLIは405リンギ（1万5,000円程度）であった．なお，1995年時点における月平均世帯所得は，都市部2,596リンギ，農村部1,300リンギであった（Malaysia [1996]）．
7) イスラム慣習法では利子・利息の授受が禁止されていることから，AIMでは手数料という形で参加者から必要経費を徴収している．
8) 肥料補助制度を例にとると，政府からの無償配布肥料と農家の水田経営面積との関係は次のとおりである．0.5 ha未満層5.8袋，0.5～0.9 ha層10.8袋，1.0～1.4 ha層18.6袋，1.5～1.9 ha層25.9袋，2.0～2.4 ha層34.1袋，2.5～2.9 ha層41.3袋，3.0 ha以上層61.3袋（Wong [1995]）．この例から，政府からの無償配布肥料が大規模層により多く配分されていることが理解できよう．
9) 金融市場における逆選択とは，不完全情報下にあって，リスクをカバーするために貸し手（金融機関）が金利や担保額を引き上げすぎると，かえって返済不履行を起こす危険性の高い借り手が市場に残り，貸し手の収益率が低下して最悪の場合には金融市場自体がなくなってしまうことをいう（先駆的な研究成果としては，Stiglitz and Weiss [1981] を参照）．
10) 銀行の定期預金金利は7～10％程度である．この結果，有資格者にとって最も審査が簡単な教育融資を受け，その融資全額を銀行に預金して差額収入を得るなどのモラル・ハザードが起こっているようである．出生率が高いマレーシア農村部では，3～5人程度の就学者がいる家庭が多い．このため，就学者1人当たり上限500リンギの教育融資を受けることができることから，就学者の多い家庭ほ

どより多くの差額収入を得ることができるなどの問題がある．
11) 連帯保証グループとその支部による二重の連帯保証システムは，ボリビアのプロ・ムヘールのように（飯塚 [1999]），他国のマイクロ・クレジットにおいても実施されている．
12) Stiglitz [1990] は，グラミン銀行方式における連帯保証制が機能している理由として，「メンバー相互の監視」（peer monitoring）による効果を指摘している．こうした「相互監視」に加えて，債務不履行に対する共同体の制裁が厳しいほど返済率が高まるというBesley and Coate [1995] の指摘も傾聴に値する．マレーシア社会では家族および個人の面子を重んじる風潮があり，融資不履行による社会的地位の失墜は，個人および家族の生活にマイナスの影響を及ぼすと容易に推察できる．このことがある種の社会的規制となって，AIM 参加者の円滑な融資返済をより促進する一因となっていると考えられる．
13) AIM 参加前の世帯所得データに関しては，AIM がプログラム参加資格の有無を確認するために実施した面接調査の結果を利用した．
14) 両集団の平均値の間には，統計学的（t検定）に有意な差が認められる．
15) Navajas et al. [2000] は，ボリビアにおけるマイクロ・クレジットの事例から，主な融資対象者が最貧層ではなく貧困水準付近に位置する低所得層であったと述べている．この分析結果について，彼らは最貧層に対する融資が不十分であるかどうかよりも，意欲ある最貧層が融資を受けているかどうかが問題であると述べている．この指摘に関連してAIM の事例を述べれば，AIM 非参加者の40% 以上がAIM プログラムへの参加を希望していることから，意欲ある貧困層への融資が不十分であるといえるかもしれない．
16) 上記に指摘した以外にAIM 成功の要因として，他のアジア途上国と比較すると次の諸点があげられよう．①マクロ経済が好調であったことから農外就業機会に恵まれており，ビジネス・チャンスがより多かった．②長年にわたる貧困撲滅政策の成果などによって，農村居住者の購買力が比較的高く，AIM の生産物に対する需要が十分にあった．ただし，吉田 [1996] も指摘するとおり，①は優秀なAIM 職員の離職を助長する弊害もある．
17) グラミン銀行方式の導入可能性については，吉田 [1996] を参照されたい．なお，岡本 [1997] は，ネパールの小農開発計画の事例調査から，連帯保証グループの形成などの制度設定だけを模倣しただけではマイクロ・クレジットが必ずしも有効に機能しないことを実証している．

終　章　農政転換をめぐる政治力学

　経済発展に伴って，農業政策の課題が食料問題から農業調整問題へと移行するにつれて，農業保護水準が上昇基調に推移することが指摘されている．しかし，こうした経済発展に伴う農政転換の原因は未だ十分に解明されていない．とくに，政治学的視点から農民利益団体と政権与党との関係や，農民の政治行動が農政の展開に及ぼす影響について詳細に検討した研究は皆無に等しい．そこで本書では，マレーシアの稲作政策を事例として取り上げ，農政展開のメカニズムを政治経済学的に分析した．

　本章では，すべての章の分析結果を順次要約していくのではなく，農政転換メカニズムに関する先行研究の指摘と本書の分析結果を比較することによって，両者の違いを強調することに重きを置きたい．最初に，農政転換メカニズムに関する本書の分析結果を要約すると，次のとおりである．

(1)　マレーシアでは，米が主食であることの重要性に加えて，米政策が有する政治的含意を看過することはできない．なぜならば，議席配分における稲作選挙区の優位性や農民利益団体の政治力を考慮すると，米政策の展開が与野党間の勢力バランスに大きな影響を及ぼすからである．

(2)　上記（1）の指摘を念頭に置いて，1980年前後に農民搾取から農民保護へと農業政策の転換が図られた政治的背景について検討した．その結果，①農工間所得格差の顕在化に伴って野党が稲作地域において勢力を拡大したこと，②こうした状況に対処すべく，農民票の取り込みを目的として，政権与党が稲作補助金制度を大幅に拡充したことを指摘した．

(3)　さらに1970年代以降，農民と政権与党の関係が稲作補助金制度の拡充に伴ってどのように変化したかを農村調査の結果から分析した．政権与

参考図　農政転換のメカニズム（本書の仮説）

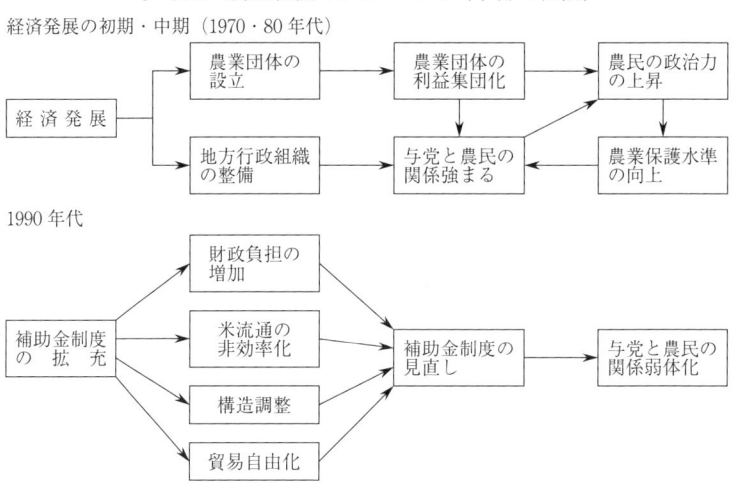

経済発展の初期・中期（1970・80年代）

経済発展 → 農業団体の設立 → 農業団体の利益集団化 → 農民の政治力の上昇
経済発展 → 地方行政組織の整備 → 与党と農民の関係強まる → 農業保護水準の向上

1990年代

補助金制度の拡充 → 財政負担の増加／米流通の非効率化／構造調整／貿易自由化 → 補助金制度の見直し → 与党と農民の関係弱体化

資料：著者作成．

党は，官製の農民利益団体や政府組織を通じて，政治財である稲作補助金を農民に供与した．一方，農民はその見返りとして与党を支持した．こうした与党と農民の関係を政治学的に解釈すれば，両者間に政府組織・利益団体を介在したパトロン＝クライアント関係が構築されたといえる．そして，この両者の関係が経済発展に伴う農政転換を促進したことを指摘した．

(4)　しかし1990年代以降，自由化・補助金削減という時代的要請もあって，稲作補助金制度を大幅に拡充することは難しくなっている．その一方で，物価上昇やアジア経済危機を契機とする農業投入財価格の高騰などの要因もあって，1999年総選挙では，稲作選挙区において与野党間の勢力バランスが逆転した．この事実は，上記（3）において指摘した政権与党と農民のパトロン＝クライアント関係が脆弱化しつつあることを示唆している．

こうした本書の分析結果を整理したのが参考図である．序章で述べたとおり，為替政策を含む経済政策や政治体制あるいは食料消費の観点から数多くの分析

終　章　農政転換をめぐる政治力学　243

が行われているが，先行研究にほぼ共通して指摘されている農政転換メカニズムの原因は，経済発展→農業人口の減少→農民の結束力の向上→農民の政治力の向上→農業保護水準の上昇，である．これに対して，本書では，農業近代化のための官製農業団体の設立→農業団体の利益集団化→農民の政治力の向上→農業保護水準の上昇→政権与党と農民との関係強化→農民の政治力の向上→農業保護水準の上昇という仮説を提示した．ここで注意すべきことは，傍線を付した展開過程が繰り返しになっていることである．つまり，この繰り返しの過程によって，経済発展に伴って，加速度的に農業保護水準が上昇していく（＝農政転換が起こる）と考察できる．

　しかし，政権与党と農民を結び付けているのは，主に政治財である補助金である．補助金制度の拡充なくして，農政の加速度的な転換は起こりにくい．また，与党（政府）から農民への補助金が減少基調に転じた場合には，両者の依存関係は脆弱化していく可能性すらある．1990 年代以降のマレーシアは，まさにこの状態にあるといえよう．

　最後に本書を締めくくるに当たり，今後農業政策の政治経済分析を進めていく際に残された課題をいくつか指摘しておこう．本書で論じたマレーシア以外のアジア諸国においても，政治的要因が農政の展開方向にどの程度の影響を及ぼしているかを解明していく必要があろう．なぜならば，そのことによって，農政の政治経済分析からより普遍的な一般経験則を見出すことができるからである．そのためには，例えば複数国の時系列データ（つまりプール・データ）を用いた計量分析によって，政治経済的要因を抽出していくことも選択肢の 1 つとなりうるであろう．あるいはより政治学的分析を指向するならば，農民の利益集団の形成過程，利益集団と政党・政府[1]との関係，農業族議員の政治行動，農民の政治参加に関する意思決定，末端行政組織の整備あるいは農村―地方政府―中央政府の政治的依存（対立）関係などについて，アジア各国の比較研究を進めていくのも一案であろう．いずれにせよ，概して数値データの入手が困難な政治的要因は経済分析から捨象されることが多かった．しかし政治と経済とは不可分であり，今後農政研究の分野においても，政治経済分析の重要

性が高まっていくと考える．

注
1) 政権与党と政府（官僚）とを分けて考えられるかどうかは，開発途上国の政治経済を分析する際に注意を要する．一般的に東南アジア諸国では，与党による政府（官僚）支配が強く，予算の策定などに官僚の意向が反映されることはごく希である．こうした政治体制を藤原［1994］は「政府党」体制と呼んでいる．

あとがき

　本書は，2001年に神戸大学自然科学研究科に提出した博士論文に大幅な加筆，修正を加えたものであり，主に1998～2000年にかけて発表したマレーシア稲作に関する論文から構成されている．ほとんどの章は，既発表論文を下敷きとしつつも，かなり修正を加えてある．また，第3章と第6章は新たに書き下ろした．各章の初出および参考文献は次のとおりである．

序　章　石田章「マレーシアの稲作」(『農総研季報』42号，1999年).
第1章　Ishida, A., S.H. Law and A. Aita. *Changes in Food Consumption Expenditure in Malaysia.* Research Paper No. 26. Tokyo : National Research Institute of Agricultural Economics, 2000. 参考文献として，石田章・会田陽久・明石光一郎・横山繁樹「インドネシアにおける食料消費支出の変化——家計調査データの計量分析」(『農業総合研究』53巻4号，1999年).
第2章　石田章・会田陽久「農業部門と製造業部門間の比較生産性——日本・韓国・タイ・マレーシアの比較」(『農総研季報』44号，1999年).
第3章　書き下ろし．参考文献として，石田章「マレーシアにおける稲作政策の変遷とその要因——主に政治的イシューとの関連において」(『農総研季報』19号，1993年).
第4章　石田章ほか「マレーシアにおける先進国型農業保護政策の展開（第2節)」(堀内久太郎・小林弘明編『東・東南アジア農業の新展開』農林統計協会，2000年)．参考文献として，石田章，アズィザン・アスムニ「マレーシアにおける稲作政策の方向性と課題——第7次マレーシア5ヵ年計画を中心に」(『農業総合研究』50巻4号，1996年).

第5章　石田章ほか「マレーシアにおける先進国型農業保護政策の展開（第3節）」（前掲書）．石田章，アズィザン・アスムニ，横山繁樹「農産物市場における政府介入と自由化——マレーシアにおける米輸入自由化の事例」（『農総研季報』43号，1999年）．参考文献として，石田章「構造調整下におけるマレーシア稲作の政策展開」（『農業問題研究』46号，1998年）．

第6章　書き下ろし．

第7章　石田章，アズィザン・アスムニ「アジア通貨危機と農業保護——食料輸入国マレーシアの事例」（『農総研季報』40号，1998年）．参考文献として，石田章，Law Siong Hook，会田陽久「大規模農園（エステート）企業の経営類型とアジア経済危機の影響——マレーシアの事例」（『農業総合研究』54巻4号，2000年）．

第8章　石田章「マレーシアの1999年総選挙と稲作政策」（『農総研季報』48号，2000年）．参考文献として，Ishida, A. "The Malaysian General Election of 1995." *Electoral Studies*, Vol. 15, No. 1, 1996.

第9章　Ishida, A. and A. Azizan. "Poverty Eradication and Income Distribution in Malaysia." *Journal of Contemporary Asia.* Vol. 28, No. 3, 1998.

第10章　石田章，シャヒード・ハッサン「グラミン銀行方式による参加型貧困撲滅プログラムの成果と課題——マレイシア・AIMの事例」（『国際協力研究』15巻1号，1999年）．

終　章　書き下ろし．

　既発表論文の転載をご快諾いただいた共著者や出版社の方々に，とくに感謝の意を表したい．

　本書を書き終えた後に，次の研究テーマに取り組み始めたところである．本書の内容をさらに深めるために，マレーシア研究は続けていくつもりである．と同時に，マレーシア以外のアジア諸国において，政権与党と農民との関係，あるいは農民利益団体や農林族議員の政治的行動が農業政策の決定プロセスに及ぼす影響について，比較研究を進めていきたいと考えている．とくに，実際に農政決定の裏側を垣間見ることができたわが国の事例は大変興味深い．ぜひ

あとがき　247

とも，研究対象にしたいと思う．

　ところで，本研究をまとめるにあたっては，多くの方々からご指導を賜った．とくに，大学院生のときから懇切丁寧なご指導を賜っている加古敏之先生（神戸大学）には，深く感謝しなければならない．今にして思えば，経済発展と農業政策の展開という研究テーマ自体，加古先生のご研究内容から相当に影響を受けたことは否定しえない．

　この他にも，神戸大学の諸先生方には大変お世話になった．神戸大学に内地留学中（1997年10月〜98年2月）に，国際協力研究科の片山裕先生からは，途上国の農村政治に関して多くのことを学ばせていただいた．そもそも神戸大学に内地留学できたのは，都丸潤子先生が労をいとわず，煩雑な手続きを一手にお引き受けいただけたからである．また，農学部の金子治平先生，梅津千恵子先生，高橋信正先生，堀尾尚志先生からは，博士論文の草稿に対して数多くの有益なコメントをいただいた．記して謝意を表したい．

　マレーシアでの調査や資料収集に関しては，共同研究者のアズィザン・アスムニ先生（マレーシア・プトラ大学）から多大なご協力をいただいた．かつて，マレーシア農業省の事務官として農政の立案に参画していたアスムニ先生と共同研究ができたことは，著者にとって誠に幸運であった．アスムニ先生以外にも，シャヒード・ハッサン氏，同僚の会田陽久氏，横山繁樹氏（CGPRTセンター），ロー・ション・ホック先生（プトラ大学）から，共同研究を通じて分析手法などについてご指導いただいた．

　農林水産政策研究所（旧農業総合研究所）の上司，先輩，同僚にも感謝の言葉を申し添えたい．研究のことで大きな壁にぶつかったときに，適切な進路をご教示いただいた足立恭一郎室長，鈴木宣弘先生（現九州大学），須永芳顕元資料部長，伊藤順一氏（現IFPRI）には，とくに感謝の意を表したい．また，今後の進路について適切なアドバイスをいただいた篠原孝所長には，この場をかりてお礼を申し上げたい．

　厳しい出版事情の中，本書の刊行をご快諾いただいた日本経済評論社の栗原哲也社長には，お礼の申しようもない．また，大原興太郎先生には出版社をご

紹介いただき，編集担当の宮野芳一氏と上野教信氏には本書出版の労をとっていただいた．記して謝意を表したい．

　最後になったが，マレーシア研究というマイナーな分野でありながら，研究一筋を貫いてこられたのは，家族の励ましがあったからに他ならない．妻絵美子，長男章太郎，次男真太郎に本書を捧げたい．

　2001年8月1日

石田　章

参考文献

Adeyokunnu, T. O. (1979) "Eggs in the Diet of Western Nigerians : Engel Function Applied." *Canadian Journal of Agricultural Economics.* Vol. 27, No. 1.

Ahmad, I. (1976) "The Green Revolution and Tractorisation : Their Mutual Relations and Socio-Economic Effects." *International Labour Review.* Vol. 114, No. 1.

Ahmad, Z. B. (1990) *The Malaysian Rice Policy : Welfare Analysis of Current and Alternative Programs.* Ph. D. dissertation for University of Illinois.

Ahmad, Z. B. (1993) "Applying the Almost Ideal Demand System (AIDS) to Meat Expenditure Data : Estimation and Specification Issues." *Malaysian Journal of Agricultural Economics.* Vol. 10.

Ahmad, Z. B. and A. B. Zainal (1993) "Demand for Meat in Malaysia : An Application of the Almost Ideal Demand System Analysis." *Pertanika.* Vol. 1, 1993.

会田陽久 (1984)「食料消費の要因分析」(石黒重明・川口諦編『日本農業の構造と展開方向』農林統計協会).

アジア経済研究所 (1981)『アジア動向年報 1981』.

Almahdali, S. A. (1987) "Status and Problems of Padi Production in the Muda Irrigation Project." In *Proceedings of the National Rice Conference 1986.* Serdang : MARDI.

Alvarez, J. and R. A. Puerta (1994) "State Intervention in Cuban Agriculture : Impact on Organization and Performance." *World Development.* Vol. 22, No. 11.

Andaya, B. W. and L. Y. Andaya (1982) *A History of Malaysia.* London : Macmillan Press.

Anderson, K., B. Dimaranan, T. Hertel and W. Martin (1997) "Asia-Pacific Food Markets and Trade in 2005 : A Global, Economy-Wide Perspective." *Australian Journal of Agricultural and Resource Economics.* Vol. 41, No. 1.

Anderson, D. and M.W. Leiserson (1980) "Rural Nonfarm Employment in Developing Countries." *Economic Development and Cultural Change.* Vol. 28, No. 2.

Aranson, P., M. J. Hinich and P. C. Ordeshook (1974) "Election Goals and Strategies : Equivalent and Non Equivalent Candidate Objectives." *American Political Science Review.* Vol. 68.

Arief, S. (1980) *A Test of Leser's Model of Household Consumption Expenditure in Malaysia and Singapore.* Research Notes and Discussions Paper No. 23, Singapore : Institute of Southeast Asian Studies.

Asian Development Bank (1999) *Key Indicators of Developing Asian and Pacific Countries 1999, Vol. 30.* Oxford University Press.

Asian Development Bank (1999) *Asian Development Outlook 1999*. Oxford University Press.
Asian Development Bank (2000) *Asian Development Outlook 2000*. Oxford University Press.
Azizan, A. (1993) *A Study on Development Strategy of Agricultural Extension : Japan and Malaysia as Case Studies*. Research of Agricultural Resource No.26. Matsuyama : Ehime University.
Azizan, A. and A. Ishida (1998) "Perubahan Struktur dan Reformasi Pertanian di Jepun." In Chamhuri Siwar, Abdul Malik Ismail and Abdul Hamid Jaafar (eds.) *Reformasi Pertanian Malaysia ke Arah Wawasan 2020*. Bangi : UKM Press.
アズィザン・アスムニ,久守藤男 (1993)「マレーシア農業普及事業の80年以降における展開と今後の課題」(『農業経済研究』64巻4号).
坂東俊輔 (1998)「アセアン諸国の輸出はいつ頃回復するのか——Jカーブ効果と最近の動向」(『RIM』93号,さくら総合研究所).
Bardhan, P. (1980) "Interlocking Factor Markets and Agrarian Development : A Review of Issues." *Oxford Economic Papers*. Vol. 32, No. 1.
Bardhan, P. (1988) "Alternative Approaches to Development Economics." In Chenery, H. et al. (eds.) *Handbook of Development Economics* (vol.1). North-Holland : Elsevier Science.
Barker, B. and V. Cordova (1978) "Labor Utilization in Rice Production." In *Economic Consequences of the New Rice Technology*. Manila : International Rice Research Institute.
Barnard, R. (1981) "Recent Development in Agricultural Employment in a Kedah Rice-Growing Village." *Development Economies*. Vol. 19, No. 3.
Bastelaer, T. (1998) "The Political Economy of Food Pricing : An Extended Empirical Test of the Interest Group Approach." *Public Choice*. Vol. 96, No. 1 & 2.
Bell, C., P. Hazell and R. Slade (1982) *Project Evaluation in Regional Perspective : A Study of an Irrigation Project in Northwest Malaysia*. Johns Hopkins University Press.
BERNAS (1998) *Laporan Tahunan 1997*.
BERNAS (1999) *Laporan Tahunan 1998*.
Besley, T. and S. Coate (1995) "Group Lending, Repayment Incentives and Social Collateral." *Journal of Development Economics*. Vol. 46, No. 1.
Binh, T. N. and N. Podder (1992) "On the Estimation of Total Expenditure Elasticities from Derived Engel Functions with Applications to Australian Micro-Data." *Economic Record*. Vol. 68, No. 201.
Binswanger, H. P. (1984) *Agricultural Mechanization : A Comparative Historical*

Perspective. World Bank Staff Working Papers No.673. Washington, D.C. : World Bank.

Burnet, F. (1947) *Report on Agriculture in Malaya for the year 1946.* Kuala Lumpur : Malayan Union Government Press.

Braverman, A. and J. E. Stiglitz (1982) "Sharecropping and the Interlinking of Agrarian Markets." *American Economic Review.* Vol. 72, No. 4.

Chamhuri, S. (1987) "Impak dan Implikasi Projek-Projek Membasmi Kemiskinan di Kalangan Petani Padi." In *Proceedings of the National Rice Conference 1986.* Serdang : MARDI.

Cramer, J. S. (1969) *Empirical Econometrics.* Amsterdam : North-Holland.

Das, K. (1980 a) "Bitter Harvest in the Rice Bowl." *Far Eastern Economic Review.* Vol. 107, No. 6.

Das, K. (1980 b) "Mending Cracks in a Ricebowl." *Far Eastern Economic Review.* Vol. 107, No. 8.

Datt, G. (1988) "Estimating Engel Elasticities with Bootstrap Standard Errors." *Oxford Bulletin of Economics and Statistics.* Vol. 50, No. 3.

David, C. C. and J. Huang (1996) "Political Economy of Rice Price Protection in Asia." *Economic Development and Cultural Change.* Vol. 44, No. 3.

Deaton, A. and J. Muellbauer (1980) *Economics and Consumer Behavior.* Cambridge : Cambridge University Press.

Downs, A. (1957) *An Economic Theory of Democracy.* New York : Harper and Row.

Economic Planning Unit (1998) *National Economic Recovery Plan.* Kuala Lumpur : Government Printer.

Election Commission (1969) *Report on the Parliamentary (Dewan Ra'yat) and State Legislative Assembly General Elections 1969 of the States of Malaya, Sabah and Sarawak.* Kuala Lumpur : Government Pritner.

Election Commission (1978) *Report on the State Legislative Assembly General Elections Kelantan, 1978.* Kuala Lumpur : Government Printer.

Election Commission (1978) *Report on the General Elections to the House of Representatives and the State Legislative Assemblies Other Than the State Legislative Assemblies of Kelantan, Sabah and Sarawak, 1978.* Kuala Lumpur : Government Printer.

FAO. *FAOSTAT.*

Fatimah, M. A. (1990) "Government Intervention in Padi and Rice Marketing : Rationale and Impact." In Ambrin Buang (ed.) *The Malaysian Economy in Transition.* Kuala Lumpur : National Institute of Public Administration.

Francks, P. (1996) "Mechanizing Small-Scale Rice Cultivation in an Industrializing Economy : The Development of the Power-Tiller in Prewar Japan." *World Development.* Vol. 24, No. 4.

Fredericks, L. J. (1986) *The Co-operative Movement in West Malaysia.* Kuala Lumpur : Universiti Malaya.

Fredericks, L. J. and R. J. G. Wells (1978) "Patterns of Labour Utilisation and Income Distribution in Rice Double Cropping Systems : Policy Implications." *Developing Economies.* Vol. 16, No. 1.

藤本彰三 (1989)「マクロの目標達成にとらわれた危険な近道」(『世界の農政は今』農山漁村文化協会).

Fujimoto, A. (1990) "Agrarian Reform and Rice Production in a Central Luzon Village : Process and Remaining Problems." *Bulletin of NODAI Research Institute.* No. 2.

藤原帰一 (1994)「政府党と在野党——東南アジアにおける政府党体制」(萩原宜之編『民主化と経済発展』東京大学出版会).

Goh, C. T. (1971) *The May 13th Incident and Democracy in Malaysia.* Kuala Lumpur : Oxford University Press.

Gomez, E. T. (1990) *Politics in Business : UMNO's Corporate Investments.* Kuala Lumpur : Forum Enterprise.

Gomez, E. T. (1994) *Political Business : Corporate Involvement of Malaysian Political Parties.* Queensland : James Cook University of North Queensland.

Goldman, R. H. and L. Squire (1982) "Technical Change, Labor Use, and Income Distribution in the Muda Irrigation Project." *Economic Development and Cultural Change.* Vol. 30, No. 4.

Gorn, P., R. Herrmann and B. Schalk (1993) "The Pattern of Protection for Food Crops and Cash Crops in Developing Countries." *European Review of Agricultural Economics.* Vol. 20, No. 3.

Green, W. H. (1997) *Econometric Analysis.* Third Edition. Prentice Hall.

Gujarati, D. N. (1995) *Basic Econometrics.* Third Edition. McGraw-Hill.

萩原宜之 (1989)『マレーシア政治論——複合社会の政治力学』(弘文堂).

Haque, M. O. (1989) "Estimation of Engel Elasticities from Concentration Curves." *Journal of Economic Development.* Vol. 14, No. 1.

原洋之介 (1995)「農業発展論の反新古典学派的視座を求めて」(米倉等編『不完全市場下のアジア農村』アジア経済研究所).

Hart, G. (1989) "Changing Mechanisms of Persistence : Reconfigurations of Petty Production in a Malaysian Rice Region." *International Labour Review.* Vol. 128, No. 6.

速水佑次郎 (1986)『農業経済論』(岩波書店).

速水佑次郎 (1995)『開発経済学——諸国民の貧困と富』(創文社).

平戸幹夫 (1992)「マレーシアの工業化と『民族』資本」(『経済地理学年報』38巻1

号).

Hiraoka, H., N. K. Ho and G. Wada (1990) *Direct Seeding and Volunteer Rice Seeding Culture : A Field Survey on Farm Operation and Seedling Establishment under Dry Conditions in the Muda Area of Malaysia.* MADA/TARC-QM/DSP/1990, No. 8.

Hoff, K. and J. E. Stiglitz (1993) "Imperfect Information and Rural Credit Markets : Puzzles and Policy Perspectives." In Hoff, K., A. Braverman and J. E. Stigliz (eds.) *The Economics of Rural Organization : Theory, Practice, and Policy.* Oxford : Oxford University Press.

本間正義 (1994)『農業問題の政治経済学』(日本経済新聞社).

Honma, M. and Y. Hayami (1986) "The Determinants of Agricultural Protection Levels : An Econometric Analysis." In Anderson, K., Y. Hayami and others. *The Political Economy of Agricultural Protection : East Asia in International Perspective.* London : Allen & Unwin.

堀井健三 (1979)「マレーシアにおける農村経済構造の変動——タンジョン・カラン地域一稲作村の事例」(『アジア経済』20巻3号).

Huang, Y. (1974) "The Behaviour of Indigenous and Non-Indigenous Farmers : A Case Study." *Journal of Development Studies.* Vol. 10, No. 2.

Hubbard, M. (1997) "The 'New Institutional Economics' in Agricultural Development : Insights and Challenges." *Journal of Agricultural Economics.* Vol. 48, No. 2.

Huntington, S. P. (1987) "The Goals of Development." In Weiner, M. and S.P. Huntington (eds.) *Understanding Political Development.* Boston : Little Brown and Company.

Huntington, S. P. and J. M. Nelson. (1976) *No Easy Choice : Political Participation in Developing Countries.* Cambridge : Harvard University Press.

出井富美 (1996)「ベトナムの農業と農村発展戦略」(『地域開発』380号).

飯塚昌代 (1999)「マイクロクレジットにおける連帯保証のメカニズム——ボリヴィアのプロ・ムヘールの事例研究」(『国際協力研究』15巻1号).

Ikemoto, Y. (1985) "Income Distribution in Malaysia : 1957–80." *Developing Economies.* Vol. 23, No. 4.

Innes, R. D. (1990) "Imperfect Information and the Theory of Government Intervention in Farm Credit Markets." *American Journal of Agricultural Economics.* Vol. 72, No. 3.

IRRI (1995) *World Rice Statistics 1993-94.*

石橋喜美子 (1997)「年齢階層別にみた生鮮野菜の消費動向と需要予測」(『農業経営研究』35巻1号).

石橋喜美子 (1998)「輸入自由化前後における牛肉の家計消費構造変化」(『農業総合

研究』52巻4号).
石田章(1992)「マレーシアにおける稲作政策の展開」(『神戸大学農業経済』26号).
石田章(1994)「マレーシアにおける鳥肉消費の動向」(『農総研季報』22号).
Ishida, A. (1995) "An Econometric Analysis of Rice Economy in Malaysia." *Agricultural Economic Papers of Kobe University.* No. 28 & 29.
Ishida, A. (1996) "The Malaysian General Election of 1995." *Electoral Studies.* Vol.15, No. 1.
石田章(1999)「マレーシアの稲作」(『農総研季報』42号).
石田章ほか(2000)「マレーシアにおける先進国型農業保護政策の展開」(堀内久太郎・小林弘明編『東・東南アジア農業の新展開』農林統計協会).
石田章・会田陽久・明石光一郎・横山繁樹(1999)「インドネシアにおける食料消費支出の変化――家計調査データの計量分析」(『農業総合研究』53巻4号).
石田章,アズィザン・アスムニ(1996)「マレーシアにおける稲作政策の方向性と課題――第7次マレーシア5カ年計画を中心に」(『農業総合研究』50巻4号).
Ishida, A. and A. Azizan (1998) "Poverty Eradication and Income Distribution in Malaysia." *Journal of Contemporary Asia.* Vol. 28, No. 3.
Ishida, A., A. Azizan and J. Tan (1997) "Palm Oil Industry in Malaysia." *Quarterly Journal of Agricultural Economy.* Vol. 51, No. 1.
石田章,アズィザン・アスムニ,横山繁樹(1999)「農産物市場における政府介入と自由化――マレーシアにおける米輸入自由化の事例」(『農総研季報』43号).
Ishida, A., S. H. Law and Y. Aita (2000) *Changes in Food Consumption Expenditure in Malaysia.* Research Paper No. 26. Tokyo : National Research Institute of Agricultural Economics.
石田章,シャヒード・ハッサン(1999)「グラミン銀行方式による参加型貧困撲滅プログラムの成果と課題――マレイシア・AIMの事例」(『国際協力研究』15巻1号).
Jaafar, J., and H. Piei (1978) "The Role of Mechanization in Malaysian Agriculture." In Radhakrishna and Singh (eds.) *Technology for Rural Development Proceedings of a Joint MSA-Costed Seminar, Kuala Lumpur, April 24-29, 1978* (mimeo).
Jabatan Perangkaan (no date) *Penyiasatan Perbelanjaan Isirumah 1973, Malaysia : Rengkasan Perangkaan.* Kuala Lumpur : Government Printer.
Jabatan Perangkaan (1986) *Laporan Penyiasatan Perbelanjaan Isirumah Semenanjung Malaysia (1980), Sabah & Sarawak (1982).* Kuala Lumpur : Government Printer.
Jabatan Perangkaan (1995) *Laporan Penyiasatan Perbelanjaan Isi Rumah 1993/94.* Kuala Lumpur : Government Printer.
Jabatan Pertanian (1994) *Perangkaan Asas Petani 1990.* Kuala Lumpur : Government

Printer.
Jabatan Pertanian (1995) *Perangkaan Padi Malaysia 1993*. Kuala Lumpur : Government Printer.
Jamal, O. and S. Chamhuri (1998) "Pilihan Dasar Optimal untuk Sektor Padi dan Beras Negara." In Chamhuri Siwar, Abdul Hamid Jaafar and Abdul Malek Ismail (eds.) *Reformasi Pertanian Malaysia ke Arah Wawasan 2020*. Bangi : UKM Press.
Jegatheesan, S. (1977) *The Green Revolution and the Muda Irrigation Scheme : An Analysis of its Impact on the Size Structure and Distribution of Rice Farmer Incomes*. Alor Star : MADA.
Jenkins, G. P. and K. K. Lai (1991) "Malaysia." In Krueger, A. O., M. Schiff and A. Valdes (eds.) *The Political Economy of Agricultural Pricing Policy (Vol. 2 : Asia)*. World Bank.
Jomo, K. S. and S. Ishak (1986) *Development Policies and Income Inequality in Peninsular Malaysia*. Kuala Lumpur : Institute of Advanced Studies.
Kabashima, I. (1984) "Supportive Participation with Economic Growth : The Case of Japan." *World Politics*. Vol. 36, No. 3.
蒲島郁夫 (1988)『政治参加』(東京大学出版会).
Kakwani, N. C. (1977) "On the Estimation of Engel Elasticities from Grouped Observations with Application to Indonesian Data." *Journal of Econometrics*. Vol. 6, No. 1.
Kakwani, N.C. (1978) "A New Method of Estimating Engel Elasticities." *Journal of Econometrics*. Vol. 8, No. 1.
Kakwani, N.C. and N. Podder (1973) "On the Estimation of Lorenz Curves from Grouped Observations." *International Economic Review*. Vol. 14, No. 2.
金子芳樹 (2001)『マレーシアの政治とエスニシティ——華人政治と国民統合』(晃洋書房).
Karim, M. R. and M. Osada (1998) "Dropping Out : An Emerging Factor in the Success of Microcredit-based Poverty Alleviation Programs." *Developing Economies*. Vol. 36, No. 3.
Kementerian Kewangan (1994) *Belanjawan Persekutuan, Anggaran Hasil dan Perbelanjaan 1993*. Kuala Lumpur : Government Printer.
Kementerian Kewangan (1995) *Laporan Pasaran Harta, 1994*. Kuala Lumpur : Government Printer.
Kementerian Pertanian. *Buku Maklumat Perangkaan Pertanian Malaysia*. Kuala Lumpur : Government Printer, various issues.
Khazin, M. T. (1984) *Orang Jawa di Selangor : Penghijrahan dan Penempatan 1880-1940*. Kuala Lumpur : Dewan Bahasa dan Pustaka.
木村陸男 (1998)「マレーシア——通貨危機に強気の対応」(滝井光夫・福島光丘編

『アジア通貨危機──東アジアの動向と展望』日本貿易振興会).
小林弘明ほか (2000)「タイの食料需給と国際市場」(堀内久太郎・小林弘明編『東・東南アジア農業の新展開』農林統計協会).
小林正弥 (1993)「現代政党理論再考──ダウンズ＝サルトーリモデルの限界」(村嶋英治・萩原宜之・岩崎育夫編『ASEAN諸国の政党政治』アジア経済研究所).
小林良彰 (1988)『公共選択』(東京大学出版会).
Koschatzky, K. (1988) "Development of Industrial Systems in West Malaysia." In Schätzl, L. H. (ed.) *Growth and Spatial Equity in West Malaysia.* Singapore : Institute of Southeast Asian Studies.
Korea. National Statistical Office. *Korea Statistical Yearbook.* Seoul : Government Printer, various issues.
Korea. National Statistical Office. *Annual Report on the Economically Active Population Survey.* Seoul : Government Printer, various issues.
Kratoska, P. H. (1988) *The Japanese Occupation of Malaya : A Social and Economic History.* NSW : Allen & Unwin.
Krueger, A. O., M. Schiff and A. Valdes (1991) *The Political Economy of Agricultural Pricing Policy.* Washington : World Bank.
口羽益生・坪内良博・前田成文 (1976)『マレー農村の研究』(創文社).
Lass, D. A. and C. M. Gempesaw (1992) "The Supply of Off-Farm Labor : A Random Co-efficients Approach." *American Journal of Agricultural Economics.* Vol.74, No.2.
Lee, H.P. (1995) *Constitutional Conflicts in Contemporary Malaysia.* Kuala Lumpur : Oxford University Press.
LPN (1973) *Lapuran Tahunan LPN 1972.*
LPN (1975) *Lapuran Tahunan LPN 1974.*
LPN (1976) *Laporan Tahunan LPN 1975.*
LPN (1993) *Laporan Tahunan 1992.*
Leser, C. E. V. (1963) "Forms of Engel Function." *Econometrica.* Vol. 31, No. 4.
Lijphart, A. (1968) "Typologies of Democratic Systems." *Comparative Political Studies.* Vol. 1.
Lijphart, A. (1977) *Democracy in Plural Societies : A Comparative Exploration.* New Haven : Yale University Press.
Lim, T. G. (1985) *Small and Large Paddy Farms in Muda : Comparison of Organization of Production, Yield and Profitability.* Centre for Policy Research (Project Paper No. 9). Penang : Universiti Sains Malaysia.
Malaysia (1971) *Second Malaysia Plan, 1971−1975.* Kuala Lumpur : Government Printer.
Malaysia (1981) *Fourth Malaysia Plan, 1981−1985.* Kuala Lumpur : Government

Printer.
Malaysia (1986) *Fifth Malaysia Plan, 1986–1990*. Kuala Lumpur : Government Printer.
Malaysia (1993) *Mid-Term Review of the Sixth Malaysia Plan, 1991–1995*. Kuala Lumpur : Government Printer.
Malaysia (1996) *Seventh Malaysia Plan, 1996–2000*. Kuala Lumpur : Government Printer.
増田萬孝 (1992)「マレー農民・華人農民の間の稲作生産性格差と水管理技術——タンジョン・カランの事例分析」(『開発学研究』3巻1号).
Means, G.P. (1991) *Malaysian Politics : The Second Generation*. Singapore : Oxford University Press.
Ministry of Agriculture (1999) *Third National Agricultural Policy (1998–2010)*. Kuala Lumpur : Government Printer.
Ministry of Finance. *Economic Report*. Kuala Lumpur : Government Printer, various issues.
蓑谷千凰彦 (1997)『統計学のはなし (改訂版)』東京図書.
Mitui, Y. (1990) "Yield Differencials and their Determinations in Tanjong Karang, Malaysia : A Comparison of Cultivation Systems." In Fujimoto, A. and T. Matsuda (eds.) *Rice Farming and Rural Society in Malaysia, Southern Thailand and the Philippines*. Tokyo : Tokyo University of Agriculture.
Mohamed, A. and Y. A. Syarisa (1999) "The Malaysian Financial Crisis : Economic Impact and Recovery Prospects." *Developing Economies*. Vol. 37, No. 4.
Mohammad, I., A. P. Barkley and R. V. Llewelyn (1998) "Government Intervention and Market Integration in Indonesian Rice Markets." *Agricultural Economics*. Vol. 19, No. 3.
諸岡慶昇 (1995)「稲作近代化への技術協力——マレーシアにおける技術受容の軌跡」(嘉田良平・諸岡慶昇・竹谷裕之・福井清一『開発援助の光と陰——援助する側・援助される側』農山漁村文化協会).
諸岡慶昇・安延久美・大西緝 (1993)「マレーシアにおける稲作生産組織の形成過程——クロンポッ・タニの事例考察」(『アジア経済』34巻3号).
Muhammad, I. S. (1995) *The Evolution of Large Paddy Farms in the Muda Area, Kedah*. Centre for Policy Research (Monograph 8). Penang : Universiti Sains Malaysia.
向山英彦 (2000)「急回復したアジア経済と今後」(『さくらアジア・マンスリー』1巻5号).
Mustapha, J. (1982/83) "Traditional Bajau Economy : Its Conceptual System and Implications on Development." *Jurnal Antropologi dan Sosiologi*, Vol. 10 & 11.
Nabli, M. K. and J. B. Nugent (1989) "The New Institutional Economics and Its Applica-

bility to Development." *World Development.* Vol. 17, No. 9.
長井信一（1978）『現代マレーシア政治研究』（アジア経済研究所）.
中川光弘（2000）「東・東南アジアの食料需給の動向と食料安全保障」（堀内久太郎・小林弘明編『東・東南アジア農業の新展開』農林統計協会）.
中村正志（1999）「1998年のマレーシア——副首相解任により政府批判が高揚」（『アジア動向年報 1999』アジア経済研究所）.
中村正志（2000）「1999年マレーシア総選挙——変革か現状維持か」（『アジ研ワールド・トレンド』6巻3号）.
中村靖彦（2000）『農林族——田んぼのかげに票がある』（文春新書）.
Narkswasdi, U. and S. Selvadurai (1968) *Economic Survey of Padi Production in West Malaysia (Selangor, Collective Padi Cultivation in Bachang, Mallaca).* Kuala Lumpur : Ministry of Agriculture and Co-operatives Malaysia.
Nasaruddin, A. and M. Zulkifly (1986) "National Agricultural Policy in Relating to Agricultural Development in Malaysia : Some Observations." *Jurnal Antropologi dan Sosiologi.* Vol. 14.
Navajas, S., M. Schreiner, R. Meyer, C. Gonzalez-Vega and J. Rodriguez-Meza (2000) "Microcredit and the Poorest of the Poor : Theory and Evidence from Bolivia." *World Development.* Vol. 28, No. 2.
Naziruddin, A., Y. Kuroda and Y. Kubo (1997) "The Impact of a Price-support Programme on Farm Tenancy Patterns, Income Adjustments and Market Interventions : The Case of Malaysian Rice Farming." *Asian Economic Journal.* Vol. 11, No. 4.
Nielsen, R. (1997) "Storage and English Government Intervention in Early Modern Grain Markets." *Journal of Economic History.* Vol. 57, No. 1.
Nik Faud, K. (1993) *Government Policy Impacts on the Malaysian Rice Sector.* Serdang : MARDI.
Nik Mustapha, R. A. (1993) "Incorporating Habit in the Demand for Fish and Meat Products in Malaysia." *Malaysian Journal of Economic Studies.* Vol. 31.
農林水産省『農業白書附属統計表』.
NSTP Research and Information Services (1990) *Elections in Malaysia : A Handbook of Facts and Figures on the Elections 1955-1986.* Kuala Lumpur : NSTP.
Oberai, A. S. and H. K. M. Singh (1980) "Migration, Remittances and Rural Development : Findngs of a Case Study in the Indian Punjab." *International Labour Review.* Vol. 119, No. 2.
Oczkowski, E. and M. Perumal (1992) "On the Estimation of Total Expenditure Elasticities Using Limited Dependent Variable Models for Malaysia." *Singapore Economic Review.* Vol. 37, No. 1.

岡本真理子（1997）「農村小規模信用貸付におけるグループ貸付制度の検討——ネパール小農開発計画（SFDP）の調査から」（『アジア研究』43 巻 3 号）.
岡沢憲芙（1988）『政党』（東京大学出版会）.
Okposin, S. B. and M. Y. Cheng (2000) *Economic Crises in Malaysia : Causes, Implications & Policy Prescriptions.* Subang Jaya : Pelanduk Publications.
Olson, M. (1965) *The Logic of Collective Action : Public Goods and the Theory of Groups.* Cambridge : Harvard University Press.
Oshima, H. (1994) "The Impact of Technological Transformation on Historical Trends in Income Distribution of Asia and the West." *Developing Economies.* Vol. 32, No. 3.
Ozay Mehmet (1988). *Development in Malaysia : Poverty, Wealth, and Trusteeship.* Kuala Lumpur : INSAN.
尾関秀樹（1996）「輸入品の価格変動が農業の交易条件に及ぼす影響」（『1997 年度日本農業経済学会論文集』）.
Pazim, F. O. (2000) "Malaysia." In *Food Security in Asia and the Pacific.* Tokyo : APO.
Peterson, W. L. (1979) "International Farm Prices and the Social Cost of Cheap Food Policies." *American Journal of Agricultural Economics.* Vol. 61, No. 1.
Pinstrup-Andersen, P. (1985) "Food Prices and the Poor in Developing Countries." *European Review of Agricultural Economics*, Vol. 12, No. 1-2.
Pletcher, J. (1989) "Public Interventions in the Agricultural Market in Malaysia : Rice and Palm Oil." In Fatimah Mohd. Arshad *et al.* (eds.) *Malaysian Agricultural Policy : Issues and Directions.* Serdang : UPM.
Podder, N. and T. N. Binh (1994) "A New Approach to Estimating Engel Elasticities from Concentration Curves." *Oxford Economic Papers.* Vol. 46, No. 2.
Prais, S. J. and H. S. Houthakker (1955) *The Analysis of Family Budgets.* Cambridge : Cambridge University Press.
Rae, A. N. (1997) "Changing Food Consumption Patterns in East Asia : Implications of the Trend towards Livestock Products." *Agribusiness.* Vol. 13, No. 1.
Rae, A. N. (1998) "The Effects of Expenditure Growth and Urbanisation on Food Consumption in East Asia : A Note on Animal Products." *Agricultural Economics.* Vol. 18, No. 3.
Ramachandran, S. (1994) *Indian Plantation Labour in Malaysia.* Kuala Lumpur : S. Abdul Majeed & Co.
Rosegrant, M. W. and C. Ringler (2000) "Asian Economic Crisis and the Long-Term Global Food Situation." *Food Policy.* Vol. 25, No. 3.
Rothschild, M. and J. E. Stigliz (1976) "Equilibrium in Competitive Insurance Markets : An Essay on the Economics of Imperfect Information." *Quarterly Journal of Eco-*

nomics. Vol. 90, No. 4.
Rudner, M. (1975) "The Malaysian Post-War Rice Crisis : An Episode in Colonial Agricultural Policy." *Kajian Ekonomi Malaysia.* Vol. 12, No. 1.
Rutherford, A. S. (1999) "Meat and Milk Self-Sufficiency in Asia : Forecast Trends and Implications." *Agricultural Economics.* Vol. 21, No. 1.
斉藤寿昭 (2000)「マレーシア——内需が回復する中で,製造業が景気を牽引」(『さくらアジア・マンスリー』1巻5号).
Salem, A. B. Z. and T. D. Mount (1974) "A Convenient Descriptive Model of Income Distribution : The Gamma Density." *Econometrica.* Vol. 42, No. 6.
Sartori, G. (1976) *Parties and Party Systems : A Framework for Analysis.* New York : Cambridge University Press.
Scott, J. C. (1972) "Patron-Client Politics and Political Change in Southeast Asia." *American Political Science Review.* Vol. 90.
Scott, J. C. (1985) *Weapons of the Weak : Everyday Forms of Peasant Resistance.* Yale University Press.
Selvadurai, S. (1972) *Padi Farming in West Malaysia.* Kuala Lumpur : Ministry of Agriculture and Fisheries.
Shamsul, A. B. (1986) *From British to Bumiputera Rule : Local Politics and Rural Development in Peninsular Malaysia.* Singapore : Institute of Southeast Asian Studies.
Shand, R. T. (1987) "Income Distribution in a Dynamic Rural Sector : Some Evidence from Malaysia." *Economic Development and Cultural Change.* Vol. 36, No. 1.
篠浦光 (1993)『穀物貿易構造の変化とアジア諸国の米価政策』(農業総合研究所).
Sivalingam, G. (1993) *Malaysia's Agricultural Transformation.* Petaling Jaya : Pelanduk Publications.
Spoor, M. (1994) "Issues of State and Market : From Interventionism to Deregulation of Food Markets in Nicaragua." *World Development.* Vol. 22, No. 4.
Stiglitz, J. E. (1988) "Economic Organization, Information, and Development." In Chenery, H. and T. N. Srinivasan (eds.) *Handbook of Development Economics.* Vol. 1. Amsterdam : North-Holland.
Stiglitz, J. E. (1990) "Peer Monitoring and Credit Markets." *World Bank Economic Review.* Vol. 4, No. 3.
Stiglitz, J. E. and A. Weiss (1981) "Credit Rationing in Markets with Imperfect Information." *American Economic Review.* Vol. 71, No. 3.
Swettenham, F. (1948) *British Malaya : An Account of the Origin and Progress of British Influence in Malaya.* London : George Allen and Unwin Ltd.
多田稔・諸岡慶昇 (1994)「マレーシアにおける直播稲作の普及と米の需要動向——

経済成長と人口増加の影響」(『農業経営研究』32巻2号).
高木保興 (1992)『開発経済学』(有斐閣).
タミン・モクタール (1992)「転換期の農業——開発に関する諸問題」(横山久・タミン編『転換期のマレーシア経済』アジア経済研究所).
田村愛理 (1988)「マレー・ナショナリズムにおける政治組織とシンボル操作——マレー性/イスラームをめぐる政治的集団形成の分析」(『アジア経済』29巻4号).
Tan, S. H. (1987) *Malaysia's Rice Policy : A Critical Analysis.* Kuala Lumpur : ISIS.
Taylor, D. S. and T. P. Phillips (1991) "Food-Pricing Policy in Developing Countries : Further Evidence on Cereal Producer Prices." *American Journal of Agricultural Economics.* Vol. 73, No. 4.
Thailand. Bank of Thailand. *Annual Economic Report.* Bangkok : Government Printer, various issues.
Thailand. National Economic and Social Development Board. *National Income of Thailand.* Bangkok : Government Printer, various issues.
Thailand. National Statistical Office. *Report of the Labor Force Survey : Whole Kingdom.* Bangkok : Government Printer, various issues.
Timmer, C. P. (1993) "Rural Bias in the East and South-East Asian Rice Economy : Indonesia in Comparative Perspective." *Journal of Development Studies.* Vol. 29, No. 4.
堤伸子・笠原浩三 (1998)「食料消費行動の変化に関する計量分析」(『1998年度日本農業経済学会論文集』).
Vokes, R. W. A. (1978) *State Marketing in a Private Enterprise Economy : The Padi and Rice Market of West Malaysia, 1966–1975.* Unpublished Ph. D. dissertation for the University of Hull.
Walker, T. S. and K. G. Kshirsagar (1985) "The Village Impact of Machine Threshing and Implications for Technology Development in the Semi-Arid Tropics of Peninsular India." *Journal of Development Studies.* Vol. 21, No. 2.
Wei, A., W. Guba and R. Burcroff II (1998) "Why Has Poland Avoided the Price Liberalization Trap? The Case of the Hog-Pork Sector." *World Bank Economic Review.* Vol. 12, No. 1.
Wong, H. S. (1983) *Muda II Evaluation Survey.* Alor Star : MADA.
Wong, H. S. (1992) *Farm Management and Socio-Economic Series (Report No.1) : Demography, Land Tenure and Asset Structure among Padi Farmers in 1991.* Lembaga Kemajuan Pertanian Muda.
Wong, H. S. (1995) *Farm Management and Socio-Economic Series, Second (Main) Season 1991 : Farm Status, Production and Incomes.* Lembaga Kemajuan Pertanian Muda.

World Bank. *World Development Indicators 2000*（CD-ROM version）.
World Bank（1991）*World Development Report, 1991 : The Challenge of Development.* New York : Oxford University Press.
World Bank（1993）*The East Asian Miracle : Economic Growth and Public Policy.* New York : Oxford University Press.
山田順一（1995）「マレーシアにおける工業化政策の変遷」(『開発援助研究』2巻1号).
Yang, M. H.（1995）"Taiwan's Rice Policy Formation : Estimation of Policy Bias and Its Political-Economic Implications." *Taiwan Economic Review*. Vol. 23, No. 4（in Chinese）.
安延久美・納口るり子（1997）「大型機械作業請負下における稲作農家の経営構造と規模拡大の可能性——マレーシア，ムダ灌漑地区の事例」(『農業経営研究』35巻3号).
Yasunobu, K. and F. Y. Wong（2000）"Peasant Situation after Green Revolution : Discussion on the "New Farmers Class" among Rice Farmers in Malaysia."（『農業経営研究』38巻1号).
吉田秀美（1996）「グラミン銀行の経験の移転可能性について」(『開発援助研究』3巻1号).

新聞・雑誌
Berita Harian 紙.
Business Times 紙.
Far Eastern Economic Review 誌.
New Straits Times 紙（日曜版は *New Sunday Times* 紙).
Star 紙（日曜版は *Sunday Star* 紙).
Sun 紙.
Utusan Malaysia 紙.

著者略歴

石田　章（いしだ　あきら）
　1967 年　　大阪府生まれ
　92 年　　　神戸大学大学院農学研究科修士課程修了．農林水産省農業総合研究所（現農林水産政策研究所）に入所
　94 年〜　　マレーシア国民大学経済学部客員研究員，マレーシア農業大学客員研究員，神戸大学国際協力研究科内地研究員などを経て，
　現　在　　農林水産省農林水産政策研究所主任研究官．学術博士（神戸大学）

主要論文
「バングラディシュにおける海外出稼ぎ労働者の本国送金と所得分配」（共著『農業総合研究』52 巻 4 号，1998 年）など

マレーシア農業の政治力学
2001 年 11 月 25 日　第 1 刷発行

定価（本体 4200 円＋税）

著　者　　　　　　石　田　　　章
発行者　　　　　　栗　原　哲　也
〒101-0051　東京都千代田区神田神保町 3-2
発行所　　　　　㈱日本経済評論社
　　　　　電話 03-3230-1661　FAX 03-3265-2993
　　　　　　　　振替 00130-3-157198
　　　　　　　　　　　　装丁＊鈴木　弘
　　　　　　　印刷・新栄堂　製本・山本製本

©Akira Ishida, 2001　　落丁本・乱丁本はお取替えいたします．
ISBN 4-8188-1383-4　　　　　　　　　　Printed in Japan

本書の全部または一部を無断で複写複製（コピー）することは，著作権法上での例外を除き，禁じられています．本書からの複写を希望される場合は，小社にご連絡ください．

坂野百合勝著 新生ＪＡの組織と運営	四六判 230頁 1800円	ＪＡの大型合併はそのスケールメリットを活かし，時代と組合員のニーズに応えているか。新たな組織の構築と事業展開のためにＪＡ役員の思考と活動を具体的に説明する。 (2000年)
新山陽子著 牛肉のフードシステム ―欧米と日本の比較分析―	Ａ５判 403頁 5500円	フードシステムの垂直的調整の行方は…。狂牛病や国際競争の激化など世界的に深刻な牛肉フードシステム。価格形成システム，品質管理・保証システム，品質政策を比較分析する。 (2001年)
磯田宏著 アメリカのアグリフードビジネス ―現代穀物産業の構造分析―	Ａ５判 282頁 4500円	1980年代以降のアメリカ穀物流通・加工セクターにおける大規模な構造再編を分析し，穀物関連産業全体を視野に入れたアグリフードビジネスの今日的存在形態を明らかにする。 (2001年)
有田博之・福与徳文著 集落空間の土地利用形成	Ａ５判 237頁 4000円	地域の活性化か，農地の保全か。活性化の手段として企業や住宅団地の誘致が積極的に行われている反面，宅地化は農地の生産基盤の質的低下をもたらす。どうすればいいのか。 (1998年)
新山陽子・四方康行・増田佳昭・人美五郎著 変貌するＥＵ牛肉産業	Ａ５判 284頁 5300円	生産，流通など欧州の牛肉産業の構造は米豪より日本との共通性が高い。国や地域の違いを明らかにしつつ，ＥＵの牛肉産業がどのような方向へ動いているのか，総合的に分析。 (1999年)
波夛野豪著 有機農業の経済学 ―産消提携のネットワーク―	Ａ５判 188頁 3000円	消費者安全志向は有機農産物を身近なものにしつつあるが，未だ市場流通への適合性は少ない。生産原理，営農実態，価格形成，産消提携等現場と研究をつなぐ論攷。 (1998年)
齋藤仁著 農業問題の論理	Ａ５判 446頁 7500円	資本主義の発展は農業分野に様々な問題を発生させる。農業経済学・金融論を通して多くの発言をしてきた著者の，日本農業論，北海道農業論，協同組合組織論に関する論集。 (1999年)
太田原高昭・三島徳三・出村克彦編 農業経済学への招待	Ａ５判 304頁 3200円	農政，農業経営，協同組合，農業開発，食糧・農産物市場の諸分野の内容を概説するとともに，分析手法としてのマルクス経済学，近代経済学，統計学の基礎を記述した入門書。 (1999年)
坂野百合勝著 ＪＡ女性部活動のすすめ	四六判 200頁 1300円	ＪＡ婦人部が女性部と名を替え，新しい組織づくり活動を開始した。全国各地のＪＡからの報告とともに，女性部活動のさまざまな面について検討する。 (1996年)
坂野百合勝著 ＪＡ生活活動のすすめ	四六判 185頁 1300円	農協が取り組む生活活動の重要性を指摘しつつ，その全体像を体系的に整備し，やさしく解説する。農協のめざす地域づくりには，生活活動の強化が最短の道である。 (1995年)

表示価格に消費税は含まれておりません